普通高等教育"十一五"国家级规划教材

高等职业院校国家技能型紧缺人才培养培训工程规划教材

数据库基础——Access
（第2版）

杨昕红　主编　高　宇　副主编

郭志勇　许常青　袁鸿雁　刘　畅
　　　　　　　　　　　　　　　　编
李雪梅　李宁宁　徐学禹

U0132000

Publishing House of Electronics Industry
北京·BEIJING

内 容 简 介

本书第 1 章～第 4 章着重介绍了数据库系统基础知识，关系数据库、关系模式的规范化和标准语言 SQL 的基本概念并结合了大量实例加以说明。第 5 章介绍了数据库的维护和管理。第 6 章～第 14 章对 Access 2007 数据库系统做了详细的介绍，以及运用 Access 2007 实现对数据库的创建、管理、维护的基本方法。第 14 章详细描述一个完整的数据库系统的创建过程，帮助读者巩固掌握全书所学的知识。

图书在版编目（CIP）数据

数据库基础：Access / 杨昕红主编. —2 版. —北京：电子工业出版社，2009.2

高等职业院校国家技能型紧缺人才培养培训工程规划教材

ISBN 978-7-121-08040-1

Ⅰ.数…　Ⅱ.杨…　Ⅲ. 关系数据库－数据库管理系统，Access 2007－高等学校：技术学校－教材

Ⅳ. TP311.138

中国版本图书馆 CIP 数据核字（2009）第 019171 号

策划编辑：吕　迈
责任编辑：吕　迈
印　　刷：北京东光印刷厂
装　　订：三河市万和装订厂
出版发行：电子工业出版社
　　　　　北京市海淀区万寿路 173 信箱　　邮编 100036
开　　本：787×1 092　1/16　印张：17.5　字数：448 千字
印　　次：2009 年 2 月第 1 次印刷
印　　数：4 000 册　　定价：27.00 元

凡所购买电子工业出版社图书有缺损问题，请向购买书店调换。若书店售缺，请与本社发行部联系，联系及邮购电话：(010) 88254888。

质量投诉请发邮件至 zlts@phei.com.cn，盗版侵权举报请发邮件至 dbqq@phei.com.cn。

服务热线：(010) 88258888。

前　言

由于数据库具有数据结构化、冗余度低、较高的程序与数据的独立性、易于扩充、易于编制应用程序等优点，已成为人们处理大量信息、实现数字处理科学化、智能化的强有力的工具。

为了满足高职高专教学改革的需要，本书汲取了多方建议，对书中章节做了整合，使全书更加紧凑同时保留了第1版的特点：合理的体系、淡化理论、从实际问题出发，并结合大量的实例和实训，通过对问题的分析，导出必要的概念和方法，直观性强，易于掌握。

本书第1章、第3章由江苏信息职业技术学院许常青编写，第2章、第4章、第7章由沈阳职业技术学院杨昕红编写，第5章、第6章由沈阳职业技术学院袁鸿雁编写，第8章、第12章由沈阳职业技术学院高宇编写，第9章由沈阳职业技术学院刘畅编写，第10章由大连东软信息职业技术学院李宁宁编写，第11章由沈阳化工学院李雪梅编写，第13章由沈阳职业技术学院徐学禹编写，第14章由安徽电子信息职业技术学院郭志勇编写。全书由杨昕红统稿。

本书是根据编者多年的数据库教学经验编写而成的，由于信息技术的飞速发展，加之作者水平有限，书中难免有疏漏和不足之处，敬请广大读者批评指正。编者邮箱：superyxh@163.com。

编　者
2008 年 10 月

目　　录

第1章 数据库系统概论

数据库技术是计算机科学的重要分支，产生于 20 世纪 60 年代中期，是计算机领域发展最快的技术之一，在许多领域得到了广泛应用。它的出现极大地促进了计算机应用向各行各业的渗透，它与多媒体技术、网络技术、面向对象技术、人工智能技术等相互结合、相互渗透，成为当代计算机技术发展的重要领域。

1.1 数据库的基本概念

信息是人类社会发展中维持生产活动、经济活动和社会活动必不可少的重要资源，也是现代管理的宝贵财富。因此，人们为了获取有价值的信息，就需要对数据进行处理和管理。

信息系统是一个由人和计算机等组成的，能进行信息的收集、传递、存储、加工、维护、分析、计划、控制、决策和使用的系统。用计算机对数据进行处理的应用系统称为计算机信息系统，信息系统的核心是数据库。

1.1.1 数据与数据处理

计算机的出现，将数据处理带入了一个新的时代。数据处理的基本问题是数据的组织、存储、检索、维护及加工利用，这正是数据库系统所要研究解决的问题。

1. 信息与数据

数据是数据库系统研究和处理的对象。数据又离不开信息，它们既有联系又有区别。

信息是现实世界各种事物（包括有生命的和无生命的、有形的和无形的）的存在方式、运行形态以及它们之间的相互联系等诸要素在人脑中的反映，通过人脑的抽象后形成的概念。这些概念不仅被人们认识和理解，而且人们可以对它进行推理、加工和传播。

数据一般是指信息的一种符号化表示方法，就是说用一定的符号表示信息，而采用什么符号完全是人为规定。例如，为了便于用计算机处理信息，就得把信息转换为计算机能够识别的符号，即采用 0 和 1 两个符号编码来表示各种各样的信息。所以数据的概念包括两个方面的含义：一是数据的内容是信息；二是数据的表现形式是符号。

信息与数据的关系既有联系又有区别。数据是承载信息的物理符号或称之为载体，而信息是数据的内涵。二者的区别是：数据可以表示信息，但不是任何数据都能表示信息，同一数据也可以有不同的解释。信息是抽象的，同一信息可以有不同的数据表示方式。例如，新闻这一信息，它可以用报纸上的文字、电台上的声音或电视上的图形等形式表示。

2. 数据处理

数据处理是将数据转换成信息的过程，这一过程主要是指对所输入的数据进行加工整理，包括对数据的收集、存储、加工、检索和传播等一系列活动，其根本目的就是从大量的、已知的数据出发，根据事物之间的固有联系和运动规律，采用分析、推理、归纳等手段，提取出对人们有价值、有意义的信息，作为某种决策的依据。

我们可以用如图 1.1 所示的过程简单地表示出信息与数据之间的关系。

图 1.1　信息与数据之间的关系

在图 1.1 中，数据是输入，而信息是输出结果。人们有时说的"信息处理"，其真正含义应该是为了产生信息而处理数据。例如，学生的"出生日期"是有生以来不可改变的基本特征之一，属于原始数据，而"年龄"则是当年与出生日期相减而得到的数字，具有相对性，可视为二次数据。

在数据处理活动中，计算过程相对比较简单，很少涉及复杂的数学模型，但是却有数据量大且数据之间有着复杂的逻辑关系的特点。因此，数据处理任务的矛盾焦点不是计算，而是把数据管理好。数据管理是指数据的收集、整理、组织、存储、查询、维护和传送等各种操作，是数据处理的基本环节，是任何数据处理任务必有的共性部分。因此，对数据管理应当加以突出，集中精力开发出通用而又方便实用的软件，把数据有效地管理起来，以便最大限度地减轻计算机软件用户的负担。数据库技术正是为达到这一目标而逐渐完善起来的一门计算机软件技术。

1.1.2　数据库的概念

数据库是计算机软件的一个重要分支，是近 20 年来发展起来的一门新兴学科，它和计算机网络、人工智能被称为当今计算机技术界的 3 大热门技术。目前，虽有人对数据库的设计原则和方法进行总结和探讨，使之通用化、标准化和理论化，但总的说来，它的概念、原理和方法还处于从工程实践向理论过渡的阶段，它的概念、原理和方法还在继续变化和发展。另外，数据库是一个很复杂的系统，它的涉及面很广，很难用简练的语言准确地概括其全部特征。目前，对于什么是数据库还没有一个统一的、公认的定义。比较认可的有关数据库的定义是：数据库（DataBase，简称 DB）是长期储存在计算机内的、有组织的、可共享的数据集合。数据库中的数据按一定的数据模型组织、描述和储存，具有较小的冗余度，较高的数据独立性和易扩展性，并可为各种用户共享。

1.2　数据模型

在数据库系统的形式化结构中，通常采用数据模型（Data Model）对现实世界中的数据和信息进行抽象的描述。数据模型是现实世界数据特征的抽象描述，是实现数据抽象的主要工具，具有很大的优越性。数据模型是数据库系统的重要基础，决定了数据库系统的结构、数据定义语言和数据操纵语言、数据库设计方法、数据库管理系统软件的设计与实现。它也是数据库系统中用于信息表示和提供操作手段的形式化工具。

不同的数据模型是提供给模型化数据和信息的不同工具。根据模型应用的不同目的，可以将模型分为两类或两个层次：一是概念模型（也称信息模型），是按用户的观点对数据和信息建模；二是数据模型（如网状、层次、关系模型），是按计算机系统的观点对数据建模。

1.2.1 概念模型

概念模型（Conceptual Data Model）是面向数据库用户的现实世界的数据模型，主要用来描述现实世界的概念化结构。它使数据库的设计人员在设计的初始阶段，摆脱计算机系统及数据库管理系统（DBMS）的具体技术问题，集中精力分析数据以及数据之间的联系等，与具体的 DBMS 无关。它也是现实世界到机器世界的一个中间层次，如图 1.2 所示。

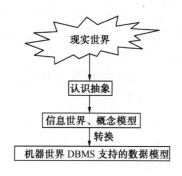

图 1.2　数据抽象过程图

1．概念模型的几个术语

（1）实体（Entity）：实体是客观存在并可相互区分的事物。实体可以是实际事物，也可以是抽象事件。例如，1 位职工、1 个部门等属于实际事物；1 次订货、借阅若干本图书、1 场比赛等活动是比较抽象的事件。

（2）实体集（Entity Set）：同类实体的集合称为实体集。例如，全体职工的集合，全馆图书等。

（3）实体型（Entity Type）：具有相同属性的实体具有共同的特征和性质，用实体名及其属性名集合来描述同类实体称为实体型。如实体型"职工"表示全体职工的概念，并不具体指职工甲或职工乙。每个职工是职工实体"型"的一个具体"值"，必须明确区分"型"与"值"的概念。在数据模型中的实体均是指"型"而言的。以后在不致引起混淆的情况下，说实体即是指实体型。

（4）属性（Attribute）：属性是实体所具有的特性，每一特性都称为实体的属性。1 个实体可以由若干个属性来描述。例如，职工实体用若干属性（职工号，姓名，性别，出生日期，职称）来描述。属性的具体取值称为属性值。例如，属性值的组合（0986，吴伟，男，12/26/80，教授）在教工名册中就表征了 1 个具体的人。

（5）关键字（Key）：如果某个属性或属性组合的值能够唯一地标识出实体集中的每一个实体，可以选做关键字。用做标识的关键字，也称为码。上例中的"职工号"可作为关键字，由于可能有重名者存在，"姓名"不宜做关键字。

（6）联系（Relationship）：实体集之间的对应关系称为联系，它反映现实世界事物之间的相互关联。联系分为两种。一种是实体内部各属性之间的联系。例如，相同职称的有很多人，但 1 个职工当前只有一种职称。另一种是实体之间的联系。例如，1 位读者可以借阅若干本图书，同 1 本书可以相继被几个读者借阅。这里主要讨论实体与实体之间的联系。

概念模型的表示方法最常用的是实体联系方法（Entity-Relationship Approach），这是 P.P.S.Chen 于 1976 年提出的。用这个方法描述的概念模型称为实体联系模型（Entity-Relationship Model），简称 E-R 模型。用图形表示的 E-R 模型称为 E-R 图。它可以进一步转换为任何一种 DBMS 所支持的数据模型。

E-R 图包括 3 个要素：

● 实体（型）——用矩形框表示，框内标注实体名称。

● 属性——用椭圆形表示，并用连线与实体连接起来。如果属性较多，为了使图形更加简明，有时也将实体与其相应的属性另外单独用列表表示。

● 实体之间的联系——用菱形框表示，框内标注联系名称，并用连线将菱形框分别与有关实体相连，并在连线上注明联系类型。

实体间的联系类型是指一个实体型所表示的集合中的每 1 个实体与另 1 个实体型中多个实体存在联系，并非指 1 个矩形框通过菱形框与另外几个矩形框画连线。实体间的联系虽然复杂，但都可以分解到少数个实体间的联系，最基本的是两个实体间的联系。

2. 概念模型的类型

（1）1 对 1 联系（1：1）。

【例 1.1】 考察公司和总经理两个实体，1 个公司只有 1 个总经理，1 个总经理不能同时在其他公司再兼任总经理，某公司的总经理也可能暂缺。在这种情况下公司和总经理之间存在 1 对 1 的联系。

设 A、B 为两个实体集。若 A 中的每个实体至多和 B 中的 1 个实体有联系，反过来，B 中的每个实体至多和 A 中的 1 个实体有联系，称 A 对 B 或 B 对 A 是 1：1 联系，如图 1.3 所示。

注意： "至多"一词的含义，1：1 联系不一定都是一一对应的关系。

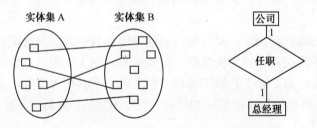

图 1.3　1 对 1 联系

（2）一对多联系（1：n）。

【例 1.2】 考察部门和职工两个实体，1 个部门有多名职工，而 1 名职工只在 1 个部门就职（只占 1 个部门的编制），部门与职工属于 1 对多的联系。考察学生和系两个实体，1 个学生只能在 1 个系里注册，而 1 个系有很多学生，系和学生也是 1 对多的联系。

如果 A 实体集中的每个实体可以和 B 中的几个实体有联系，而 B 中的每个实体至多和 A 中的 1 个实体有联系，那么 A 对 B 属于 1：n 联系，如图 1.4 所示。这类联系比较普遍，1 对 1 的联系可以看做 1 对多联系的一个特殊情况，即 $n=1$ 时的特例。

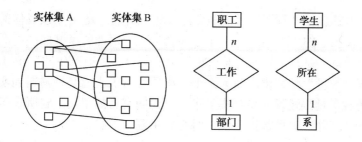

图 1.4　一对多联系

（3）多对多联系（$m:n$）。

【例 1.3】　考察学生和课程两个实体，1 个学生可以选修多门课程，1 门课程由多个学生选修，因此，学生和课程之间存在多对多的联系。图书与读者之间也是多对多联系，因为 1 位读者可以借阅若干本图书，同 1 本图书可以相继被几个读者借阅。再考察研究人员和科研课题两个实体，1 个研究人员可以参加多个课题，1 个课题由多个人参加，研究人员和课题之间是多对多联系。这类联系如图 1.5 所示。

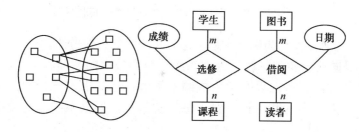

图 1.5　多对多联系

当涉及 3 个实体同时发生联系时，应当进行认真分析，使之真实地反映现实世界。如图 1.6 所示给出了 3 个实体间联系的 E-R 图。

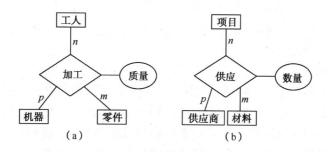

图 1.6　3 个实体间的联系

在图 1.6（a）中，1 台机器可以由若干个工人操作，加工若干种零件，某一个工人加工某一种零件是在 1 台机器上完成的这道工序，但 1 个零件需要多道工序，在多台机器上由不同的工人加工才能完成，因此，机器、零件、工人 3 个实体之间存在着多对多的联系。

在图 1.6（b）中，1 个供应商可以为若干个工程项目供应多种材料，每个项目可以使用从不同供应商那里采购的材料，每种材料可以由不同供应商提供，因此，供应商、材料、项目 3 个实体之间存在着多对多的联系。

必须强调指出，有时联系也有属性，这类属性不属于任一实体，只能属于联系。例如，

图 1.5 中借阅联系的属性"日期"（借书日期或还书日期）是 1 个读者借阅某一本图书时所确定的日期。选修联系的"成绩"是 1 个学生选修某一门课的考试成绩。图 1.6（a）中，加工联系的属性"质量"是某个零件在某台机器上由某个工人所产生的。图 1.6（b）中，供应联系的属性供应"数量"是某供应商为某个工程项目所供应的某种材料的实际数量。

E-R 方法为抽象地描述现实世界提供了一种简明有力的工具，它所表示的概念模型是各种数据模型的共同基础，进行数据库设计时必须用到它。

【例1.4】 有实体学生（学号，姓名，性别）和课程（课程号，课程名，学时）。通过分析可知，这两个实体间的关系是多对多的关系。如图 1.7 所示为学生实体和课程实体的属性及其联系的 E-R 图。

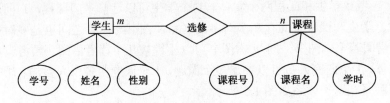

图 1.7　学生实体和课程实体的属性及其联系

下面以"教学管理系统"为例，讲述构建 E-R 模型的一般方法。

【例1.5】 根据设计要求，教学管理系统应对学校中的教师、学生、课程进行管理，掌握课程设置和教师配备情况以及学生成绩的管理。通过需求分析后，可知该系统涉及的实体包括教师、系、学生和课程；对于每一实体集，根据系统输出数据的要求，抽象出如下属性：

● 系（系号，系名，系主任，电话）
● 教师（教师号，姓名，专业，职称，性别，年龄）
● 学生（学号，姓名，性别，出生日期，专业，照片）
● 课程（课程号，课程名，学时，类别）

作为一个系统内的实体集，这些实体间并不会完全相互独立，而一定存在着联系，我们对实体间的联系做如下分析。

假定在一个学校内：

1 个系有多名教师，而 1 个教师只能属于 1 个系，因此系与教师之间是 1 对多联系。

1 个系有多名学生，而 1 个学生只能属于 1 个系，因此系与学生之间是 1 对多联系。

1 个教师可以讲授多门课程，而 1 门课程也可以由多个教师讲授，每个教师讲授的每一门课程具有不同的效果（评价），因此教师与课程之间是多对多联系。

1 个学生可以选修多门课程，而 1 门课程也可以被多个学生选修，每个学生选修某门课程都有 1 个分数，因此学生与课程之间是多对多联系。

将系、教师、学生和课程间的联系用 E-R 图表示的结果如图 1.8 所示（此图略去了实体属性）。

注意：在 E-R 图中，联系的属性中可以不包括与它相关的实体的键，当将 E-R 图转化为逻辑模型时再给出。

每个教师讲授的每一门课程具有不同的效果，如果希望将教师讲课的效果记录下来，教师与课程间的联系"讲授"应具有属性，这里以"评价"表示。对于教学管理系统，学生成绩的管理正是系统的重要内容，因此需要记录每个学生的每一门课程的成绩，而成绩是由学生选修课程后而获得的，因此学生和课程实体间的联系"选修"具有"分数"这一属性。

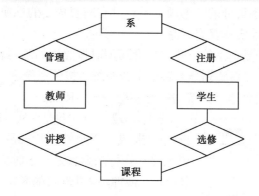

图 1.8　系、教师、学生和课程间的联系

将实体属性和联系的属性考虑后，给出了如图 1.9 所示的教学管理系统的 E-R 模型图。

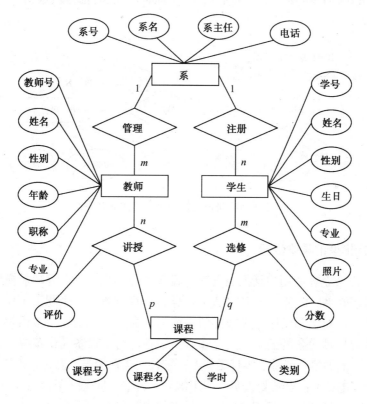

图 1.9　教学管理系统的 E-R 图

3．建立 E-R 模型的原则和设计过程

（1）相对原则。建立概念模型的过程是一个对现实世界事务的抽象过程。实体、属性和联系是对同一对象抽象过程的不同解释和理解，不同的人抽象的结果可能不同。

（2）简单原则。建立 E-R 模型时，为了简化模型，现实世界的事物能作为属性对待的，尽量归为属性处理。

属性和实体间没有一定的界限，一般一个事物如果满足以下两个条件之一的，可作为属性对待：

① 属性在含义上是不可分的数据项，不再具有需要描述的性质。

② 属性不可能与其他实体具有联系。

（3）设计过程。对于复杂系统，建立概念模型时按照先局部再总体的思路进行，也就是先根据需求分析的结果，将系统划分为若干个子系统，按子系统逐一设计分 E-R 图，然后再将分 E-R 图集成，最终得到整个系统的概念模型——E-R 图。

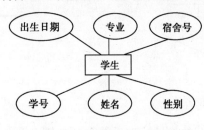

图 1.10 学生实体的 E-R 图

【例 1.6】 在讨论学生实体时，有学号、姓名、性别、出生日期、专业等属性，假设还要考虑学生的住宿问题，需要记录下学生的宿舍编号，这时宿舍编号就可以作为学生实体的一个属性，学生实体的 E-R 图如图 1.10 所示。

但是如果对于宿舍还需要有进一步的详细信息，如宿舍的管理员、宿舍的等级、宿舍管理费、竣工时间和学生入住的时间等，这时宿舍就成为一个实体，其 E-R 模型如图 1.11 所示。

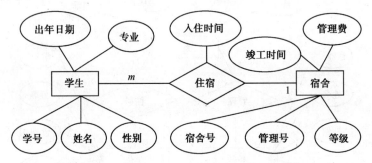

图 1.11 宿舍由属性成为实体的 E-R 图

4. 建立概念模型的具体步骤

【例 1.7】 一个企业应用包括人员管理、设备管理、生产管理等功能模块。人员管理需要记录职工编号、姓名、职务（干部/工人）、年龄、性别等；一个职工工作于一个部门，一个部门有若干职工；对于部门应记录各部门的编号、名称、负责人、电话等信息。

设备管理模块管理设备处的若干人员和若干设备，对于设备（设备编号、名称、价格、装配完成日期、装配的零件名称、零件数量）；零件（零件编号、名称、规格）；设备处（单位编号、负责人、电话）；设备处人员（职工编号、姓名、职务（干部/工人）、年龄、性别）等。每一个设备由多种零件装配而成，而一种零件也可能装配在多种设备上。

生产管理模块管理若干生产处的若干人员和进行零件的生产，对于各生产处（生产处编号、负责人、电话）；对于零件（零件编号、名称、规格）；生产处的人员（人员编号、姓名、职务（干部/工人）、年龄、性别）等。每一个生产处生产多种零件，而一种零件也可能由多个生产处生产，对于生产需要记录生产日期、生产数量等。

（1）设计局部 E-R 模型。整个系统分为 3 个模块，因此分别建立各模块的 E-R 图。

首先设计人员管理的 E-R 模型。人员管理涉及人员和部门，每个人员和部门都有若干具体特征，所以这个模块包含两个实体——人员和部门。由于一个职工工作于一个部门，而一个部门有若干职工，因此部门与人员之间是一对多的关系。人员管理的 E-R 模型如图 1.12 所示。

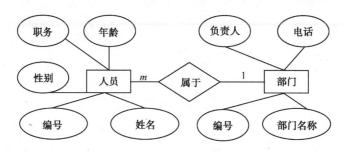

图 1.12　人员管理的 E-R 图

其次设计设备管理的 E-R 模型。根据系统的需求可以得出，该模块涉及设备处、人员、设备和零件 4 个实体。设备处要管理人员和设备，所以设备处与人员和设备之间有联系，根据设备处有若干人员和若干设备，所以设备处与人员和设备处与设备之间分别是一对多的关系。另外，每一个设备由多种零件装配而成，而一种零件可能装配在多种设备上，所以设备和零件之间存在多对多的联系，装配日期和装配零件的数量是"装配"这一联系具有的属性。设备管理的 E-R 模型如图 1.13 所示。

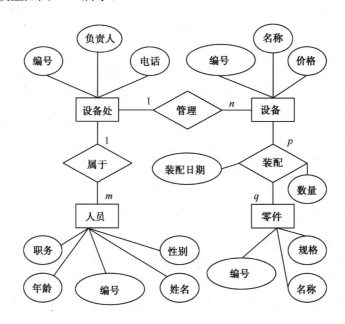

图 1.13　设备管理的 E-R 图

最后设计生产管理的 E-R 模型。类似设备管理的分析，生产管理模块涉及生产处、人员和零件 3 个实体。生产处与人员是一对多的关系，生产处与零件之间存在着多对多的联系。生产管理的 E-R 模型如图 1.14 所示。

（2）将局部的 E-R 模型集成全局 E-R 模型。由于各个局部的 E-R 模型可能面对不同的应用特点，由不同的人员设计，因此各局部 E-R 模型通常存在许多不一致的地方，出现冲突。在集成全局 E-R 模型时，首先要合理地消除局部 E-R 模型之间的冲突，初步形成 E-R 图。

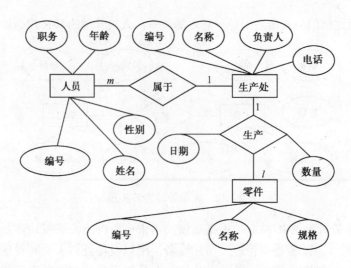

图 1.14 生产管理的 E-R 图

冲突的种类主要有以下 3 类。

① 命名冲突：指实体名、属性名、联系名之间同名异义或同义异名的情况。

同名异义，即不同意义的对象在不同的局部 E-R 图中具有相同的属性。例如，局部 E-R 图中具有很多称为"名称"的属性，但这些属性并不是同一实体的属性，有的是零件的名称，有的是设备的名称。

同义异名，即同一意义的对象在不同的局部 E-R 图中具有不同的名称。例如，图 1.12 中部门与人员的联系"属于"和图 1.13 中设备处与人员的联系"包含"虽然名称不同，但它们表示的是相同的两种实体间的联系。再如生产管理中的生产处和设备管理中的设备处，实际上都是企业中的部门，与人员管理中的部门是同一实体。

② 属性冲突：指属性值类型、取值范围、取值单位的冲突。同一意义的对象，如年龄，有的模块以出生日期表示职工的年龄，有的模块可能用整数表示职工的年龄，这就出现了冲突。

对于前两类冲突，各模块的设计人员要通过讨论、协商等手段，达成一致。

③ 结构冲突：有两种情况，一种是同一实体在各局部 E-R 图中包含的属性个数和属性次序不完全相同，另一种是同一对象在不同的应用中具有不同的属性。

在例 1.7 中，部门这个实体在人员管理中，包括编号、部门名称、负责人、电话属性，而在设备管理中，设备处具有编号、负责人、电话属性，它们具有的属性个数不同。对于这种冲突的解决办法是使该实体的属性取各分 E-R 图中属性的并集，即将所有不同的属性组合起来作为该实体的属性。因此部门的最终属性应包括编号、部门名称、负责人、电话 4 个属性。

如果同一对象在局部 E-R 图中被当做实体，而在另一个局部 E-R 图中又被作为一个属性。这时通常根据情况，考虑是将实体变换为属性，或是将属性变换为实体。变换时仍然要遵循有关实体与属性的设计原则。

根据上述方法和原则消除冲突后，整个企业应用的最终 E-R 图如图 1.15 所示。

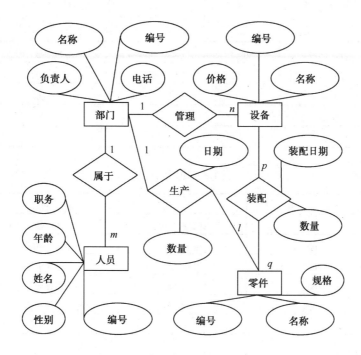

图 1.15　企业应用的最终 E-R 图

1.2.2　关系模型

通过分析，将现实世界中的事物抽象成用 E-R 图描述的概念模型之后并不能直接存入计算机。概念模型中的实体及实体间的联系必须进一步表示成便于计算机处理的数据模型。数据模型是数据库系统的一个核心问题，数据库系统大都是基于某种数据模型的。实际数据库系统中所支持的主要数据模型有：层次模型、网状模型、关系模型。这里只介绍关系模型。

关系模型是 3 种数据模型中最重要的一种。数据库领域中当前的研究工作也都是以关系模型为基础的。

1. 关系模型的概念

在现实世界中，人们经常用表格形式表示数据信息。但是日常生活中使用的表格往往比较复杂。在关系模型中基本数据结构被限制为二维表格。因此在关系模型中，数据在用户观点下的逻辑结构就是一张二维表。每一张二维表称为一个关系（Relation）。二维表中存放了两类数据：实体本身的数据和实体间的联系。这里的联系是通过不同的关系中具有相同的属性名来实现的。

【例 1.8】　如表 1.1 所示，在学生情况关系中存储了学生的学号、姓名、年龄、班级号等信息；如表 1.2 所示，在班级情况关系中存储了班级的班级号（假设班级号唯一）、专业、院系等信息。这两个关系通过班级号来实现二者之间一对多的联系。

表 1.1　学生情况表

学　号	姓　名	年　龄	班　级　号
2003001	王斌	20	001
2003002	陈刚	19	005

学　号	姓　名	年　龄	班　级　号
2003003	吴平	21	007
2003004	陈昕	20	002
2003005	张平	21	003
…	…	…	…

表 1.2　班级情况表

班　级　号	专　业	院　系
001	计算机应用	软件学院
005	电子商务	工商管理学院
007	经济管理	工商管理学院
002	机械制造	电子工程学院
003	微电子	电子工程学院
…	…	…

2．关系模型的特点

关系模型具有下列特点。

（1）关系模型的概念单一。无论是实体还是实体之间的联系都用关系来表示。关系之间的联系通过相容的属性来表示，相容的属性即来自同一个取值范围的属性。在关系模型中，用户看到的数据的逻辑结构就是二维表，而在非关系模型中，用户看到的数据结构是由记录以及记录之间的联系所构成的网状结构或层次结构。当应用环境很复杂时，关系模型就体现出其简单清晰的特点。

（2）关系必须是规范化的关系。所谓规范化的关系是指关系模型中的每一个关系模式都要满足一定的要求或者称为规范条件。最基本的一个规范条件是每一个分量都是一个不可再分的数据项，即表中不允许还有表。有关规范条件在第 3 章将有详尽论述。

（3）在关系模型中，用户对数据的检索操作就是从原来的表中得到一张新的表。由于关系模型概念简单、清晰，用户易懂易用，有严格的数学基础以及在此基础上发展的关系数据理论，简化了程序员的工作和数据库开发建立的工作，因而关系模型自诞生之日起，就迅速发展成熟起来，成为深受用户欢迎的数据模型。

有关关系模型的深入讨论将在第 2 章介绍给大家，在此主要讨论怎样把概念模型转换为关系模型的问题。

3．E-R 模型向关系模型的转换

E-R 模型向关系模型的转换要解决的问题是如何将实体和实体间的联系转换为关系模型中的关系模式，如何确定关系模式的属性和主键。转换时一般遵循以下原则。

（1）实体的转换。一个实体转换为一个关系模式。实体的属性就是关系模式的属性，实体的键就是关系的键。

【例 1.9】　教学管理系统中，有教师、系、学生和课程 4 个实体（如图 1.9 所示），它们转换为关系模式后分别为：

教师（<u>教师号</u>，姓名，专业，职称，性别，年龄）

系（<u>系号</u>，系名，系主任，电话）

学生（<u>学号</u>，姓名，性别，出生日期，专业，照片）

课程（<u>课程号</u>，课程名，学时，类别）

注意：加下画线的表示该属性或属性组为关键字。

（2）实体间联系的转换。对于实体间的联系分为以下几种不同情况。

① 对于 1∶1 联系可以转换为 1 个独立的关系模式，也可以与任意一端对应的关系模式合并。如图 1.16 所示为具有 1 对 1 联系实体的 E-R 图，其中实体班级和班长分别转换为如下关系模式：

班级（<u>班号</u>，专业，人数）

班长（<u>学号</u>，姓名，专长）

如果转换为一个独立的关系模式，则关系的属性由联系本身的属性和与之联系的两个实体的键组成，而关系的主键由各实体的键构成。

管理（<u>班号</u>，<u>学号</u>）

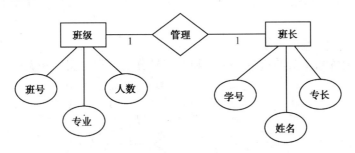

图 1.16　班级和班长的 E-R 模型

对于 1 对 1 的联系也可以与某一端的关系模式合并。如果与某一端的关系模式合并，则在该关系模式中加入联系自身的属性及另一关系模式的键。将管理与班级关系模式合并，则班级修改为（此例的联系"管理"本身无属性，因此只加入关系模式班长的键——学号）：

班级（<u>班号</u>，专业，人数，学号）

② 对于 1∶n 联系可以转换为一个独立的关系模式，也可以与 n 端对应的关系模式合并。

如果转换为一个独立的关系模式，则关系的属性由联系本身的属性和与之联系的两个实体的键组成，而关系的主键为 n 端实体的键。

【例 1.10】　如图 1.17 所示的 E-R 图中，系和教师通过管理建立 1 对多联系，其中实体系和教师分别转换为如下关系模式：

系（<u>系号</u>，系名，系主任，电话）

教师（<u>教师号</u>，姓名，专业，职称，性别，年龄）

如果将管理转换为一个独立关系模式，则关系模式中包括两个实体的主键——教师号和系号及联系的属性（此例的联系"管理"本身无属性），关系的主键由 n 端实体——教师的键教师号构成：

管理（<u>教师号</u>，系号）

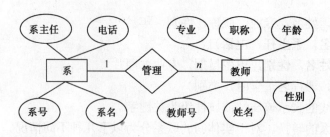

图 1.17　系和教师的 E-R 模型

如果采用合并的方式，应将管理与 n 端的实体——教师关系模式合并，合并时在教师属性中加入 1 端实体——系的键。合并后键没有变化，教师关系模式修改为：

教师（<u>教师号</u>，姓名，专业，职称，性别，年龄，系号）

此例的联系"管理"本身无属性，因此最好采用合并的方式。

③ 对于 $m:n$ 联系转换为一个关系模式，关系的属性由联系本身的属性和与之联系的两个实体的键组成，而关系的主键由各实体的键组合而成。

【例 1.11】　学生和课程实体（如图 1.18 所示）间通过"选修"存在多对多的联系，此联系转换为：

选修（<u>学号</u>，<u>课程号</u>，分数）

其中，分数为联系本身的属性，学号和课程号分别是学生实体和课程实体的键。

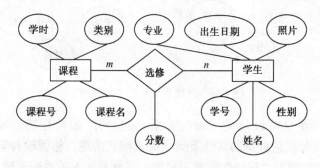

图 1.18　学生和课程的 E-R 模型

下面将前面的教学管理和企业应用实例转换为关系模型。

【例 1.12】　教学管理 E-R 模型转换为关系模型。

教学管理 E-R 模型转换为关系模型的过程如下。

（1）将各实体转换为关系模式，分别为：

系（<u>系号</u>，系名，系主任，电话）

教师（<u>教师号</u>，姓名，专业，职称，性别，年龄）

学生（<u>学号</u>，姓名，性别，出生日期，专业，照片）

课程（<u>课程号</u>，课程名，学时，类别）

（2）将"系"与"教师"间的联系——管理，与教师关系模式合并，由于系与教师是 1 对多的关系，且联系无属性，这里采用合并的方式，将实体"系"的主属性——系号，合并到关系"教师"中，主键不变，得到新的教师关系模式：

教师（<u>教师号</u>，姓名，专业，职称，性别，年龄，系号）

（3）将"系"与"学生"间的联系——注册，与"学生"关系模式合并，合并方法同上，得到新的"学生"关系模式：

学生（<u>学号</u>，姓名，性别，出生日期，专业，照片，系号）

（4）将"学生"与"课程"间的联系——选修，转换为关系模式"选修"，因为"学生"与"课程"间是多对多联系，所以必须转换为一个独立的关系模式，其属性由两个实体的主属性及联系自身的属性构成，关系的主键由两个实体的主属性组合而成：

选修（<u>学号</u>，<u>课程号</u>，分数）

（5）同上，将"教师"与"课程"间的联系转换为关系模式——课程评价：

课程评价（<u>教师号</u>，<u>课程号</u>，评价）

（6）整理后，如图 1.9 所示的教学管理的关系模型为：

系（<u>系号</u>，系名，系主任，电话）

教师（<u>教师号</u>，姓名，专业，职称，性别，年龄，系号）

学生（<u>学号</u>，姓名，性别，出生日期，专业，照片，系号）

课程（<u>课程号</u>，课程名，学时，类别）

选修（<u>学号</u>，<u>课程号</u>，分数）

讲授（<u>教师号</u>，<u>课程号</u>，评价）

【例 1.13】 将企业应用 E-R 模型转换为关系模型。

企业应用 E-R 模型转换为关系模型的过程如下。

（1）将各实体转换为关系模式，分别为：

人员（<u>职工编号</u>，姓名，性别，年龄，职务）

部门（<u>部门编号</u>，部门名称，负责人，电话）

设备（<u>设备编号</u>，设备名称，价格）

零件（<u>零件编号</u>，零件名称，规格）

（2）转换"部门"与"人员"间的联系——包含，因为部门与人员之间是 1 对多的联系，且联系无属性，采用合并的方式，将部门的主属性——部门编号，合并到关系"人员"中，得到新的人员关系：

人员（<u>职工编号</u>，姓名，性别，年龄，职务，部门编号）

（3）同上，将"部门"与"设备"间的联系——管理，与"设备"关系模式合并，"设备"关系模式修正为：

设备（<u>设备编号</u>，设备名称，价格，部门编号）

（4）转换"部门"与"零件"间的联系——生产，部门与零件之间是 1 对多的联系，仍然可以采用合并的方式，但是该联系具有生产日期和生产数量两个属性，因此采用建立独立的关系模式更好一些，即：

生产（<u>部门编号</u>，<u>零件编号</u>，生产日期，生产数量）

（5）转换"设备"与"联系"间的联系——装配，这两个实体间是多对多的联系。因此，必须转换为独立的关系模式：

装配（<u>设备编号</u>，<u>零件编号</u>，装配日期，装配数量）

（6）整理后，如图 1.15 所示的数据模型建立的关系模型为：

人员（<u>职工编号</u>，姓名，性别，年龄，职务，部门编号）

部门（<u>部门编号</u>，部门名称，负责人，电话）

设备（<u>设备编号</u>，设备名称，价格，部门编号）

零件（<u>零件编号</u>，零件名称，规格）
生产（<u>部门编号</u>，<u>零件编号</u>，生产日期，生产数量）
装配（<u>设备编号</u>，<u>零件编号</u>，装配日期，装配数量）

1.2.3 实训——E-R 图的应用

1．实训目的

（1）了解 E-R 图的组成，熟悉 E-R 图中各符号的含义。

（2）掌握简单 E-R 图的建立方法。

（3）掌握由 E-R 图向关系模型的转换方法。

（4）了解复杂数据模型的建立过程。

2．实训内容

（1）实地考察一个企业，绘制一个企业管理系统的 E-R 模型。组织学生 2～3 人为一个小组，了解工厂管理的模式，并画工厂管理系统的 E-R 图（学生可根据现有的条件，到相关的工厂了解工厂管理的内容）。完成本次实训的内容，并写出实训报告。

（2）实地考察本校的图书馆，建立一个图书管理系统的数据模型（包括概念模型和关系模型）。组织学生到学校图书馆，了解图书管理的内容，并画出 E-R 图和建立图书管理系统的关系模型。

3．参考答案

通过实地调查分析，工厂需要管理的实体类型有雇员、部门、项目、零件、供应商、仓库，共 6 个实体。

在该系统中，存在与管理这些实体有关的以下这些联系：

● 一个雇员只在一个部门工作，一个部门可以有多个雇员。

● 一个雇员可以参加一个以上的项目，每个项目往往不止一个人参加。

● 每个项目必须确定一个负责人，但一个人可以负责多个项目。

● 一个供应商可以为若干个项目供应零件，每个项目允许从不同的供应商那里采购零件，每个项目需要多种零件。

● 为方便今后经常订购，系统还要求保存各个供应商能够提供的各种零件与数量。

● 一种零部件可以由其他几种零件组装而成。

● 购买的零件存放在仓库里，一个仓库存放多种零件，为方便使用，一种零件也可以存放在不同的仓库当中。

根据题目的要求，画出 E-R 图描述这个工厂的概念模型，用列表的方式列出所有实体的属性。

1.3 数据库管理系统和数据库系统

计算机科学与技术的发展，计算机应用的深入与拓展，使得数据库在计算机应用中的地位与作用日益重要；它在商业中、事务处理中占有主导地位，近年来在统计领域、多媒体领域以及智能化应用领域中的地位与作用也变得十分重要；随着网络的普及，它在网络中的应用也日趋重要。因此，数据库已成为构成一个计算机应用系统的重要支持。这里着重介绍数据库管理系统和数据库系统的体系结构。

1.3.1 数据库管理系统

数据库管理系统（DataBase Management System，简称 DBMS）是位于用户与操作系统之间的一层数据管理软件。数据库在建立、运用和维护时由数据库管理系统统一管理、统一控制。数据库管理系统使用户能方便地定义数据和操作数据，并能够保证数据的安全性、完整性，发生故障后能将系统恢复。

DBMS 有很多，目前流行的软件有 Oracle，Sybase，SQL Server，Access 和 Visual FoxPro 等。

数据库管理系统（DBMS）作为数据库系统的核心软件，其主要目标是使数据成为用户使用的资源，易于为各种用户所共享，并增强数据的安全性、完整性和可用性。

不同的 DBMS 对硬件资源、软件环境的适应性各不相同，因而其功能也有差异。但一般来说，DBMS 应该具有以下几方面的功能。

1．数据库定义功能

数据库定义也称为数据库描述，包括定义构成数据库系统的模式、存储模式和外模式，定义外模式与模式之间、模式与存储模式之间的映像，以及定义有关的约束条件，如为保证数据库中数据具有正确语义而定义的完整性规则，为保证数据库安全而定义的用户口令和存取权限等。

2．数据库操纵功能

数据库操纵是 DBMS 面向用户的功能。DBMS 接受、分析和执行用户对数据库提出的各种操作要求，完成数据库数据的检索、插入、删除和更新等各种数据处理任务。

3．数据库运行控制功能

DBMS 的核心工作是对数据库的运行进行管理，包括执行访问数据库时的安全性检查、完整性约束条件的检查和执行、数据共享的并发控制以及数据库的内部维护（如索引，数据字典的自动维护）等。所有访问数据库的操作都要在这些控制程序的统一管理下进行，其目的是保证数据库的可用性和可靠性。DBMS 提供以下 4 个方面的数据控制功能。

（1）数据安全性控制功能。这是对数据库的一种保护措施，目的是防止因非授权用户存取数据而造成数据泄密或破坏。例如，设置口令，确定用户的访问级别和数据存取的权限，经系统审核通过后才可执行所允许的操作。

（2）数据完整性控制功能。这是 DBMS 对数据库提供保护的另一方面。完整性是数据的准确性和一致性的测度。在将数据添加到数据库时，对数据的合法性和一致性的检验将会提高数据的完整性。这种检验不一定要由 DBMS 来完成，但大多数 DBMS 都有保证合法性和一致性的限制，并可在存储和修改数据时实施特定的检验。

（3）并发控制功能。数据库是提供给多个用户共享的，所以用户对数据的存取可能是并发的，即多个用户可能同时使用同一数据库，因此 DBMS 应能对多用户的并发操作加以控制、协调。例如，当一个用户正在修改某些数据项时，如果其他用户也要同时存取这些数据项，就可能导致错误。DBMS 应对要修改的记录采取一定的措施，例如，可以加锁，暂时拒绝其他用户的访问，当修改完成并存盘后再开锁，允许其他用户访问。

（4）数据库恢复功能。在数据库运行过程中，可能会出现各种故障，如停电、软件或硬件错误、操作错误、人为破坏等，因此系统应提供恢复数据库的功能，如定时转储、恢复备份等，使系统有能力将数据库恢复到损坏之前的某个状态。

4．数据字典

数据字典（Data Dictionary，简称 DD）中存放着对实际数据库各级模式所做的定义，即对数据库结构的描述。对数据库的使用和操作都要通过查阅数据字典来进行。在有些系统中，将数据字典单独抽出自成系统，使之成为一个软件工具，能够提供一个比 DBMS 更高级的用户和数据库之间的接口。

1.3.2　数据库系统

数据库系统（Data Base System，简称 DBS）是指采用了数据库技术的计算机系统。因此，数据库系统是一种可实际运行的，按照数据库方式存储、维护和向应用系统提供数据或信息支持的系统，是存储介质、处理对象和管理系统的集合体。首先来看一下数据库系统的组成。

数据库系统通常由数据库、硬件、软件和数据库管理员（Data Base Administrator，简称 DBA）组成。

1．数据库

数据库是与一个特定组织的各项应用相关的全部数据的汇集。它通常由两大部分组成：一是有关应用所需要的业务数据的集合，称为物理数据库，它是数据库的主体；二是关于各级数据结构的描述数据，称为描述数据库，通常由一个数据字典系统管理。

2．计算机设备

运行数据库系统的计算机要有足够大的内存储器、大容量的磁盘等联机直接存取设备和较高的传输数据的硬件设备，以支持对外存储器的频繁访问，还需要有足够数量的脱机存储介质，如软盘、移动硬盘、磁带、可擦写式光盘等，以存放数据库备份。

3．软件支持系统

数据库系统的核心组成部分是 DBMS。DBMS 是在操作系统支持下工作的庞大软件。利用 DBMS 提供一系列命令，用户可以建立数据库文件、定义数据以及对数据库进行各种操作，如增加、删除、更新、查找、输出等。

数据库系统的支持软件还包括操作系统和各种实用程序。另外，在开发操纵数据库的应用系统时，不仅可以使用数据库管理系统自含的程序设计语言，也可以使用其他软件开发工具，如 PowerBuilder，Delphi，VB 和 VC 等。在这种情况下，支持软件还应包括相应的宿主语言（软件开发工具）及其编译系统。

4．数据库管理员

管理、开发和使用数据库系统的人员主要有数据库管理员、系统分析员、程序员和用户。对于较大规模的数据库系统来说，必须有人全面负责建立、维护和管理数据库系统，承担这种任务的人员称为数据库管理员。数据库管理员负责保护和控制数据，使数据能被任何有权使用的人有效使用。数据库管理员的职责包括：定义并存储数据库的内容，监督和控制数据库的使用，负责数据库的日常维护，必要时重新组织和改进数据库。

1.3.3 数据库系统的体系结构

目前世界上大多数数据库系统，尽管种类不同，但它们的结构基本上是与下面介绍的 3级结构相一致的，因此可以认为如图 1.19 所示是数据库系统的一般结构。

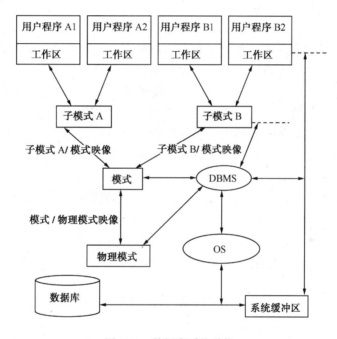

图 1.19　数据库系统结构

数据库系统结构的 3 个抽象描述级，定义了数据库的 3 个层次，反映了看待数据库的 3种不同角度。

整个数据库系统分为 3 层：外层、概念层、内层。用户只能看到外层，其他两层是看不到的。子模式有多个，而概念模式只有一个。内模式是整个数据库的最低层。用数据描述语言精确地定义数据模型的程序称为模式。

1．子模式

定义用户视图的模式叫子模式，又叫外模式，用子模式的数据描述语言来定义。具有相同数据视图的用户共享一个子模式，一个子模式可以为多个用户所使用。从逻辑关系来看，子模式是模式的一个逻辑子集，从一个模式可以推导出许多不同的子模式。

2. 模式

定义概念模型的模式叫概念模式，简称为模式，用模式数据描述语言来定义。它是数据库的整个逻辑描述，并说明了一个数据库所采用的数据模型。同时它还给出了实体和属性的名字，并说明了它们之间的关系，是一个可以放进数据项值的框架。

目前模式中通常还包括寻址方式、存取控制、保密定义、安全性和完整性等方面的内容。

3. 内模式

内模式也叫物理模式，是用设备介质描述语言来定义的。它规定数据项、记录、数据集、索引和存取路径在内的一切物理组织方式，以及优化性能、响应时间和存储空间需求。它还规定记录的位置、块的大小与溢出区等。

这里必须强调指出，对一个数据库系统来说，只有物理数据库才是真正的存在，它是存放在外存上的实际数据，而其他两个数据库在外存上是不存在的。概念数据库只不过是物理数据库的一种抽象（逻辑）的描述，用户数据库则是用户需要使用的数据库子集的逻辑描述，是用户与数据库的接口。用户根据子模式进行操作，通过子模式/模式的映像与概念数据库联系起来，又通过模式/物理模式映像与物理数据库联系起来。所谓映像是一种对应规则，指出映像双方如何进行转换。数据库的三级结构就是靠映像来连接的。数据库管理系统的一项重要工作就是完成三级数据库之间的映像，将用户对数据库的操作转化成对物理数据库的操作。

注意：用户数据库是概念数据库的部分抽取；概念数据库是物理数据库的抽象表示；物理数据库是概念数据库的具体实现。

设计数据库时，设计者应主要考虑整个数据库的轮廓框架。使用数据库时，用户关心的是数据库的内容。数据库的框架是相对稳定的，而数据库的内容是经常变化的。

本 章 小 结

本章的内容比较丰富，是学习后续章节的基础，先后介绍了数据与数据处理、数据与信息的关系、计算机数据管理的发展阶段、数据库的定义，然后介绍了数据模型（包括概念模型和关系模型）的概念及建立方法以及实训练习 E-R 图的应用，最后介绍了 DBS，DBMS 以及数据库系统的系统构成。

练 习 题

1. 现有一银行业务管理流程，需要管理客户和账户信息。其中顾客信息包括：身份证号、姓名、性别、地址、联系电话。账户信息包括：账号、存款额、取款额、余额、交易时间。每个客户可以开多个账户。请用 E-R 图表示出该业务的概念模型。

2. 某图书管理系统对图书、读者及读者借阅情况进行管理。系统要求记录图书的书号、书名、作者、出版日期、类型、页数、价格、出版社名称、读者姓名、借书证号、性别、出生日期、学历、住址、电话、借书日期和还书日期。请用 E-R 图表示出该业务的概念模型。

3. 工厂（厂名和厂长名）需要管理以下信息：

（1）工厂内有多个车间，每个车间有车间号、车间主任名、电话；

（2）一个车间内有多名工人，每个工人有职工号、姓名、年龄、性别、工种及等级；

（3）一个车间生产多种产品，产品有产品名、产品号；

（4）一个车间生产多种零件，一个零件也可能由多个车间制造，零件有零件号、重量、材料；

（5）一个产品由多个零件组成，一种零件也可能装配在多种产品上。

根据以上信息，建立系统的 E-R 模型。

第 2 章　关系数据库

关系数据库系统是目前使用最广泛的数据库系统。20 世纪 70 年代以后开发的数据库管理系统产品几乎都是基于关系的，数据库领域近 30 年来的研究工作也主要是关系的。在数据库发展历史上，最重要的成果就是关系模型。

本章将系统地讲解关系数据库的基本知识。

2.1　关系数据模型的基本概念

关系数据模型是关系数据库的基础，其中主要包括数据结构、数据操作和一组完整性的规则。

2.1.1　关系模型的结构

在关系模型中，实体和实体之间的联系是通过关系来表达的。

1. 关系

从用户角度来看，关系模型中的数据是由行和列组成的二维表，即一个二维表就是一个关系。

例如，有一个关系 R，名为 student，如表 2.1 所示。

表 2.1　student 表

学　号	姓　名	性　别	年　龄
1001	赵凡	男	18
1002	李力	女	20
...	...	...	...

既然关系表现为二维表，则可以通过二维表理解关系的术语。

（1）元组：二维表中的一行称为一个元组，在实际表的操作中，也称为记录。例如，上面关系中，（1001，赵凡，男，18）是一个元组。

（2）属性：二维表中的一列称为一个属性，在实际表的操作中，也称为字段。例如，上面关系中，有学号属性，姓名属性。而学号、姓名、性别、年龄又称为该字段的字段名。

（3）关键字：属性或属性组合，其值能够唯一地标识一个元组，又称为键。

（4）候选键：在关系表中一个属性或几个属性的组合能够唯一标识元组，且此属性集不含有多余属性。例如，student 表中学号属性或学号与姓名的组合属性都可以作为候选键。一个关系中可以有多个候选键。

（5）主键（主码）：在一个关系中，当前正在使用的候选键称为主键。一个关系中只能有一个主键。

（6）外键（外码）：若关系 R 中某属性或属性的集合是其他关系的主键，则此属性或属性的集合对于 R 而言称为外键。通过外键建立关系是关系数据库的重要特点。

例如，有一个关系 S，名为 grade，如表 2.2 所示。

表 2.2　grade 表

学　号	语　文	数　学	政　治	总　分
1001	95	96	84	275
1002	69	90	94	274
…	…	…	…	…

现要将 student 表与 grade 表联系起来，则学号称为外键。

注意：关系中的每个属性值必须不可分割；关系中不能出现重复的元组；关系中元组的顺序、属性的顺序可以任意交换，不改变关系的实际意义。

（7）视图。视图是从一个或几个关系表导出的虚表。它的用途和特性将在第 4 章中做详细介绍。

2. 关系模式

关系的描述称为关系模式，可表示为：

R（U，D，DOM，F）

其中：R——关系名；U——R 中属性名的集合；D——U 中属性所出自域的集合；DOM——属性向域的映射的集合；F——属性间数据依赖关系的集合。

通常情况下，关系模式可简记为 R（U）。

对上例关系 S 的关系模式可写成：

grade（学号，语文，数学，政治，总分）

注意：在实际应用中，英文模式名和属性名比相应的中文方式的效率要高，用户可根据实际需要来确定使用何种类型的模式名。

练习：已知关系 teacher（教师编号，姓名，性别，所在系部，课程号）和关系 course（课程号，课程名，学时数），请分别指出两个关系中的元组、属性、候选键以及连接两个关系的主键、外键。

2.1.2　关系模型的完整性

关系数据库完整性是由各种各样的完整性约束来保证的。数据库的完整性对于数据库应用系统是非常关键的。数据库完整性约束规则可作为模式的一部分存入数据库中。关系模型有 3 类完整性规则，即实体完整性约束规则、参照完整性约束规则以及用户定义完整性约束规则。

1. 实体完整性约束规则

在关系数据库中一个关系对应现实世界的一个实体集，关系中的每一个元组对应一个实体。在关系用主关键字来唯一标识一个实体，实体具有独立性，关系中的这种约束条件称为实体完整性。

实体完整性约束规则是指主键不能取空值。例如，在"学生"这个关系数据库中的学号取值不能为空。

2. 参照完整性约束规则

参照完整性是用于约定两个关系之间的联系,理论上规定:若 M 是关系 S 中的一属性组,且 M 是另一关系 Z 的主关键字,则称 M 为关系 S 对应关系 Z 的外关键字。若 M 是关系 S 的外关键字,则 S 中每一个元组在 M 上的值必须是空值或是对应关系 Z 中某个元组的主关键字值。例如,学生关系 S 和学校专业关系 Z 之间满足参照完整性约束。学校专业关系 Z 中的专业号属性是主关键字,同时它也存在学生关系 S 中,那么只有当专业号存在,这个专业的学生才有可能存在,因此在添加学生关系中的元组时,定义的专业号必须在学校专业关系 Z 中已存在对应的元组。实际上,参照完整性约束规则限制外键引用在其他表中不存在的主键值。例如,关系 teacher(教师编号,姓名,性别,所在系部,课程号)和关系 course(课程号,课程名,学时数),其存储内容分别如表 2.3 和表 2.4 所示。

表 2.3 teacher 表

教师编号	姓名	性别	所在系部	课程号
1001	张军	男	电气	C01
1002	李力	女	计算机	C02
1003	杨佳	女	机械	C04

表 2.4 course 表

课程号	课程名	学时数
C01	数据结构	64
C02	数理统计	56

从两关系中,不难看出关系 course 中的主键为课程号,关系 teacher 中的课程号为外键。在关系 teacher 中引用了在关系 course 中不存在的属性值 C04,此情况违反了参照完整性约束规则。

3. 用户定义完整性约束规则

用户定义完整性约束是用户定义某个具体数据库所涉及的数据的取值范围必须满足的约束条件,是由具体应用环境来决定的。例如,约定学生成绩的数据必须小于或等于 100。再如,在关系 teacher 中年龄定义为两位整数,若两位整数范围太大,可对取值做一个限定,如 20～80 之间,即范围为 [20,80]。

2.2 关系基本运算

关系数据语言的核心是查询语言,而查询往往表示成一个关系运算表达式。因此,关系运算是设计关系数据语言的基础,可分为关系代数和关系演算。

2.2.1 关系代数

关系代数是一种用来表达查询的抽象语言,它是用对关系的运算来表达查询的。它的运算对象是关系,结果也是关系。关系代数运算的种类如表 2.5 所示。

表 2.5　关系代数运算的种类

运 算 符	含 义	类 型
∪	并	传统集合运算
∩	交	
—	差	
×	广义笛卡儿积	
σ	选择	专门关系运算
π	投影	
⋈	连接	
÷	除	

1．传统集合运算

传统集合运算包括并、交、差、广义笛卡儿积 4 种运算，它是两个关系之间的运算。设关系 R 和关系 S 具有相同的 n 目（即两个关系都有 n 个属性），且相应属性的数据类型相同，则可定义如下：

（1）并运算。关系 R 与关系 S 的并仍是一个含有 n 个属性的关系。它是由 R 与 S 中的全部元组且去掉冗余项（即重复项）后组成的，记为 R∪S。

（2）交运算。关系 R 与关系 S 的交仍是一个含有 n 个属性的关系。它是由既属于关系 R 又属于关系 S 的那些元组组成的，记为 R∩S。

（3）差运算。关系 R 与关系 S 的差仍是一个含有 n 个属性的关系。它是由属于关系 R 且不属于关系 S 的那些元组组成的，记为 R-S。

思考：R-S 与 S-R 的结果是否一样？为什么？

（4）广义笛卡儿积。两个分别为 n 目和 m 目的关系 R 和 S 的广义笛卡儿积是一个含有 $n+m$ 列的元组的集合。它的元组个数为关系 R 与 S 元组的乘积，记为 R×S。

【例 2.1】　设有 3 个关系 R，S 和 T，它们的各种运算结果如图 2.1 所示。

关系 R

A	B
a1	b1
a2	b2
a3	b3

关系 S

A	B
a1	b1
a2	b1
a3	b2

关系 T

C	D	E
c1	d1	e1
c2	d2	e2

R∪S

A	B
a1	b1
a2	b2
a3	b3
a2	b1
a3	b2

R∩S

A	B
a1	b1

R-S

A	B
a2	b2
a3	b3

R×T

A	B	C	D	E
a1	b1	c1	d1	e1
a1	b1	c2	d2	e2
a2	b2	c1	d1	e1
a2	b2	c2	d2	e2
a3	b3	c1	d1	e1
a3	b3	c2	d2	e2

图 2.1　传统集合运算的结果

2. 专门关系运算

专门关系运算包括选择、投影、连接及除运算等。

（1）选择运算。选择运算是指在关系 R 中满足给定条件的元组集合。记为：

$$\sigma_F(R) = \{t | t \in R \wedge F(t) = true\}$$

其中，t 是 R 的子集，F 表示选择条件，它是一个逻辑表达式，取得"真"或"假"值。实际应用中，选择运算就是对二维表中记录行的操作。F 中运用到的运算符如表 2.6 所示。

表 2.6　运算符

类　型	运　算　符
算术运算符	$=$, $\neq$, $>$, $\geqslant$, $<$, $\leqslant$
逻辑运算符	⅂（非），$\wedge$（与），$\vee$（或）

【例 2.2】　设有一个关系 teacher，其存储内容如表 2.7 所示，现查询电气系的全体人员。

表 2.7　teacher 表

教师编号	姓名	性别	年龄	所在系部
1001	张　军	男	29	电气
1002	李　力	女	30	计算机
1003	杨　佳	女	45	机械
1004	宋丽平	女	32	电气

$$\sigma_{\text{所在系部} = \text{"电气"}} (teacher)$$

或者

$$\sigma_{5 = \text{"电气"}} (teacher)$$

式中 5 指"所在系部"的属性序号。

其运算结果如表 2.8 所示。

表 2.8　例 2.2 运算结果

教师编号	姓名	性别	年龄	所在系部
1001	张　军	男	29	电气
1004	宋丽平	女	32	电气

【例 2.3】　查询例 2.2 给定关系中电气系年龄不高于 30 岁的人员信息。

$$\sigma_{\text{所在系部} = \text{"电气"} \wedge \text{年龄} \leqslant 30} (teacher)$$

或者

$$\sigma_{5 = \text{"电气"} \wedge 4 \leqslant 30} (teacher)$$

其运算结果如表 2.9 所示。

表 2.9　例 2.3 运算结果

教师编号	姓名	性别	年龄	所在系部
1001	张　军	男	29	电气

（2）投影运算。投影运算是指从关系 R 中选取若干属性列组成的新关系。记为：

$$\pi_A(R) = \{t[A] \mid t \in R\}$$

其中，A 是 R 中的属性列。实际应用中，投影运算就是对二维表中字段列的操作。

【例2.4】 查询例 2.2 中给定关系的全部人员姓名、年龄及所在系部信息。

$$\pi_{姓名,\ 年龄,\ 所在系部}（teacher）$$

或者

$$\pi_{2,\ 4,\ 5}（teacher）$$

其运算结果如表 2.10 所示。

表 2.10　例 2.4 运算结果

姓　　名	年　　龄	所 在 系 部
张　军	29	电气
李　力	30	计算机
杨　佳	45	机械
宋丽平	32	电气

【例2.5】 查询例 2.2 中给定关系的全部人员所在系部信息。

$$\pi_{所在系部}（teacher）$$

或者

$$\pi_5（teacher）$$

其运算结果如表 2.11 所示。

表 2.11　例 2.5 运算结果

所在系部
电气
计算机
机械

此操作取消了某些列，在结果中可能产生重复的元组，投影结果取消了重复的元组，因此只有 3 个元组。

注意： 在操作过程中，使用英文半角状态下的标点符号。

（3）连接运算。连接运算是指从两个关系的笛卡儿积中选取属性间满足一定条件的元组。记为：

$$R \bowtie_{i\Theta j} S$$

其中，i，j 分别为关系 R 中第 i 个属性名和 S 中第 j 个属性名，Θ 是算术运算符（=，≠，>，≥，<，≤），连接结果是一个新关系。

连接运算中有两种常用连接，即等值连接和自然连接。

等值连接是指 Θ 取"="的连接，结果为从 R 和 S 的笛卡儿积中选取 $i=j$ 元组集合。记为：

$$R \bowtie_{i=j} S$$

自然连接是一种特殊的等值连接，它要求选出同时满足 R.i=S.j 的所有元组，（i，j 必须为相同的属性名，为 R，S 的公共属性）并且在自然连接的结果中去掉了重复的属性列。记为：

$$R \bowtie S$$

两种连接的区别如表2.12所示。

表2.12 不同连接形式的比较结果

类 型	表达形式	对 i, j 的要求	连 接 结 果
等值连接	$R \underset{i=j}{\bowtie} S$	不一定为公共属性，只要求一个分量相等	不去掉重复的属性列
自然连接	$R \bowtie S$	必须为公共属性	去掉重复的属性列

【例2.6】 已知两关系，如表2.13和表2.14所示，现要查询关系 teacher 中所有教师的选课的情况。

如表2.15所示为等值连接，即 $R \bowtie S$ 的结果：

$$teacher.课程号 = course.课程号$$

如表2.16所示为自然连接 $R \bowtie S$ 的结果。

表2.13 teacher

教 师 编 号	姓 名	性 别	课 程 号
1001	张 军	男	C01
1002	李 力	女	C02
1003	杨 佳	女	C04

表2.14 course

课 程 号	课 程 名	学 时 数
C01	数据结构	64
C02	数理统计	56
C04	专业英语	48

表2.15 等值连接的结果

教师编号	姓名	性别	Teacher.课程号	Course.课程号	课程名	学时数
1001	张 军	男	C01	C01	数据结构	64
1002	李 力	女	C02	C02	数理统计	56
1003	杨 佳	女	C04	C04	专业英语	48

表2.16 自然连接的结果

教师编号	姓名	性别	课程号	课程名	学时数
1001	张 军	男	C01	数据结构	64
1002	李 力	女	C02	数理统计	56
1003	杨 佳	女	C04	专业英语	48

（4）除运算。设有关系 R（X，Y）与关系 S（Y，Z），其中 X，Y，Z 为属性集合。关系 R（X，Y）除以关系 S（Y，Z）所得的结果是关系在属性 X 上投影的一个子集，该子集和 S（Y）的笛卡儿积必须包含在 R（X，Y）中。记为：

R÷S

【例2.7】 已知 R 和 S 两关系，如图 2.2（a），图 2.2（b）所示，R÷S 的结果如图 2.2（c）所示。

关系 R

S	P
S1	P1
S2	P1
S3	P2
S1	P2

（a）

关系 S

P	C
P1	C

（b）

R÷S

S
S1
S2

（c）

图 2.2　关系运算

在关系 R 中，P1 对应的分量为{S1，S2}，包含了关系 S 在 P 属性上的投影，所以 R÷S={S1，S2}。

【例2.8】 已知 R 和 S 两关系，如图 2.3（a），图 2.3（b）所示，R÷S 的结果如图 2.3（c）所示。

关系 R

S	P
S1	P1
S2	P1
S3	P2
S1	P2

（a）

关系 S

P
P1
P2

（b）

R÷S

S
S1

（c）

图 2.3　例 2.7 关系图

在关系 R 中，（P1，P2）对应的分量为{S1}，包含了关系 S 在 P 属性上的投影，所以 R÷S={S1}。

【例2.9】 已知 3 个关系：学生关系 S（学号，姓名，性别，所在系，年龄）；课程关系 C（课程号，课程名，学时，学分）；选课关系 SC（学号，课程号）。用关系代数表达式完成下列要求：

① 查询年龄不大于 20 岁的学生的学号：

$$\pi_{学号}（\sigma_{年龄\leq20}（S））$$

② 查询选修了课程号为 C01 的学生学号、姓名及所在系情况：

$$\pi_{学号,\,姓名,\,所在系}（\sigma_{课程号=“C01”}（SC）\bowtie S）$$

③ 查询选修"数据库"的学生的学号和姓名：

$$\pi_{学号,\,姓名}（S\bowtie（\sigma_{课程名=“数据库”}（SC\bowtie C）））$$

④ 查询选修全部课程的学生的学号及姓名：

$$SC÷\pi_{课程号}（C）\bowtie\pi_{学号,\,姓名}（S）$$

⑤ 查询不选修课程号为 C02 的学生学号：

$$\pi_{\text{学号}}（S）-\pi_{\text{学号}}（\sigma_{\text{课程号}=\text{"C02"}}（SC））$$

⑥ 查询在计算机系的男同学的姓名：

$$\pi_{\text{姓名}}（\sigma_{\text{所在系}=\text{"计算机系"}\wedge\text{性别}=\text{"男"}}（S））$$

2.2.2 关系演算

关系演算是以谓词演算为基础的。对于关系演算语言可分为元组演算和域演算语言。

（1）元组演算语言是以元组演算为基础的语言。它用元组演算表达式表达查询结果应满足的要求或条件，元组关系演算 ALPHA 语言是由 E·F·Codd 提出的一种元组演算语言，但没有在计算机上实现。由美国加利福尼亚大学研制的 QUEL 查询语言与 ALPHA 语言十分相似，是元组演算语言的典型代表。

（2）域演算语言是以域演算为基础的语言。它用域演算表达式表达查询结果应满足的要求或条件，域演算语言中最典型的代表是 QBE（Query By Example，采用例子进行查询）。

实际上，关系数据库系统提供给用户的关系数据库语言并不直接采用上述关系运算作为语言，而是提供了更高级、更方便的实际语言。例如，常用的 SQL 语言（Structured Query Language，结构化查询语言）和 xBASE 语言等，是实际语言的典型代表。而关系运算语言是设计各种高级关系数据语言的基础和指导，尤其是关系代数语言最为重要。下面的章节中将给出对关系代数的实训练习。

2.3 实训——关系运算

1. 实训目的

掌握关系代数的运算操作。

2. 实训内容

（1）已知 3 个关系 R，S，T，如图 2.4 所示，试计算 R∪T，R−T，R⋈S，R÷S，$\sigma_{A=\text{'a'}}$（R×S）的结果。

（2）已知关系学生登记基本情况 stud（借书证号，姓名，性别，年龄，所在班级），借书情况 borrow（借书证号，书号，借阅时间），图书情况 book（书号，书名，数量，金额）。现根据关系代数的操作完成下列要求：

① 查询在 99 计算机班的学生的学号、姓名；

② 查询借阅了"数据库基础"的学生的学号、姓名及所在班级；

③ 查询目前没有借书的学生学号和姓名信息；

④ 查询目前借阅了全部图书的学生的学号及姓名。

3. 参考答案

（1）3 个关系和运算结果如图 2.4 所示。

关系 R

A	B
a	d
c	b
d	e
c	d

关系 S

B	C
d	C

关系 T

A	B
B	c
c	b
B	d

R∪T

A	B
a	d
c	b
d	e
c	d
B	c
C	b
B	d

R−T

A	B
a	d
d	e
c	d

R÷S

A
a
c

R⋈S

A	B	C
a	d	C
c	d	C

$\sigma_{A='a'}(R\times S)$

A	B	B	C
a	d	d	C

图 2.4　3 个关系和运算结果

（2）根据关系代数操作如下：

① $\pi_{\text{学号，姓名}}(\sigma_{\text{所在班级}=\text{“99 计算机”}}(\text{stud}))$

② $\pi_{\text{学号，姓名，所在班级}}(\text{stud}\bowtie(\sigma_{\text{书名}=\text{“数据库基础”}}(\text{book})\bowtie\text{borrow}))$

③ $\pi_{\text{学号，姓名}}((\text{stud})-\pi_{\text{借书证号}}(\text{borrow}))$

④ $\pi_{\text{学号，姓名}}(\pi_{\text{借书证号，书名}}(\text{borrow})\div\pi_{\text{书名}}(\text{book})\bowtie(\text{S}))$

本 章 小 结

关系数据库是目前使用最为广泛的数据库。本章主要讲述了关系数据模型的基本概念，其中包括关系数据模型的结构、关系模型的完整性规则；主要介绍了代数方式表达关系语言即关系代数，简要介绍了关系演算操作。

练 习 题

1．选择题

（1）假定学生关系 S（SNO，SNAME，SEX，AGE）；课程关系是 C（CNO，CNAME，CREDIT）；学生选课关系是 SC（SNO，CNO，GRADE），要查找选修“数据库”课程的女学生的姓名，将涉及关系_______。

A．S　　　　B．C，SC　　　　C．S，SC　　　　D．S，C，SC

（2）自然连接是构成新关系的有效方法。在新关系中，对下列说法正确的是_______。

A．保留原关系 R，S 中的全部属性

B．对原关系 R，S 中的元组做笛卡儿积产生的新元组集合

C．去掉原关系 R，S 中重复的属性列

D．去掉原关系 R，S 中重复的元组行

（3）同一个关系模型的任意两个元组值_____。

A．不能相同　　　　B．可全同　　　　　　C．必须全同　　　　　D．以上都不是

2．名词解释：

广义笛卡儿积，关系模型，关系，完整性，属性，元组，主键，候选键，外键，选择，投影。

第 3 章　关系模式的规范化

本章重点介绍关系数据库设计理论方面的基础知识，作为设计一个好的数据库系统的理论指南。面对具体的现实问题，研究如何选择比较好的关系模式集合。

3.1　模式规范化的必要

在前面的关系数据库模型中曾经指出，关系必须规范化，即关系模型中的每一个关系模式都必须满足一定的要求。规范化有许多层次，对关系最基本的要求是每个属性值必须是不可分割的数据单元，即表中不能再包含表。手工制表中经常出现的复合表项在关系中是不允许的。为什么一定要求关系规范化呢？主要原因是不规范的关系模式在应用中可能产生很多弊病，下面将对此问题展开讨论。

3.1.1　讨论范围

数据库是一组相关数据的集合。它不仅包括数据本身，而且包括有关数据之间的联系，这种联系通过数据模型体现出来。给出一组数据，如何构造一个合适的数据模型，在关系数据库中应该组织成几个关系模式，每个关系模式包括哪些属性，这是数据库逻辑设计要考虑和解决的问题。在具体数据库系统实现之前，尚未录入实际数据时，组建较好的数据模型是关系到整个系统运行的效率，以至系统成败的关键问题。

在以关系模型为基础的数据库中，用关系来描述现实世界。关系具有概念单一性的特点。一个关系既可以描述一个实体，也可以描述实体之间的联系。一个关系模型包括一组关系模式，各个关系不是完全孤立的，只有它们相互间存在关联，才能构成一个模型。这些关系模式的全体定义构成关系数据库模式。在用 SQL Server 或 Access 实现的数据库应用系统中，各个数据表结构如何设计需要必要的理论指导。

关系模型有严格的理论基础，也是目前应用最广泛的数据模型，指导数据库逻辑设计有关系数据库规范化理论。关系数据库设计理论主要包括 3 方面的内容：数据依赖、范式（Normal Form）和模式设计方法。数据依赖在此起着核心的作用。我们重点讨论函数依赖的概念，然后再介绍模式分解的标准，即范式，为数据库的设计准备一定的基本理论基础。

这里仅介绍必要的基础知识，只包括与函数依赖有关的关系数据库范式，并省略了大量的理论证明与推导过程，在必须使用较抽象的数据符号描述时，力求以实例说明问题。

3.1.2　存储异常问题

首先通过例子来看一看某些不恰当的关系模式可能导致的一系列问题。

【例 3.1】　设有包括 11 个属性的教师任课关系模式 TDC 如下：

TDC (TNO, TNAME, TITLE, ADDR, DNO, DNAME, LOC, CNO,CNAME, LEVEL, CREDIT)

其中各属性分别表示教工编码、教师姓名、职称、教师地址、所在系、系名称、系地址、课程号码、课程名称、教师水平、学分。如表 3.1 所示是该模式的一个具体实例。

表 3.1　教师任课关系 TDC

TNO	TNAME	TITLE	ADDR	DNO	DNAME	LOC	CNO	CNAME	LEVEL	CREDIT
T1	MA	PRF	A1	D1	DEPT1	L1	C1	COMPU	GOOD	3
T1	MA	PRF	A1	D1	DEPT1	L1	C3	DB	OK	4
T2	LI	AP	A2	D1	DEPT1	L1	C3	DB	GOOD	4
T2	LI	AP	A2	D1	DEPT1	L1	C4	OS	GOOD	4
T3	CHEN	PRF	A3	D1	DEPT1	L1	C4	OS	OK	2
T3	CHEN	PRF	A3	D1	DEPT1	L1	C5	DSTRU	EXCEL	3
T4	CHEN	AP	A4	D2	DEPT2	L2	C6	MATH	GOOD	4
…	…	…	…	…	…	…	…	…	…	…

在这个具体的关系中可以看到，一位教师可以讲授多门课程，同一门课程也可以有多位教师来讲授，只能根据教师号和课程号才能够确定哪位教师讲授哪门课程。所以在关系 TDC 中，用于确定某个特定元组的主关键字是（TNO，CNO）。该关系在使用过程中存在以下 4 方面的问题。

1．数据冗余

每当教师开设一门课程时，该教师的职称、地址、所在系、系名称、系地址等信息就重复存储一次。一般情况下，每位教师均不止开设一门课程，致使数据冗余不可避免。因为一个系有很多教师，将导致关系中的数据冗余度相当大。

注意：数据库中不必要的重复存储就是数据冗余。

2．更新异常

由于数据的重复存储，会给更新带来很多麻烦。如果一位任 3 门课的教师改变了地址，3 个元组的地址都要更新，一旦一个元组的地址未修改就会导致数据不一致。数据的不一致直接影响系统的质量。如果某个系改变了办公地址，该系的所有教师记录都必须做相应的修改，不仅要修改的数据量更大，潜在的数据不一致危险性也更大。

3．插入异常

如果学校新调入几位教师，或者由于从事科研活动等原因，现有教师中有的暂时未主讲任何课程。由于缺少主关键字的一部分，关键字不允许出现空值，这些教师就不能插入到此关系中去。只有当他们开设了课程之后才能插入，这显然是不合理的。能在系统中保存这些教师，还必须另外再建立一个关系，专门存放未任课教师的情况，这将导致不能从一个关系中查询到全部教师的信息。这显然不是明智之举。

4．删除异常

与插入异常相反的情况是：如果某些教师致力于科研或者由于健康等原因，暂时不担任教学任务，因为主关键字不全，就要从当前数据库中删除有关记录，那么关于这些教师的其他信息也将无法记载。这也是极不合理的现象。

上述这些在数据的插入、删除或修改元组时将产生的，可能带来不良后果的情况均属于不希望发生的异常。产生这些异常的原因是关系模式设计得不好所造成的。如何避免和克服这类异常，是系统分析和设计人员必须考虑的问题。如果事先没有考虑到，等到系统建立之后发现问题再返回去解决，这种事情是非常棘手的，不仅费时费力，而且往往不能够彻底解决。如果在数据库设计阶段用下面 4 个关系模式来代替原来的一个关系模式，上述 4 个方面的问题就基本解决了，即：

> T(TNO, TNAME, TITLE, ADDR, DNO)
> D(DNO, DNAME, LOC)
> C(CNO, CNAME, CREDIT)
> TC(TNO, CNO, LEVEL)

这个新的关系模型包括 4 个关系模式：教师 T、部门（或系）D、课程 C 和教学 TC。各个关系不是孤立的，它们相互之间存在联系，因此构成了整个系统的模型。各个关系之间的联系通过外关键字反映出来。教师 T 和部门 D 之间通过 T 中的外关键字 DNO 相联系；教师 T 与课程 C 之间存在多对多的联系，它通过 TC 中的外关键字 TNO，CNO 相联系。当处理问题需要时，以这些外关键字为"桥梁"对有关的关系进行自然连接，则恢复了原来的关系。但是在实际应用中，将原来的 TDC 一个关系模式分解成 T，D，C，TC 4 个模式是否是最佳设计方案，并不能简单下结论。如果在系统运行时，需要频繁地查询讲授某门课程的教师的情况，就要对这两个关系去做频繁的连接操作，而连接是以机时为代价的。在原来的关系模式中则可直接查到。到底哪种关系模型更好一些，需要根据数据库的规模、数据共享程度和实际应用需求来统一地权衡考虑而获得最理想的方案。

3.2 模式的规范化

上一节的例子涉及分解关系模式，对进行关系分解的指导和依据是函数依赖。函数依赖反映了数据之间的内在联系，它是本节讨论的中心问题。

3.2.1 函数的依赖与键

数据库系统用数据模型来实现概念模型的描述，任何一种数据模型都不仅描述单个实体及其属性，而且要描述属性间的联系。

1. 属性间的联系

在现实世界中，描述一个实体的各个属性之间也是相互联系的。属性之间的联系也分为 3 种类型：1 对 1、1 对多、多对多。

（1）1 对 1 联系。设 X，Y 为关系中的属性或属性值，为简便起见，把它们的所有可能取值组成的两个集合也叫做 X，Y。如果对于 X 中的任何一个具体值，Y 中至多有一个值与之对应，并且对于 Y 中的任何一个具体值，X 中也至多有一个值与之对应，称 X，Y 这两个属性之间是 1 对 1 联系。

（2）1 对多联系。如果属性值集合 X 中的任一个具体值，至多与 Y 中的一个值相对应，而 Y 中的任一个具体值却可以和 X 中的多个值相对应，则称两个属性之间从 X 到 Y 为 $m:1$ 的联系，或从 Y 到 X 是 $1:m$ 的联系。

注意：这里指的是属性值个数的多少，而不是具有相同属性值的有多少元组，二者正好相反。

（3）多对多联系。在 X，Y 两个属性值集中，如果任一个值都可以和另一个属性值集中多个值对应，反之亦然，则称属性 X 和 Y 是 $m:n$ 的联系。

关系中属性值之间这种既相互依赖又相互制约的联系称为数据依赖。数据依赖主要有两种：函数依赖和多值依赖。

2. 函数依赖

函数依赖（Functional Dependency）是最重要的数据依赖，它类似于变量之间的单值函数关系。设单值函数 $y=F(x)$，自变量 x 的值决定一个唯一的函数值 y。而当 x 取不同值时，它们所对应的 y 值可能不同，也可能相同。如果属于前者，则 $F(x)$ 的反函数也是单值函数；如果属于后者，那么 $F(x)$ 的反函数就是个多值函数。

一个关系模式里的属性，由于它在不同元组里属性值可能不同，因此可以把关系中的属性看做变量。一个属性与另一个属性在取值上存在制约，这是由事物本身的客观性质决定的。例如，学生的学号确定了本元组的姓名、性别等属性值；零件的型号决定它的规格；光的波长决定光的颜色。从前面的例子可以看出，这些联系在关系数据库模式中主要是通过属性值相等与否反映出来。

（1）函数依赖的概念。首先从具体例子入手，分析属性值之间的函数依赖。

【例 3.2】 设有关系 R（职工号，基本工资，奖金），其中一个职工号唯一确定一个基本工资数额和一个奖金额。换言之，一个人不能同时拿两种工资或奖金，但几个人的工资可能相同。具体数字如表 3.2 所示。

表 3.2　工资关系

职 工 号	基 本 工 资	奖　金
061	900.00	100.00
062	1 000.00	250.00
063	680.00	150.00
064	900.00	100.00

若对于一个关系模式中所有具体关系的属性之间都满足如下约束：对于 X 的每一个具体值，Y 有唯一的具体值与之对应，则称 Y 函数依赖于 X，或 X 函数决定 Y，记为 $X \rightarrow Y$，X 称做决定因素。这就是函数依赖的定义。

如果 $X \rightarrow Y$，并且 Y 不是 X 的子集，则称 $X \rightarrow Y$ 是非平凡的函数依赖。我们讨论的总是非平凡的函数依赖。全体总是能够决定部分的，若 Y 是 X 的子集，则称 $X \rightarrow Y$ 是平凡的函数依赖。

根据定义可见，在上例中存在如下函数依赖：职工号→基本工资，职工号→奖金。但反过来则不存在这种关系，即基本工资↛职工号；奖金↛基本工资；奖金↛职工号；基本工资↛奖金。存在平凡函数依赖（职工号，基本工资）→基本工资等。

定义中所谓"对应唯一的具体值"是指唯一确定值是什么，而不是说该值不能与其他值相等。恰恰相反，这个确定值很可能与其他元组的值相等。例如，姓名确定性别为"男"，而不能排除别人的性别也是"男"。函数依赖的确切语义表示了关系模式中属性集 X 的值与 Y 的值之间的多对 1 联系。从数值上看，"多方"函数决定"1 方"。

根据函数依赖的定义，可以找出下面的规律：

① 在一个关系模式中，如果属性 X，Y 有 $1:1$ 的联系，则相应函数依赖 $X{\rightarrow}Y$，$Y{\rightarrow}X$ 可记做 $X{\leftrightarrow}Y$。

② 如果属性 X，Y 是 $1:n$ 的联系，则存在函数依赖 $Y{\rightarrow}X$，但 $X{\nrightarrow}Y$。

③ 如果属性 X，Y 是 $m:n$ 的联系，则 X 与 Y 之间不存在任何函数依赖。

必须注意，函数依赖是指关系模式 R 的所有关系元组均应满足的约束条件，而不是指关系模式 R 的某个或某些元组满足的约束条件。当关系中的元组增加或者更新后都不能破坏函数依赖。因此，必须根据语义来确定数据依赖之间的函数依赖，而不能单凭某一时刻关系中的实际数据值来判断。

（2）完全函数依赖。设 $X{\rightarrow}Y$ 是关系模式 R 的一个函数依赖，如果存在 X 的真子集 X'，使得 $X'{\rightarrow}Y$ 成立，则称 Y 部分依赖于 X，记为 $X^{p}{\rightarrow}Y$。否则，称 Y 完全依赖于 X，记为 $X^{f}{\rightarrow}Y$。

由定义可知，当 X 是单个属性时，由于 X 不存在任何真子集，如果 $X^{p}{\rightarrow}Y$，则 $X^{f}{\rightarrow}Y$。

【例 3.3】 设有关系模式选课 SC（SNO，CNO，GRADE，CREDIT）。其中，SNO 表示学号，CNO 表示课程号，GRADE 表示成绩，CREDIT 表示学分。

在这个选课关系模式中，由于一个学生可以选修多门课程，一门课程可有多个学生选修，因此属性组合（SNO，CNO）中的任何单独一个属性都不能确定 GRADE。一门课程的课号对应全班学生的成绩，不能唯一确定成绩的值。一个学生的学号对应他选修的所有课程的成绩，而这些课程不可能全考一样的分数。因此，成绩只能由某个学生、某门课程两个属性共同来确定它的值，即属性组合（SNO，CNO）唯一决定 GRADE。课程学分 CREDIT 直接可由 CNO 决定，即 CNO→CREDIT。可以写成：

$$(\text{SNO ,CNO})^{f}{\rightarrow}\text{GRADE（完全函数依赖）}$$
$$(\text{SNO ,CNO})^{p}{\rightarrow}\text{CREDIT（部分函数依赖）}$$

此关系模式如图 3.1 所示。

（3）传递依赖。在同一关系模式中，如果存在非平凡函数依赖 $X{\rightarrow}Y$，$Y{\rightarrow}Z$，而 $Y{\nrightarrow}X$，则称 Z 传递依赖于 X。

定义的条件 $X{\rightarrow}Y$，并强调 $Y{\nrightarrow}X$ 十分必要。如果 X，Y 互相依赖，实际上处于等价地位，$X{\rightarrow}Z$ 则为直接函数依赖联系，并非传递依赖。

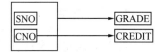

图 3.1 SC1 函数依赖示意图

【例 3.4】 有关系模式 S1（SNO，SNAME，DNO，DNAME，LOCATION）各属性分别代表学号、姓名、所在系号、系名称、系地址。

通过语义分析可知，由于一个系里有多名学生，而一个学生只能在一个系里注册；一个系有一个确定的办公地址。因此，此关系存在如下函数依赖：SNO→DNO，但 DNO↛ SNO，DNO→LOCATION。根据传递依赖的定义，可知 SNO→LOCATION 是传递依赖。

3．键（关键字）

在关系数据库模型中已经提及关键字的概念，现在建立了函数依赖的概念之后，能够对关键字做出精确的形式化定义。

（1）候选键。这里用大写的 U 表示一个关系的属性全集，R(U) 表示关系模式，用 X，Y，K 等表示 U 中的一个或者几个属性的集合。

候选键的定义：在关系模式 R(U) 中，K 是 U 中的属性或属性组。如果 K 完全函数依赖决定整个元组，即 $K \xrightarrow{f} U$，则称 K 为关系 R(U)的一个候选键（或候选关键字）。

R(U)中若有一个以上的候选键，则选定其中一个作为主键（主关键字）。如果 K 不是单一属性，而是组合属性，可称为组合键（组合关键字），或合成键。

我们把包含在任意一个候选键中的属性称为主属性。不包含在任何候选键中的属性称为非主属性。候选键具有以下两个性质。

① 标识的唯一性：对于 R(U)中的每一个元组，K 的值确定后，该元组就相应确定了。

② 无冗余性：当 K 是属性组的情况下，K 的任何一部分都不能唯一标识该元组。少一个属性就不能唯一确定整个元组，多一个属性就有冗余。这就是定义中的完全函数依赖的意义。

根据定义，在例 3.3 的关系 SC（SNO，CNO，GRADE，CREDIT）中，属性组（SNO，CNO）是候选键，也是主键，SNO，CNO 是主属性，GRADE，CREDIT 是非主属性。

（2）外键（外关键字）。在关系模式 R(U)中，若属性或属性组 X 不是关系 R 的键，但 X 是其他关系模式的键，则称 X 为关系 R(U)的外键。

外键是表示关系之间联系的一种手段。如果没有外键作为"桥梁"，有的关系可能成为孤立的关系。

3.2.2 关系模式的范式

在设计关系数据库时，如果随意建立关系模式，可能会出现在本章第 1 节中讨论的诸多弊端，较好的关系模式必须满足一定的规范化要求。一个关系模式满足某一指定的约束，称此关系模式为特定范式的关系模式。满足不同程度的要求构成不同的范式级别。

关系模式有下列几种范式：第 1 范式（1NF）、第 2 范式（2NF）、第 3 范式（3NF）、BCNF、第 4 范式（4NF）和第 5 范式（5NF）。第 4 范式和第 5 范式是建立在多值依赖和连接依赖基础上的，本书不做介绍。

1. 第 1 范式

第 1 范式的定义：在关系模式 R 的每一个具体关系 r 中，如果每个属性值都是不可再分的最小数据单位，则称 R 是第 1 范式的关系，记为 R∈1NF。

不属于 1NF 的关系称为非规范化关系。数据库理论研究的都是规范化关系，如何将普通的复式表格规范为关系呢？下面通过如表 3.3 和表 3.4 所示的两个实例来说明解决办法。

表 3.3

职 工 号	姓 名	电话号码
1001	李 明	7012633（O）
1001	李 明	7146688（H）
1002	张 敏	5001287
1003	刘大维	2533886(O)
1003	刘大维	2046543(H)
1004	章良弟	5678901
1005	何为民	5047996

【例 3.5】 将表 3.3 规范成 1NF。

可以有 3 种方法把表 3.3 规范成 1NF。

第 1 种方法是像表中那样，重复存储职工号和姓名。在这样的关系中，关键字只能是电话号码。如果单独查询此关系问题不大，若通过职工号与其他关系连接，由于职工号不是关键字，则可能造成大量冗余。

第 2 种方法是保留职工号的关键字地位，把电话号码拆分成单位电话和住宅电话两个属性，主要是会使只有一个电话号码的元组出现空属性值。由于电话号码不是关键字，允许出现空值。

第 3 种方法是保留职工号的关键字地位，维持原模式不变，但强制每个元组只能录入一个电话号码。

以上 3 种选择，第 1 种最不可取，后两种选择可根据应用需要确定。

【例 3.6】 将表 3.4 规范成 1NF。

表 3.4

单 位 名 称	地 址	负 责 人	
		主任	副主任
计算机系	2 号楼	张力	陈一平
			马为民
			林 新
经济系	3 号楼	孙维	武山河
			李 成

如果各单位只有一个副主任，可将关系模式设计成：单位（单位名称，地址，主任，副主任）。若有一个以上的副主任，则应按需要并列副主任 1，副主任 2，……几个单独属性，或者只允许输入一个副主任。

2．第 2 范式

满足第 1 范式的关系仍可能出现问题。下面通过简单的例子来分析。

设有选课关系模式 SC1（SNO，CNO，GRADE，CREDIT）。其中，SNO 表示学号，CNO 表示课程号，GRADE 表示成绩，CREDIT 表示学分。经过语义分析可知，此关系存在以下函数依赖：（SNO，CNO）→GRADE，CNO→CREDIT。关键字是组合属性（SNO，CNO）。该选课关系模式如表 3.5 所示。

表 3.5 选课关系 SC1

SNO	CNO	GRADE	CREDIT
S1	C1	98	4
S1	C2	86	3
S2	C2	85	3
S2	C3	75	2
S2	C4	95	3
S3	C2	85	3
		...	

在实际使用中该关系模式会出现下列问题。

（1）数据冗余。每当 1 名学生选修 1 门课程，该课程的学分 CREDIT 就重复存储 1 次，不仅浪费存储空间，而且由于可能的输入错误造成数据的不一致。

（2）更新异常。如果调整了该课程的学分，每个相应元组的 CREDIT 值都必须更新。如果某些元组没有同时修改，则会出现同一门课程有两种不同学分的现象。

（3）插入异常。如果计划增加新课，应当把新课的课程号及学分数插入到 SC1 关系中。由于缺少 SNO，关键字不完全，不能插入，只能当有人选修了这些课程之后，才能把课程和学分存入此关系。

（4）删除异常。如果学习已经结束，从当前数据库中删除选修记录，某些课程新生尚未选修，那么关于这些课程及学分的记载将无法保留。这显然是极不合理的现象。

这些问题的原因在于关系模式中的非主属性 CREDIT 仅函数依赖于 CNO，即 CNO→CREDIT。换言之，非主属性 CREDIT 部分依赖组合关键字（SNO，CNO），而不是完全依赖，即（SNO，CNO）^{P}→CREDIT。为避免上述弊病出现，需要进一步提高关系的范式级别。

第 2 范式的定义：如果关系模式 R（U，F）中的所有非主属性都完全函数依赖于任意一个候选关键字，则称关系 R 是属于第 2 范式的，记为 R∈2NF。

要想将上述非 2NF 的选课关系 SC1 规范成为 2NF 的关系，应当设法消除属性之间的部分依赖。我们通过投影把 SC1（SNO，CNO，GRADE，CREDIT）分解为以下两个关系模式来代替原来的设计：SC1（SNO，CNO，GRADE），C2（CNO，CREDIT）。

新关系模型包括两个关系模式，它们之间通过 SC1 中的外关键字 CNO 相联系，需要时再进行自然连接，则恢复了原来的关系。

3. 第 3 范式

在有些情况下，满足第 2 范式的关系仍然可能出现问题。请看例 3.3 中的学生关系模式 S1（SNO，SNAME，DNO，DNAME，LOCATION），关键字 SNO 函数决定各个属性。由于是单属性关键字，不存在部分依赖的问题，应属于 2NF。但是此关系仍然存在大量的冗余，有关学生所在系的几个属性 DNO，DNAME，LOCATION 将重复存储，重复随着学生人数的增加而增加。在插入、删除或修改元组时也将产生类似上例的异常情况。看来仍有进一步提高关系的范式级别的必要。

分析存在弊病的原因，是由于关系中存在传递依赖造成的。根据传递依赖的定义，SNO→DNO，而 DNO↛SNO，DNO→LOCATION，因此关键字 SNO 对 LOCATION 的函数决定是通过传递依赖 SNO→LOCATION 实现的。也就是说，SNO 不直接函数决定非主属性 LOCATION。

第 3 范式的定义：如果关系模式 R（U，F）中的所有非主属性对任何候选关键字都不存在传递依赖，则称关系 R 是属于第 3 范式的，记为 R∈3NF。

要把符合 2NF 的学生关系 S1（SNO，SNAME，DNO，DNAME，LOCATION）转换成符合 3NF 的数据库模式，目标就是在每个关系模式中不能留有传递依赖。应当想办法通过投影分解，将原来的传递依赖属性放到不同的关系模式中去。把原关系 S1 分解成如下两个关系之后则满足 3NF 的要求：

    S(SNO, SNAME, DNO)
    D(DNO, DNAME, LOCATION)

必须注意，投影时一定不要从关系 S 中遗漏外关键字 DNO，否则这两个关系之间将失去联系，不可能通过自然连接再恢复原来的关系了。

由于部分依赖必然是传递依赖，所以如果一个关系模式不存在传递依赖，则必定不存在部分依赖。换言之，满足 3NF 的关系模式必然满足 2NF。

原来的教学管理数据库有两个关系，即：

学生关系模式 S1(SNO, SNAME, DNO, DNAME, LOCATION)
选课关系模式 SC1(SNO, CNO, CNAME, GRADE, CREDIT)

通过规范化过程，新关系模型就包括如下 4 个关系模式，即：

SC(SNO, CNO, GRADE)
C(CNO, CNAME, CREDIT)
S(SNO, SNAME, DNO)
D(DNO, DNAME, LOCATION)

该关系数据库模型达到了第 3 范式的要求。课程学分和系地址等数据的存储减少到了最低限度，学生删除选课也不再影响课程的学分，对课程学分和系地址的插入与更新简化了，从而有效地避免了造成数据不一致的潜在危险。

从以上两个关系模式分解的例子可以看出，对关系规范化的分解过程体现出了"一事一地"的设计原则，即一个关系反映一个实体或一个联系，不应当把几种关系混合放在一起。基本关系模式切忌"大而全"，在若干个基本关系模式组成的关系模型的基础上，根据应用的需要可以通过自然连接导出所需的关系。

【例 3.7】 分析关系模式：供货（供应商编号，供应商名称，联系方式，商品名称，商品价格）的函数依赖集，并将其规范到第 3 范式。

由于每一个供应商编号可以唯一确定一个供应商，因此供应商编号决定了供应商的名称和联系方式；对于同一种商品，不同的供应商提供该商品的价格会不同，所以商品价格是由供应商编号和商品价格共同决定的。通过上述分析，可知这个关系模式的函数依赖集为：

供应商编号→供应商名称
供应商编号→联系方式
(供应商编号，商品名称)→商品价格

可以看出这个关系模式存在部分依赖，需要进行分解，转换为以下两个关系，即：

供应商(供应商编号，供应商名称，联系方式)
供货信息(供应商编号，商品名称，商品价格)

分解后得到的关系模式不再存在部分函数依赖，同时也不存在传递函数依赖，因此达到了第 3 范式的要求。

4. BCNF

BCNF 又称为修正第 3 范式。部分函数依赖和传递函数依赖是产生存储异常的两个重要原因。3NF 消除了大部分存储异常，会使数据库具有较好的性能。2NF 和 3NF 都是对非主属性的函数依赖提出的限定，并没有要求消除主属性对候选关键字的传递依赖，如果存在这种情况，符合 3NF 的关系模式仍然可能发生存储异常现象，如果要避免这些可能发生的异常，需要对范式提出更高的要求，即 BCNF。

BCNF 的定义：如果关系模式 R（U，F）中的所有属性（包括主属性和非主属性）都不传递依赖于 R 的任何候选关键字，那么称关系 R 是属于 BCNF 的，记为 R∈BCNF。

5. 规范化小结

至此，我们已系统地讨论了关系模式的规范化问题。规范化是通过对已有的关系模式进行分解来实现的。把低一级的关系模式分解为多个高一级的关系模式，使模式中的各关系达到某种程度的分离，让一个关系只描述一个实体或实体间的联系。规范化实质上就是概念的单一化。1NF，2NF，3NF，BCNF 之间逐步深化的过程可以用图 3.2 表示。

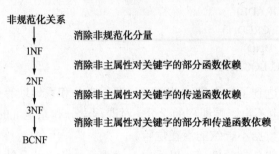

图 3.2　规范化的过程

通过逐步的规范化，不断提高模式的级别，人们可以最大限度地消除关系模式中插入、删除和修改的异常。但在数据库的设计实践中，单纯地分解关系，提高关系的范式级别并不一定就能产生合理的方案，有时我们必须根据实际情况来确定。

【例 3.8】　关系客户（客户编号，客户名，省，市，邮政编码），其中客户编号是主关键字。显然，该关系只属于第 2 范式，不属于第 3 范式，因为存在传递依赖关系：

　　　　客户编号→邮政编码
　　　　邮政编码→(省,市)

该关系可以分解为如下两个子关系，即：

　　　　客户(客户编码,客户名,邮政编码)　　　　其中客户编号为主关键字
　　　　编码(邮政编码,省,市)　　　　　　　　其中邮政编码是主关键字

现在这两个关系都属于 3NF 了，但这样做并不一定就是好的设计。在某些情况下，分解前的非规范化的表可能更适用一些，因为处理起来可能更容易。尽管这样做会造成省和市的数据冗余（因为有多少个客户，就有多少个省和市的数据重复）。比如，如果用户经常需要查询及生成的报表包括客户编号、客户名、省、市和邮政编码，则分解前的关系模式可能更好，因为当所需数据必须从多个表组合而来时，DBMS 需要做一些额外的连接工作，延迟了系统响应的时间。

总之，在数据库的设计实践中，关系有时故意保留成非规范化的模式，甚至在规范化后又进行反规范化处理，这样做通常是为了改善数据库的性能。因此，将关系分解到什么程度，要根据实际情况来决定。对大多数的商业系统来说，一般分解到 3NF 就够了，但是有时仍需根据实际情况进一步分解到 BCNF。

最后，从数据库设计实践的角度给出几条经验原则：

● 部分函数依赖和传递函数依赖的存在是产生数据冗余、更新异常的重要原因。因此，在关系规范化中，应尽可能消除属性间的这些依赖关系。

● 非第 3 范式的 1NF 和 2NF 以至非规范化的模式，由于它们性能上的弱点，一般不宜

作为数据库模式。

- 由于第 3 范式的关系模式中不存在非主属性对关键字的部分依赖和传递依赖关系，因而消除了很大一部分冗余和更新异常，具有较好的性能，所以，一般要求数据库设计达到 3NF。

【例 3.9】 设有包括 11 个属性的教师任课关系模式 TDC 如下：

TDC(TNO,TNAME,TITLE,ADDR,DNO,DNAME,LOC,CNO,CNAME,LEVEL,CREDIT)

其属性分别表示教师号、教师姓名、职称、教师地址、系号、系名称、系地址、课程号、课程名、教学水平、学分。现将其逐级规范化。

首先可以得出如图 3.3 所示的函数依赖关系。

根据语义分析函数依赖：（TNO, CNO）→U，所以（TNO, CNO）是关键字。

由于 CNO→（CNAME, CREDIT）和 TNO→（TNAME, TITLE, ADDR），存在非主属性对关键字（TNO, CNO）的部分依赖，因此原关系不属 2NF。为了消除部分依赖，将 TDC 投影分解成 3 个关系模式：

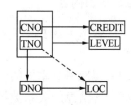

图 3.3 TDC 函数依赖关系图

TC(<u>TNO</u>, <u>CNO</u>, LEVEL)   关键字是(TNO, CNO)
TD(<u>TNO</u>, TNAME, TITLE, ADDR, DNO, DNAME, LOC)   关键字是 TNO
C(<u>CNO</u>, CNAME, CREDIT)   关键字是 CNO

在 TC 中，组合关键字（TNO，CNO）^{f}→LEVEL，其他两个关系都是单属性关键字。因此，在这 3 个模式中均不存在非主属性对关键字的部分依赖。它们都是 2NF 的关系模式，即这个关系数据库模型属于第 2 范式。

但在 TD 中，TNO→DNO，DNO→DNAME，DNO→LOC，故非主属性 DNAME 和 LOC 传递依赖于关键字 TNO，所以关系模式 TD 不是 3NF 关系。为了消除传递依赖，再将 TD 进一步投影分解成二个关系模式，即：

T(<u>TNO</u>, TNAME, TITLE, ADDR, DNO)   关键字是 TNO
D(<u>DNO</u>, DNAME, LOC)   关键字是 DNO

最终可以用下面 4 个关系模式代替最初的关系模式 TDC，即：

T(<u>TNO</u>, TNAME, TITLE, ADDR, DNO)
D(<u>DNO</u>, DNAME, LOC)
C(<u>CNO</u>, CNAME, CREDIT)
TC(<u>TNO</u>, <u>CNO</u>, LEVEL)

在这 4 个关系模式组成的关系模型中消除了传递依赖，达到了 3NF。在该模型的任何一个模式中，每个决定因素都是关键字，因此也同时满足了 BCNF 的要求。

3.3 实训——数据库规范化的应用

1. 实训目的

（1）掌握函数依赖的概念，了解多值依赖的概念。
（2）掌握数据库规范化的理论，熟悉数据库规范化的过程。
（3）掌握关系模式各级规范化的原则。
（4）了解复杂数据库模型的规范化方法。

2. 实训内容

（1）将第 1 章 E-R 图实训得到的企业管理系统模型和学校图书管理系统模型规范化到第 3 范式。
（2）实地考察本校的学生管理情况，了解学生管理的内容，建立一个关于系、学生、班级、学会等信息的关系数据库模型，并将其规范化到 3NF。

3. 参考答案

（1）请读者根据前面的介绍自行完成。
（2）了解学生管理的内容，有关各实体的属性和实体间关系描述如下。
描述学生的属性有：学号、姓名、出生日期、班号、宿舍区。
描述班级的属性有：班号、专业名、人数、入校年份。
描述系的属性有：系名、学号、系办公室地点、人数。
描述学会的属性有：学会名、成立年份、地点、人数。
每个学生可参加若干个学会，每个学会有若干个学生，学生参加某个学会会有一个入会年份；一个系有若干个学生，一个专业只属于一个系；每个班有若干学生，一个班的学生住在同一宿舍区，一个宿舍区有若干个班的学生。

经过建立 E-R 模型和将 E-R 模型转换为关系模型后，得到以下 5 个关系模式：

系(<u>系号</u>,系名,系办公室地点,人数)
班级(<u>班号</u>,系号,专业名,人数,入校年份)
学生(<u>学号</u>,班号,姓名,出生年月,宿舍区)
学会(<u>学会名</u>,成立时间,会员人数)
入会(<u>学号</u>,<u>学会名</u>,入会时间)

分析各关系模式的函数依赖关系。
① 系。由于每个系具有不同的编号，因此系号决定系名、系办公室地点和系的人数，其函数依赖集为：

系号→系名
系号→系办公室地点
系号→人数

这个模式中每一属性只适合单一的值，每个非主属性都完全依赖于主属性，且不存在传递函数依赖，因此此模式满足 3NF。

② 班级。由于每个班具有不同的编号，因此班号函数决定专业名称、班级人数和班级的入校年份。而一个专业只属于一个系，所以专业名决定了系号，整个关系模式的函数依赖集为：

        班号→专业名
        班号→人数
        班号→入校年份
        专业名→系号

可以看出这里存在传递函数依赖：班号→专业名→系号。这个关系只满足 2NF，要进一步规范化，将其分解为班级和专业两个关系模式：

        班级(<u>班号</u>,专业名,人数,入校年份)
        专业(<u>专业名</u>,系号)

③ 学生。由于学号是主键，所以学号决定姓名、班号、出生年月、宿舍区，但是由于一个班的学生住在同一宿舍区，所以更准确地说，应该班号决定宿舍区。整个关系模式的函数依赖集为：

        学号→姓名
        学号→班号
        学号→出生日期
        班号→宿舍区

这里又存在传递依赖，学号→班号→宿舍区，所以将原来的学生关系应分解如下：

        学生(<u>学号</u>,班号,姓名,出生日期)
        宿舍(<u>班号</u>,宿舍区)

④ 学会。学会关系模式的函数依赖集为：

        学会名→成立年份
        学会名→地点
        学会名→人数

显然这个模式满足 3NF。

⑤ 入会。入会关系模式的函数依赖集为：

        (学号,学会名)→入会年份

显然这个模式也满足 3NF。

综合上面的分析，此例最终建立的关系模式为：

        系(<u>系号</u>,系名,系办公室地点,人数)
        班级(<u>班号</u>,专业名,人数,入校年份)
        专业(<u>专业名</u>,系号)
        学生(<u>学号</u>,班号,姓名,出生日期)
        宿舍(<u>班号</u>,宿舍区)
        学会(<u>学会名</u>,成立年份,地点,人数)
        入会(<u>学号</u>,<u>学会名</u>,入会年份)

本 章 小 结

本章重点介绍关系数据库设计理论的基础知识,先后介绍了模式规范化的必要性,函数依赖和多值依赖,键的概念,关系模式的范式(包括 1NF, 2NF, 3NF, BCNF),最后进行了实训练习数据库规范化的应用。

练 习 题

1. 名词解释:函数依赖,完全函数依赖,部分函数依赖,传递函数依赖,多值函数依赖,候选关键字,外关键字,1NF, 2NF, 3NF, BCNF, 4NF。

2. 什么是函数依赖?一个关系模式的函数依赖怎样表述?

3. 解释 1NF, 2NF, 3NF, BCNF, 4NF 之间的规范化关系。

4. 设学校环境如下:一个系有若干个专业,每个专业一年只招收一个班级,每个班级有若干名学生。一个系的学生住在同一个宿舍区,每个学生可以参加几个学会,一个学会有若干学生。现要建立关于系、学生、班级、学会的数据库,关系模式为:

> 班级(班级号,专业名,系名,人数,入学年份)
> 学生(学号,姓名,出生日期,系名,班号,宿舍区)
> 系(系号,系名,办公室,系人数)
> 学会(学会名,成立时间,地点,会员数) 学生参加某个学会要注明入会年份

(1)请写出每个关系模式的函数依赖,分析是否存在部分依赖,是否存在传递依赖?

(2)找出各个关系的候选关键字,外关键字,有没有全码存在。

5. 判断下列结论的正误:

(1)如果在同一组属性子集上,不存在第二个函数依赖,则该组属性集为关系模式的关键字。

(2)如果一个关系模式属于 3NF,则该关系模式一定属于 BCNF。

(3)如果一个关系数据库模式中的关系模式都属于 BCNF,则在函数依赖的范畴内,已经实现了彻底的分离,消除了插入、删除和修改异常。

(4)规范化理论为数据库设计提供了理论的指导和工具。规范化程度越高,模式就越好。

(5)一个无损连接的分解一定保持函数依赖。

(6)一个保持函数依赖的分解一定具有无损连接。

6. 某工厂需建立一个产品生产管理数据库,管理如下信息:车间编号、车间主任姓名、车间电话、车间所有职工的职工号、职工姓名、性别、年龄、工种、车间生产的零件号、零件名称、零件的规格号、车间生产一批零件有一个批号、数量、完成日期(同一批零件可以包括多种零件)。

(1)试按规范化的要求给出关系数据库模式。

(2)指出每个关系模式的关键字、外键。

7. 现有一图书发行公司,将各出版社的图书发行到各书店,书店订书时,每笔订单可能订购多种图书。假如有以下一关系模式:图书发行(订单号,书店编号,书店名称,书店地址,书店联系电话,书名,单价,订购数量,出版社编号,出版社名称,出版社联系电话,总金额,付款方式,经手人,订购日期)。请将该关系模式规范为第 3 范式。

第4章　关系数据库标准语言 SQL

在关系数据库管理系统中，虽然数据库技术有很大的发展，提供了许多实用的程序及向导工具，但绝大部分的管理和操作还不能完全依赖图形界面及向导操作来完成，大多数的设计和实现目标必须用程序设计语言来实现。有一种结构化查询语言 SQL（Structured Query Language），由于功能丰富、使用方式灵活、语言简洁等突出特点，一经推出就很快在计算机界备受欢迎并深深扎根。

1986 年，国际标准化组织（ISO）批准了 SQL 语言作为关系数据库语言的国际标准。之后，数据库产品的各厂家纷纷推出支持 SQL 的软件或与 SQL 的接口软件，使得计算机，不管是哪种数据库系统，都采用 SQL 作为共同的数据存取语言和标准接口。如今无论是 Oracle，Sybase，SQL Server 等大型的数据库管理系统，还是 Visual FoxPro，PowerBuilder，Access 等微机上常用的数据库开发系统，都支持 SQL 语言作为查询语言。SQL 已成为数据库领域中的一个主流语言。在使用 SQL 语言的过程中，用户完全不用考虑数据存储格式、数据存储路径等复杂的问题，只需通过 SQL 语言的功能描述，数据库管理系统就会完成相应的一切工作。

4.1　SQL 概述

SQL 是一种介于关系代数与关系演算之间的语言，其本身不是一个数据库管理系统，但它是数据库管理系统中不可缺少的组成部分。它能实现数据库的建立、存储、检索等功能。这些功能可通过数据查询（Data Query）、数据操纵（Data Manipulation）、数据定义（Data Definition）和数据控制（Data Control）4 个方面来实现。SQL 是一个通用功能极强的关系数据库语言。

4.1.1　SQL 的特点

SQL 语言被广泛采用，其主要具有如下特点。

1. 综合统一的语言

SQL 语言集数据定义语言 DDL、数据操纵语言 DML、数据控制语言 DCL 的功能于一体，语言风格统一。SQL 语言功能包括定义关系模式，建立数据库，插入、查询、修改、删除及维护数据，控制对数据和数据对象的存取等一系列操作。用户在数据库系统的实际使用中，可根据需要随时逐步地修改模式，且不会影响数据库系统的运行，从而使系统具有良好的可扩展性。

2. 高度的非过程化语言

SQL 是一个非过程化的语言，所有 SQL 语句接受集合作为输入，返回集合作为输出。SQL 的集合特性允许一条 SQL 语句的结果作为另一条 SQL 语句的输入。SQL 不要求用户指定对数据的存放方法，只注重要得到的结果。所有 SQL 语句使用查询优化器，由系统决定对指定数据存取的最快速手段，设计者无须把握存取过程等细节。

3．具有很强的可移植性

SQL 语言既是自主式语言，又是嵌入式语言。用户可以运用 SQL 命令直接对数据库进行操作。由于所有主要的关系数据库管理系统都支持 SQL 语言，用户可将使用 SQL 的技能从一个 RDBMS 转到另一个。作为嵌入式式语言，SQL 语句可以嵌入到高级语言程序中，而两种不同的使用方式中 SQL 的语法结构基本一致，因此，所有用 SQL 编写的程序都是可移植的。

4．客户/服务器体系结构

SQL 是一种使用分布式客户/服务器（Client/Server）体系结构来实现应用程序的工具，SQL 作为前台计算机系统和后台系统之间的桥梁，提供从个人计算机应用程序中访问远程数据的权限。

5．语言简洁

SQL 语言十分简洁，完成核心功能只用以下 9 个命令动词，如表 4.1 所示。而且其语言形式接近英语，易学易用。

表 4.1　SQL 语言的命令动词

命 令 动 词	语 句 功 能	含 义
SELECT	数据查询	从一个表或多个表中检索列和行
CREATE	数据定义	按特定的表模式创建一个新表
DROP	数据定义	删除一张表
ALTER	数据定义	按指定要求修改已存在表的模式
INSERT	数据操纵	向一个表中增加行
UPDATE	数据操纵	更新表中已存在的行的某几列
DELETE	数据操纵	从一个表中删除行
GRANT	数据控制	对用户进行授权
DENY	数据控制	否决并防止用户的某项权限
REVOKE	数据控制	收回用户的某些权限

4.1.2　SQL 数据库的体系结构

SQL 语言支持关系数据库的三级体系结构，其中外模式对应视图（View）和部分基本表（Base Table），模式对应基本表，内模式对应存储文件，如图 4.1 所示。

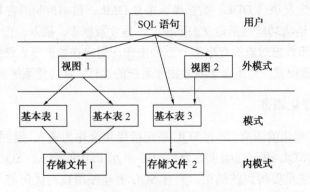

图 4.1　SQL 的三级体系结构

一个数据库是一组表的汇集，每个表都是由行和列组成的二维表格，通过 SQL 数据定义语言来定义。表又分为视图和基本表，其中基本表是实际存在的表，而视图是由基本表或其他视图中的记录临时组成的虚表。在用户看来，视图与基本表是一样的。视图的引用大大简化了数据查询和处理操作，并能有效地保护相关数据的安全。一个基本表可对应一个或多个存储文件，同时一个存储文件也可存放一个或多个基本表。

4.2 SQL 数据定义功能

SQL 的数据定义功能定义数据库对象（指数据库中的表、视图等）的逻辑结构，包括定义对象（CREATE）、修改对象（ALTER）、删除对象（DROP）。

1. CREATE 语句

（1）创建表。当用户需要新的数据结构或表存放数据时，首先要生成一个表。SQL 语言使用 CREATE TABLE 来定义表，其语法为：

```
CREATE TABLE   表名
（列名 1 数据类型 [列约束 1]
[,列名 2 数据类型 [列约束 2]]
...
[,列名 n   数据类型 [列约束 n] ]）
```

【例 4.1】   创建一个表，该表包含了学生的有关信息，包括学号、姓名、性别、出生日期、联系电话、住址和备注信息。其关系模式表示为：

```
student(id,name,sex,birthday,telephone_no,address,other)
```

本例实现语句如下：

```
Create Table student
(id int not  null,                 /*列的约束条件，不许取空值*/
name   varchar(10)   not    null,
sex char(2),
birthday    datetime,
telephone_no   varchar(12),
address    varchar(10),
other   varchar(10))
```

此例可创建一个表 student，同时将 student 表的定义及有关约束条件存放在数据字典中。其中 int（整型）、varchar（可变长字符型）、char（字符型）、datetime（日期时间型）等是数据类型。不同的数据库系统支持的数据类型是不完全相同的。在后面的章节中将对实际应用数据库软件的数据类型做详细介绍。

（2）创建视图。创建视图的语法格式为：

```
CREATE VIEW 视图名[列名 1,列名 2,…,列名 n]
AS
SELECT_statement
[WITH ENCRYPTION]
```

其中，SELECT_statement 是定义视图的查询语句，该语句可以引用多个表或其他视图。WITH ENCRYPTION 是指将定义的语句文本存储时进行加密，通过加密，将检索不到视图定义文本内容。

【例 4.2】 创建一个名为 stud_view 的视图，该视图中包含例 4.1 关系中学生的学号、姓名、性别、出生日期等信息。

```
CREATE VIEW stud_view
As
Select id,name,sex,birthday
From student
```

其中 SELECT…FROM…为查询语句格式。

2. ALTER 语句

（1）修改表。在已存在的表中修改结构，其语法为：

```
ALTER TABLE  表名
[ADD(新列名  数据类型 [列约束])]
[MODIFY(列名  数据类型)]
[DROP column  数据类型 [列约束]]]
```

其中，ADD 子句用于增加新列及约束条件，MODIFY 子句用于修改原有列的定义，DROP 子句用于删除指定列或列的完整性约束条件。

【例 4.3】 修改例 4.1 中的关系，增加一个籍贯（hometown）字段，数据类型为 varchar，长度为 20，允许为空。

增加籍贯的语句为：

```
ALTER TABLE student ADD (hometown varchar(20) null)
```

【例 4.4】 修改例 4.1 中的关系，把电话号码的数据类型改为 char，长度为 10。

修改电话号码数据类型的语句为：

```
ALTER TABLE student MODIFY(telephone_no char(10))
```

【例 4.5】 修改例 4.1 中的关系，删除电话号码字段。

删除电话号码的语句为：

```
ALTER TABLE student DROP column telephone_no
```

（2）修改视图。对已存在的视图进行修改，其语法为：

```
ALTER VIEW  视图名[(列名 1,列名 2,…)]
AS
SELECT_statement
```

【例 4.6】 将例 4.2 中视图修改为只含有男生的信息。

修改后只含有男生的语句为：

```
ALTER VIEW stud_view
AS
SELECT id,name,sex,birthday
```

FROM student

WHERE sex='男'

其中，SELECT…FROM…WHERE…为查询语句格式。

3．DROP 语句

（1）删除表。删除表操作的语法格式为：

DROP　TABLE　表名

注意：表定义一旦删除，以此表为基础建立的视图、索引等将自动被删除或引用时出错，因此做删除表操作时一定要小心。

【例 4.7】　删除表 student。

DROP　TABLE　student

（2）删除视图。删除视图的语法格式为：

DROP　VIEW　视图名 1[,视图名 2,…,视图名 *n*]

使用此命令可同时删除一个或多个视图。

【例 4.8】　删除视图 stud_view。

DROP　VIEW　stud_view

4.3　SQL 数据查询功能

数据库的查询操作是数据库的核心操作。SQL 语言提供的 SELECT 查询具有灵活的使用方式和丰富的功能。

4.3.1　SELECT 语句结构

SELECT 语句的语法格式为：

SELECT [ALL│DISTINCT] <列名表>
[INTO <新表名>]
FROM <表名或视图名> [,<表名或视图名>]…
[WHERE <条件表达式>]
[GROUP BY <列名>][HAVING <条件表达式>]
[ORDER BY <列名>][ASC│DESC]

对上述语句说明如下。

① SELECT 子句：指定查询返回的列。

② INTO 子句：把查询结果放入新表中。

③ FROM 子句：指定查询的表或视图。

④ WHERE 子句：指定查询的搜索条件。

⑤ GROUP BY 子句：按指定列进行分组汇总。使用此子句时，SELECT 子句中要包含有聚集函数。

⑥ HAVING 子句：指定分组汇总时的条件，与 WHERE 子句的作用相同。但此子句要

求与 GROUP BY 子句联合使用，完成查询满足条件的分组汇总。

⑦ ORDER BY 子句：指定查询结果集的排序。

⑧ ASC│DESC：是 ORDER BY 的选项，升序/降序排列查询结果。

由于 SELECT 语句功能强大，格式较复杂，我们将按子句逐个进行介绍。

4.3.2 SELECT 子句

SELECT 子句是 SELECT 语句的核心部分。在这个子句中，可以使用 DISTINCT 和 TOP 等关键字来限制结果集的范围。

1. DISTINCT 关键字

DISTINCT 作用是从 SELECT 语句结果集中去掉重复的元组。对于 DISTINCT 来说，各个空值将被视为重复的内容。如果在 SELECT 中使用了 DISTINCT，无论中间结果集中包含多少个空值，最终查询结果只返回一个空值。

【例 4.9】　已知 st 表结构如表 4.2 所示。试求经过下列操作后的结果集。

表 4.2　st 表

学　　号	姓　　名	性　　别	所　在　系	总　成　绩
1	陈有朋	男	建筑	586
2	孙小丽	女	计算机	593
3	李小东	男	建筑	613
4	张腾姣	女	管理	597
5	常鸿军	男	计算机	620

（1）

```
SELECT  学号,姓名,所在系
FROM   st
```

结果如表 4.3 所示。

表 4.3

学　　号	姓　　名	所　在　系
1	陈有朋	建筑
2	孙小丽	计算机
3	李小东	建筑
4	张腾姣	管理
5	常鸿军	计算机

（2）

表 4.4

```
XELECT  DISTINCT  所在系
FROM   st
```

所在系
建筑
计算机
管理

结果如表 4.4 所示。

2. TOP 关键字

TOP 用来限制查询结果集中的记录个数。

TOP　n　——指定查询结果集中的记录个数为 n 个。

TOP　n　PERCENT——指定查询结果集中记录个数的前百分之 n。

【例4.10】　已知 st 表结构如表 4.2 所示。试求经过下列操作后的结果集。

（1）

```
SELECT  TOP  3  *    /*"*"表示查询结果集中包含 st 表中所有列*/
FROM  st
```

结果如表 4.5 所示。

表 4.5

学　　号	姓　　名	性　　别	所　在　系	总　成　绩
1	陈有朋	男	建筑	586
2	孙小丽	女	计算机	593
3	李小东	男	建筑	613

（2）

```
SELECT  TOP  40  PERCENT  *
FROM  st
```

结果如表 4.6 所示。

表 4.6

学　　号	姓　　名	性　　别	所　在　系	总　成　绩
1	陈有朋	男	建筑	586
2	孙小丽	女	计算机	593

4.3.3　FROM 子句

FROM 子句指定 SELECT 语句查询及与查询相关的表或视图。在 FROM 子句中最多可指定 256 个表或视图，它们之间用逗号分隔。

（1）在 FROM 子句同时指定多个表或视图时，如果选择列表中存在同名列，这时应使用对象名限定这些列所属的表或视图，表示为[对象名].[列名]。

【例4.11】　已知两个关系表如表 4.7 所示。使用 SELECT 语句检索出学号、姓名及系部名称。

表 4.7

（a）stu 表

学号	姓名	性别	系号	总成绩
1	陈有朋	男	01	586
2	孙小丽	女	02	593
3	李小东	男	01	613
4	张腾姣	女	03	597
5	常鸿军	男	02	620

（b）depat 表

系号	系部名称	系主任
01	建筑	高晨
02	计算机	李静
03	管理	刘淼

```
SELECT    stu.学号,stu.姓名,depat.系部名称
FROM    stu,depat
WHERE stu.系号=depat.系号  /*条件子句,两表中系号相同的记录*/
```

结果集如表 4.8 所示。

表 4.8

学　　号	姓　　名	系 部 名 称
1	陈有朋	建筑
2	孙小丽	计算机
3	李小东	建筑
4	张腾姣	管理
5	常鸿军	计算机

（2）在 FROM 子句中可用以下两种格式为表或视图指定别名：

<格式一> 表名 AS 别名
<格式二> 表名 别名

【例 4.12】　上例中的查询过程可改为：

```
SELECT   a.学号，a.姓名，b.系部名称
FROM   stu  a，depat  b
WHERE   a.系号=b.系号
```

（3）SELECT 不仅能从表或视图中检索数据，它还能够从其他查询语句所返回的结果集合中查询数据。

【例 4.13】　已知如表 4.7 所示的两个关系，现查询在计算机系的学生情况。

```
SELECT   a.*,ab.系部名称
FROM   stu AS  a，
（SELECT   系号,系部名称
FROM depat
WHERE   系部名称='计算机')   AS   ab
WHERE a.系号=ab.系号
```

结果集如表 4.9 所示。

表 4.9

学　　号	姓　　名	性　　别	系　　号	总　成　绩	系 部 名 称
2	孙小丽	女	02	593	计算机
5	常鸿军	男	02	620	计算机

此例中，将 SELECT 返回的结果集合给予别名 ab 的派生表，然后再从中检索数据。

4.3.4 WHERE 子句

WHERE 子句设置查询条件，过滤掉不需要的数据行。
WHERE 子句可包括各种条件运算符：

（1）比较运算符（大小比较）：>（大于）、>=（大于等于）、=（等于）、<（小于）、<=（小于等于）、<>（不等于）、!>（不大于）、!<（不小于）。

（2）范围运算符（表达式值是否在指定的范围）：BETWEEN…AND…，NOT BETWEEN…AND…。

（3）列表运算符（判断表达式是否为列表中的指定项）：IN（项1，项2，…），NOT IN（项1，项2，…）。

（4）模式匹配符（判断值是否与指定的字符通配格式相符）：LIKE，NOT LIKE。

（5）空值判断符（判断表达式是否为空）：IS NULL，NOT IS NULL。

（6）逻辑运算符（用于多条件的逻辑连接）：NOT，AND，OR。

其中，模式匹配符[NOT] LIKE 常用于模糊查询，它判断列值是否与指定的字符串格式匹配。可使用以下通配字符：

① 百分号%：可匹配任意类型和长度的字符。

② 下画线_：匹配单个任意字符，它常用来限制表达式的字符长度。

③ 方括号[]：指定一个字符、字符串或范围，要求所匹配对象为它们中的任一个。

④ [^]：其取值也和[ ]相同，但它要求所匹配对象为指定字符以外的任一个字符。

请看以下模式匹配符例：

LIKE '%EN%'　包含 EN 的任意字符串。

LIKE '[CK]%'　以 C 或 K 开头的任意字符串。

LIKE 'M[^C]A'　长度为 3 的串，以 M 开头以 A 结束且第 2 个字符不是 C。

LIKE ' [S-V]ing'　长度为 4 的串，结尾是 ing，由 S 到 V 的任意单个字符开始的字符串。

NOT　LIKE '_en'　不以 en 结尾的 3 个字符的字符串。

注意：使用方括号（[ ]）可将通配符指定为普通字符。例如，LIKE '%54[%]%'将返回所有包含 54%的字符串。

【例 4.14】　已知 st1 关系如表 4.10 所示，现查询男生的学生情况。

表 4.10　st1 表

学　号	姓　名	性　别	年　龄	所 在 系	总 成 绩
1	陈有朋	男	19	建筑	586
2	孙小丽	女	23	计算机	593
3	李小东	男	21	建筑	613
4	张腾姣	女	18	管理	597
5	常鸿军	男	24	计算机	620

```
SELECT    *
FROM    st1
WHERE    性别="男"
```

【例 4.15】　已知 st1 关系如表 4.10 所示，查询年龄在 19～22 的学生情况。

```
SELECT    *
FROM    st1
WHERE    年龄  BETWEEN 19 AND 22
```

或

```
SELECT    *
FROM   st1
WHERE   年龄>=19 AND 年龄<=22
```

【例 4.16】　已知 st1 关系如表 4.10 所示，查询在计算机或建筑系的学生情况。

```
SELECT    *
FROM   st1
WHERE   所在系  IN ('计算机','建筑')
```

或

```
SELECT    *
FROM   st1
WHERE   所在系='计算机'   OR   所在系='建筑'
```

【例 4.17】　已知 st1 关系如表 4.10 所示，查询不姓张的所有学生情况。

```
SELECT    *
FROM   st1
WHERE   姓名  NOT   LIKE '张%'
```

【例 4.18】　已知 st1 关系如表 4.10 所示，查询年龄中有空值的记录情况。

```
SELECT    *
FROM   st1
WHERE   年龄  IS   NULL
```

4.3.5　GROUP BY 与 HAVING 子句

在 SELECT 语句中，GROUP BY 子句的主要作用是将数据记录依据设置的条件分成多个组。而且，使用 GROUP BY 子句时，SELECT 子句中的聚合函数（SUM，COUNT，MIN，MAX 等）才会起作用。GROUP BY 子句后面将跟用于分组的字段名称列表，在最终查询结果集中，分组列表包含字段的每一组统计出一个结果。

聚合函数包括 AVG（平均值）、SUM（求和）、COUNT（计数）、MAX（最大值）、MIN（最小值），返回某（些）列的汇总数据。其中，函数 COUNT(*)求表中所有行的数量（包括空值）；COUNT(...)不包括该列为空的行数。

【例 4.19】　已知 st1 关系如表 4.10 所示，查询各系人数。

```
SELECT    所在系, COUNT(*)
FROM   st1
GROUP   BY   所在系
```

表 4.11

所在系	COUNT(*)
建筑	2
计算机	1
管理	1

结果集如表 4.11 所示。

【例 4.20】 已知 st1 关系如表 4.10 所示，按性别查询平均成绩。

```
SELECT    性别,AVG(总成绩)
FROM    st1
GROUP   BY   性别
```

表 4.12

性　别	AVG(总成绩)
男	606.3
女	595

结果集如表 4.12 所示。

【例 4.21】 已知 st1 关系如表 4.10 所示，查询各系总成绩最高的学生信息。

```
SELECT    MAX(总成绩)
FROM    st1
GROUP   BY   所在系
```

在 SELECT 语句中，HAVING 子句作为 GROUP BY 子句的条件出现，所以 HAVING 子句必须与 GROUP BY 子句同时出现，并且必须在 GROUP BY 子句后出现。HAVING 子句中可以包含聚合函数及普通表达式。

【例 4.22】 已知 st1 关系如表 4.10 所示，统计各系部学生平均年龄信息。

```
SELECT    所在系，AVG(年龄)
FROM    st1
GROUP   BY   所在系
```

表 4.13

所在系	AVG(年龄)
建筑	20
计算机	23.5
管理	18

结果集如表 4.13 所示。

【例 4.23】 已知 st1 关系如表 4.10 所示，统计学生平均年龄不低于 20 的系部信息。

```
SELECT    所在系,AVG(年龄)
FROM    st1
GROUP   BY   所在系
HAVING   AVG(年龄)!< 20
```

结果集如表 4.14 所示。

表 4.14

所在系	AVG(年龄)
建筑	20
计算机	23.5

请读者比较例 4.23 与例 4.22 的区别。不难看出 HAVING 子句在整个语句中的作用。

4.3.6 ORDER BY 子句

使用 ORDER BY 子句对查询返回的结果按一列或多列排序。其中 ASC 表示升序，为默认值，DESC 为降序。对于空值，按升序排，含空值的元组将最后显示，降序排，空值的元组将最先显示。

【例 4.24】 已知 st1 关系如表 4.10 所示，按学生年龄由高到低显示记录信息。

```
SELECT    *
FROM   st1
ORDER   BY   年龄   DESC
```

结果集如表 4.15 所示。

表 4.15

学号	姓名	性别	年龄	所在系	总成绩
5	常鸿军	男	24	计算机	620
2	孙小丽	女	23	计算机	593
3	李小东	男	21	建筑	613
1	陈有朋	男	19	建筑	586
4	张腾姣	女	18	管理	597

【例 4.25】 已知 st1 关系如表 4.10 所示，按学生的性别和年龄排序后显示记录信息。

```
SELECT    *
FROM   st1
ORDER   BY   性别,年龄
```

结果集如表 4.16 所示。

表 4.16

学号	姓名	性别	年龄	所在系	总成绩
1	陈有朋	男	19	建筑	586
3	李小东	男	21	建筑	613
5	常鸿军	男	24	计算机	620
2	孙小丽	女	23	计算机	593
4	张腾姣	女	18	管理	597

此例按两个属性列排序，产生的结果集是在第一属性列排序完成后，且第一属性列值相同的前提下，对第二属性列进行排序。

4.3.7 INTO 子句

SELECT 语句中使用 INTO 选项可以将查询结果写进新表，新表结构与 SELECT 语句选择列表中的字段相同。用查询结果创建新表。

【例 4.26】 已知 st1 关系如表 4.10 所示，现查询总成绩在 590 分以上的学生成绩并产生新关系 st_new。

```
SELECT   *  INTO   st_new
FROM   st1
```

WHERE　　　总成绩>=590

结果集如表 4.17 所示。

表 4.17　st_new 表

学号	姓名	性别	年龄	所在系	总成绩
2	孙小丽	女	23	计算机	593
3	李小东	男	21	建筑	613
4	张腾姣	女	18	管理	597
5	常鸿军	男	24	计算机	620

4.3.8　连接查询

在实际中，经常需要同时从两个或两个以上的表中检索数据。通过连接运算符可以实现多个表查询。连接是关系数据库模型的主要特点，也是它区别于其他类型数据库管理系统的一个标志，包括等值连接、非等值连接、自身连接、外连接、复合条件连接查询等。

1．等值与非等值连接

在 SQL 中，连接用在 WHERE 子句中。其语法形式为：

SELECT　表名 1.列名,表名 2.列名,…
FROM　　表名 1,表名 2
WHERE　表名 1.列名　<连接符>　表名 2.列名

连接符：=（等于），>=（大于等于），>（大于），<（小于），<=（小于等于），<>（不等于）。

连接符为"="的连接为等值连接，其他为非等值连接。

例 4.11 的内容为等值连接。

2．自身连接

自身连接是把某一个表中的行同该表中另外一些行连接起来。为了连接同一个表，为该表指定两个别名是非常重要的，这样才可以把该表在逻辑上作为两个不同的表使用。

【例 4.27】　已知 borrow 关系如表 4.18 所示，现查询同时至少借阅了两本书以上的记录信息。

表 4.18　borrow 表

借书证号	借阅书名	借阅时间
10042	数值分析	2003.10.5
09013	Java 编程	2004.1.1
10074	英语四级必读	2004.5.13
10042	数据库基础	2004.6.7

SELECT　　a.借书证号
FROM　　borrow　a,borrow　b
WHERE　　a.借书证号=b.借书证号　AND a.借阅书名<>b.借阅书名

结果集如表 4.19 所示。

表 4.19

借书证号
10042

3. 外连接

在外连接中，可以把一个表中的全部元组的信息显示出来。表示方法为：在连接符的某一边加符号(*)，则符号*另外一边的表元组将全部被显示，与符号*所在边的表连接，所有不满足条件的元组用空值填充。

【例 4.28】 已知关系如表 4.20 所示，进行外连接操作结果集如表 2.21 所示。

表 4.20

course 表

学号	课程号	课程名
1001	C01	数据结构
1002	C02	数理统计
1006	C04	专业英语

（b）stchioce

学号	姓名	性别
1001	孙小丽	女
1002	李小东	男
1003	张腾姣	女

SELECT stchioce.学号,stchioce.姓名,course.课程号,course.课程名
FROM stchioce，course
WHERE stchioce.学号=course.学号(*)

表 4.21 查询结果

学号	姓名	课程号	课程名
1001	孙小丽	C01	数据结构
1002	李小东	C02	数理统计
1003	张腾姣	NULL	NULL

4. 复合条件连接

在 SELECT 语句中，WHERE 子句中可以有多个连接条件，称为复合条件连接。连接操作除了可以是两表连接，还可以对两个以上表连接，称为多表连接。在 WHERE 子句中用到 NOT，AND，OR 等逻辑连接符。另外，如果在一个 SELECT 语句中嵌套另外一个 SELECT 语句，则被嵌套的 SELECT 语句称为子查询。运用子查询时，子查询将返回一个集合，用户可以使用 IN，ANY/ALL，EXISTS 等谓词进行判断，它是一种复合条件的查询方式。

【例 4.29】 运用 IN 谓词的子查询。利用如表 4.20 所示的关系表，查询选修了"数据结构"的学生基本信息。

SELECT ＊

```
FROM    stchioce
WHERE    stchioce.学号    IN
(    SELECT    学号
    FROM    course
    WHERE    课程名='数据结构')
```

【例 4.30】   运用 ALL 谓词的子查询。利用如表 4.10 所示的 st1 表，查询大于建筑系所有学生的年龄的记录信息。

```
SELECT    *
FROM    st1
WHERE    所在系<>'建筑'
        AND 年龄>ALL (SELECT 年龄
                FROM st1
                WHERE 所在系='建筑')
```

【例 4.31】   运用 ANY 谓词的子查询。利用如表 4.10 所示的 st1 表，查询大于建筑系所有学生年龄中任一年龄的学生的记录信息。

```
SELECT    *
FROM    st1
WHERE    所在系<>'建筑'
        AND 年龄>ANY (SELECT 年龄
            FROM st1
            WHERE 所在系='建筑')
```

【例 4.32】   运用 EXISTS 谓词的子查询。利用如表 4.20 所示的关系表，查询若存在选修了数据结构的学生，则显示这些学生的信息。

```
SELECT    *
FROM    stchioce
WHERE    EXIST
 (SELECT    *
  FROM    course
  WHERE    stchioce.学号=course.学号  AND course.课程名='数据结构')
```

4.4   实训——SQL 数据查询的应用

1．实训目的

（1）了解掌握 SELECT 语句的具体使用。
（2）了解掌握多表查询的方法。

2．实训内容

已知关系表书籍资料（书籍编号，书名，作者编号，单价，数量）及关系表编著者信息（作者编号，姓名，部门，目前薪资，年龄，电话号码）。

实现下列操作：

（1）显示编著者信息薪资不多于 3 000 的所写书名。

（2）查询价格在 25～35 元之间的书的资料。

（3）查询编著者信息表中的作者人数。

（4）查询编著者信息表中作者工资大于 1 500 元的作者人数及平均工资。

（5）统计作者属于不同部门的数量。

（6）统计作者的年龄在 20～40 岁之间的人数。

（7）查询编著者信息表中年龄最大的作者记录。

（8）统计书籍资料表中书的平均单价。

（9）统计书籍资料表中书的最高单价、最低单价、平均单价及单价之和。

（10）查询编著者信息表中住址是沈阳且同部门作者的平均工资以及该部门的最高工资、最低工资和该部门的总人数。

（11）查找属于同一个部门的且邮政编码相同的记录。

（12）检索书籍资料与编著者信息表的相同作者的书的记录。

（13）使用自身连接查找目前薪资，并且同时列出比其工资高的作者的平均工资。

3. 参考答案

（1）显示一些作者薪资不多于 3 000 的所写书名。

```
SELECT  书籍编号,书名,数量,单价
FROM  书籍资料
WHERE  作者编号  IN
    (SELECT  作者编号
    FROM  作者表
    WHERE  目前薪资  <= 3 000)
```

（2）查询价格在 25～35 元的书的资料。

```
SELECT   *
FROM  书籍资料
WHERE   单价  BETWEEN 25 AND 35
```

（3）查询编著者信息表中的作者人数。

```
SELECT COUNT(*)
FROM  编著者信息表
```

（4）查询编著者信息表中作者工资大于 1 500 元的作者人数及平均工资。

```
SELECT COUNT(*), AVG(目前薪资)
FROM  编著者信息表
WHERE  目前薪资  >1 500
```

（5）作者属于不同部门的数量。

```
SELECT COUNT(DISTINCT  部门)
FROM  编著者信息表
```

（6）统计编著者信息表中作者的年龄在 20～40 之间的人数。

```
USE bookmanage
    SELECT COUNT(*)
    FROM 编著者信息表
    WHERE 年龄 BETWEEN 20 AND 40
```

（7）查询出"编著者信息表"中年龄最大的作者的记录。

```
SELECT   MAX(年龄) AS   最大年龄
FROM 编著者信息表
```

（8）统计书籍资料表中书的平均单价。

```
SELECT AVG(单价) AS   平均单价
FROM   书籍资料
```

（9）统计书籍资料表中书的最高单价、最低单价、平均单价和单价之和。

```
SELECT MAX(单价) AS  最高单价,
        MIN(单价) AS  最低单价,
        AVG(单价) AS  平均单价,
        SUM(单价) AS  单价之和
FROM 书籍资料
```

（10）查询编著者信息表中住址是沈阳且同部门作者的平均工资以及该部门的最高工资、最低工资和该部门的总人数。

```
SELECT  部门,
        COUNT(*)AS  部门作者数,
        MAX(目前薪资) AS  最高工资 ,
        MIN(目前薪资) AS  最低工资,
        AVG(目前薪资) AS  平均工资
FROM   编著者信息表
WHERE  住址  LIKE '沈阳%'
GROUP BY  部门
```

（11）查找属于同一个部门的并且邮政编码相同中的作者。

```
SELECT au1.姓名, au1.作者编号,au1.住址,
        au2.姓名, au2.作者编号,au2.住址
FROM 编著者信息表 au1 , 编著者信息表 au2
WHERE   au1.部门 = au2.部门 AND au1.邮政编码 =au2.邮政编码
```

（12）相同作者的书的记录。

```
SELECT A.作者编号, A.姓名, B.书名, B.单价, B.数量
FROM 编著者信息表 AS A INNER JOIN 书籍资料 AS B
    ON A.作者编号 = B.作者编号
ORDER BY A.作者编号  ASC
```

（13）使用自连接查找编著者信息表中作者的目前薪资，且同时列出比其工资高的作者的平均工资。

```
SELECT au1.姓名,
```

```
            au1.性别,
            au1.目前薪资,
            AVG(au2.目前薪资) AS  平均工资
      FROM  编著者信息表  au1,编著者信息表  au2
      WHERE au1.目前薪资 ＜au2.目前薪资
      GROUP BY au1.姓名,au1.性别,au1.目前薪资
      ORDER BY au1.目前薪资  DESC
```

4.5 SQL 数据更新

SQL 中用于数据更新的语句有 INSERT，UPDATE 和 DELETE，使用这 3 条语句对现存的数据进行修改。

4.5.1 INSERT 语句

INSERT 语句用于向表中添加数据，其语句句法为：

```
INSERT INTO  表名[(列名 1,…)]
VALUES(值 1,值 2,…,值 n) [子查询];
```

（1）此语句每次只能向表中插入一条记录。

（2）指定要插入数据的列名。若插入全部列项，则可以省略列名。

（3）列名顺序与数据顺序应完全对应。

（4）使用子查询方式时，可向表中插入多条记录。

【例 4.33】 假设有一张表 LX，如表 4.22 所示，将新学生 E 增加到表中，并按照表的结构将信息添加完整。

表 4.22 LX 表

NO	NAME	AGE
1001	A	12
1002	B	14

```
INSERT INTO LX VALUSE(1003, 'E',12)
```

【例 4.34】 假设有一张表 LX_MOST，其结构与 LX 完全一致，现要求将 LX 表中全部记录信息添加到 LX_MOST 中。

```
INSERT INTO LX_MOST
SELECT   *
FROM    LX
```

4.5.2 UPDATE 语句

对表中已有数据进行修改，其语句句法为：

```
UPDATE  表名
SET  列名 1=表达式 1,列名 2=表达式 2,…
```

WHERE 条件

【例 4.35】 利用 LX 表，将 B 的年纪改为 18。

```
UPDATE   LX
SET   AGE=18
WHERE   NAME='B'
```

4.5.3 DELETE 语句

删除表中已有数据，不能删除不存在的数据。其语句句法为：

DELETE FROM 表名 WHERE 条件

【例 4.36】 利用 LX 表，对表进行删除，要删除其中年龄为 12 的学生。

DELETE FROM LX WHERE AGE=12

4.6 SQL 数据控制功能

由 RDBMS 提供统一的数据控制功能是数据库系统的特点之一。数据控制亦称为数据保护，包括数据的安全性控制、完整性控制、并发控制和恢复。这里主要介绍 SQL 的数据控制功能。

4.6.1 授予权限

SQL 语言用 GRANT 语句向用户授予操作权限，GRANT 语法格式为：

```
GRANT <权限>[,<权限>]…
[ON <对象类型> <对象名>]
TO <用户>[,<用户>]…
[WITH GRANT OPTION];
```

其语义为：将对指定操作对象的指定操作权限授予指定的用户。

不同类型的操作对象有不同的操作权限，常见的操作权限如表 4.23 所示。

表 4.23　常见的操作权限

对　象　名	操　作　权　限
视图	SELECT, INSERT, UPDATE, DELETE ALL PRIVILEGES
基本表	SELECT, INSERT, UPDATE, ALTER, INDEX,DELETE ALL PRIVILEGES

【例 4.37】 把查询 Student 表权限授给用户 U1。

GRANT SELECT ON TABLE Student TO U1

【例 4.38】 把对 Student 表和 Course 表的全部权限授予用户 U2 和 U3。

GRANT ALL PRIVILEGES ON TABLE Student, Course TO U2, U3

【例 4.39】 把对表 stud 的 INSERT 权限授予 U5 用户，并允许他再将此权限授予其他用户。

GRANT INSERT ON TABLE Stud TO U5 WITH GRANT OPTION

执行此 SQL 语句后，U5 不仅拥有了对表 Stud 的 INSERT 权限，还可以传播此权限，即由 U5 用户发上述 GRANT 命令给其他用户。

例如，U5 可以将此权限授予 U6：

GRANT INSERT ON TABLE Stud TO U6 WITH GRANT OPTION;

同样，U6 还可以将此权限授予 U7：

GRANT INSERT ON TABLE Stud TO U7;

因为 U6 未给 U7 传播的权限，因此 U7 不能再传播此权限。

4.6.2　收回权限

授予的权限可以由 DBA 或其他授权者用 REVOKE 语句收回，REVOKE 语法格式为：

REVOKE <权限>[,<权限>]…
[ON <对象类型> <对象名>]
FROM <用户>[,<用户>]…;

【例 4.40】　把用户 U4 修改学生学号的权限收回。

REVOKE UPDATE(学号) ON TABLE Student FROM U4

【例 4.41】　收回所有用户对表 Stud 的查询权限。

REVOKE SELECT ON TABLE Stud FROM PUBLIC

【例 4.42】　把用户 U5 对 Stud 表的 INSERT 权限收回。

REVOKE INSERT ON TABLE Stud FROM U5

注：在例 4.39 中 U5 又将对 Stud 表的 INSERT 权限授予了 U6，而 U6 又将其授予了 U7，执行此 REVOKE 语句后，DBMS 在收回 U5 对 Stud 表的 INSERT 权限的同时，还会自动收回 U6 和 U7 对 Stud 表的 INSERT 权限，即收回权限的操作会级联下去。但如果 U6 或 U7 还从其他用户处获得对 Stud 表的 INSERT 权限，则他们仍具有此权限，系统只收回直接或间接从 U5 处获得的权限。

可见，SQL 提供了非常灵活的授权机制。用户对自己建立的基本表和视图拥有全部的操作权限，并且可以用 GRANT 语句将其中某些权限授予其他用户。被授权的用户如果有"继续授权"的许可，还可以将获得的权限再授予其他用户。数据库管理员拥有对数据库中所有对象的所有权限，并可以根据应用的需要将不同的权限授予不同的用户。而所有授予出去的权力在必要时又都可以用 REVOKE 语句收回。

4.7　实训——SQL 语句的综合练习

1．实训目的

掌握 SQL 语句在数据查询、数据定义和数据控制等方面的使用。

2．实训内容

已知关系表 STUDENT 如表 4.24 所示，按要求完成操作。

表 4.24　STUDENT 表

NO	NAME	AGE
1001	AE	12
1002	BT	14
1003	KT	18

（1）查询年龄为 12 的学生姓名；

（2）查询年龄不在 12～16 岁之间的学生姓名；

（3）查询所有以 A 开头的学生的姓名；

（4）列出所有学生年龄的和，年龄的平均值、最大值、最小值，最大值与最小值之间的差值；

（5）将所有学生按学号顺序升序排列；

（6）将名为 AE 的学生改名为 OE；

（7）查询年龄在 13 岁以上的学生的基本情况并将结果放入新关系表 ST 中；

（8）把对表 STUDENT 的 INSERT 权限授予 U1 用户，并允许他再将此权限授予其他用户。

3．参考答案

（1）查询年龄为 12 的学生姓名；

SELECT STUDENT.NAME FROM STUDENT WHERE AGE=12

（2）查询年龄不在 12～16 岁之间的学生姓名；

SELECT STUDENT.NAME FROM STUDENT WHERE AGE NOT BETWEEN 12 AND 16

（3）查询所有以 A 开头的学生的姓名；

SELECT STUDENT.NAME FROM STUDENT WHERE NAME LIKE 'A%'

（4）列出所有学生年龄的和，年龄的平均值、最大值、最小值，最大值与最小值之间的差值；

SELECT SUM(AGE), AVG(AGE), MAX(AGE), MIN(AGE), MAX(AGE)—MIN(AGE) FROM STUDENT

（5）将所有学生按学号顺序升序排列；

SELECT * FROM STUDENT ORDER BY NO DESC

（6）将名为 AE 的学生改名为 OE；

UPDATE STUDENT　SET　NAME='OE' WHERE　NAME='AE'

（7）查询年龄在 13 岁以上的学生的基本情况并将结果放入新关系表 ST 中；

SELECT　*　INTO　ST　FROM　STUDENT　WHERE　AGE>=13

（8）把对表 STUDENT 的 INSERT 权限授予 U1 用户，并允许他再将此权限授予其他用户。

GRANT INSERT ON TABLE SC TO U5 WITH GRANT OPTION

本 章 小 结

本章系统详尽地介绍了 SQL 技术。SQL 语言是关系数据库语言的核心，得到了各个数据库厂商的广泛支持，并在遵循 SQL 语言标准的基础上做了扩充和修改。本章的绝大多数例子可在 Oracle，Sybase，SQL Server，Access 等系统上运行，还有一些例子在某些系统上需要稍做修改后才能运行。

SQL 语言可分为数据查询语言、数据操纵语言、数据定义语言和数据控制语言 4 部分。所操作的对象可分为基本表和视图。同时本章介绍了视图的概念及其优点。

SQL 语言的数据查询功能丰富，但也较为复杂，读者应注意加强练习。

练 习 题

1. 填空题

（1）_____是关系数据库的核心语言。

（2）SQL 语言的数据操作语句包括 SELECT，INSERT，UPDATE 及 DELETE。其中最重要的，也是使用最多的语句是_____。

（3）检索 STUDENT 表中所有比"孙小丽"年龄大的学生情况，正确的 SQL 语句为_____。

（4）若实现多行插入，应使用的语句格式为_____。

2. 简答题

（1）试述视图与基本表的区别与联系。

（2）设有两个关系 R（A,B,C）和 S（D,E,F），试用 SQL 查询语句表示出下列关系代数式的结果。

① π_A（R）

② $\sigma_{B=\text{"10"}}$（R）

③ $\pi_{A,\ F}$（$\sigma_{C=D}$（R×S））

3. 强化实训练习中的各题目。

第 5 章　数据库的维护与管理

数据库系统在运行过程中容易受到来自多方面的干扰和破坏，如硬件故障、软件错误、甚至人为破坏，这些情况一旦发生，就可能导致丢失信息。数据库的保护就是要排除和防止各种对数据库的干扰和破坏，确保数据安全、可靠以及在数据库遭到破坏后能迅速恢复正常。随着数据的增加，管理和维护好数据库变得越来越重要，本章主要介绍数据库的维护与管理的 4 种措施：数据库的安全、完整、并发控制与恢复。

5.1　数据库的安全性

数据库的安全性通常是指保护数据库中存储数据的安全，防止未经授权的用户使用、修改或破坏数据库中的数据。

1．用户标识和鉴定

系统提供一定的方法让用户标识自己的名字或身份，系统进行核实，通过鉴定后才能够访问数据库或执行相应的操作。常用的方法有：

（1）用一个用户名或者用户标识号来标明用户身份。

（2）口令。为了进一步核实用户，系统要求用户输入口令。

（3）系统提供一个随机数，用户根据预先约定好的某一过程或者函数进行计算，系统根据用户计算结果是否正确进一步鉴定用户身份。

2．访问授权

对于获得系统使用权的用户还要根据预先定义好的用户权限进行访问权限控制，保证用户只能存取他有权存取的数据。访问权限是指不同的用户对于不同的数据对象允许执行操作的权限。

3．数据加密

为了更加有效地保护数据的安全，可以将数据以密码形式存储在数据库中，这样即使窃密者以其他手段从数据库中获取了数据，也难以理解。

4．操作系统安全保护

数据库管理系统是建立在操作系统之上的，操作系统一级的各种保护措施也可以对数据起到保护作用。例如，对有关数据库文件设定读写权限；当存储内容和数据文件使用完毕时，所使用的操作系统是否将它们删除等。

5.2 数据库的完整性

数据库的完整性是指数据的正确性和相容性。DBMS 必须提供一种功能来保证数据库中数据的完整性，这种功能称为完整性检查，即系统用一定的机制来检查数据库中的数据是否满足规定的条件，这种条件在数据库中被称为完整性约束条件。

完整性约束条件可以分为如下 3 类。

1. 值的约束和结构的约束

值的约束是指对数据取值类型、范围、精度等规定。结构的约束是指在数据库中同一关系的不同属性或者不同关系的属性之间都可以有一定的联系，因此它们也应满足一定的约束条件。

2. 静态约束和动态约束

静态约束是指对数据库每一确定状态的数据所应满足的约束条件。动态约束是指数据库从一种状态转变为另一种状态时新、旧值之间所应满足的约束条件。

3. 立即执行约束和延迟执行约束

立即执行约束是指在执行用户事务时，当事务中某一更新语句执行完后，马上对此数据所应满足的约束条件进行完整性检查。延迟执行约束是指当整个事务执行结束后，才对此约束条件进行完整性检查，结果正确方能提交。

5.3 数据库的并发控制

5.3.1 事务的概念和性质

数据库是一个共享的数据实体，多个用户可以在其中做多种操作，系统是通过事务管理手段来管理的。

1. 事务的概念

事务（Transaction）是构成单一逻辑工作单元的操作集合。数据库系统在任何情况下都必须保证事务的正确执行，要么干完，要么不干。在事务的执行过程当中，数据库处于不稳定或者不允许的状态。数据库系统必须以一种能避免不一致性的引入的方式来管理事务的并发执行。

2. 事务的性质

（1）原子性：事务的所有操作在数据库中要么全部正确反映出来要么全部不反映。

（2）一致性：事务执行的结果必须是使数据库从一个一致性状态变到另一个一致性状态。

（3）隔离性：一个事务的执行不能被其他事务干扰。即一个事务内部的操作及使用的数据对其他并发事务是隔离的，并发执行的各个事务之间不能互相干扰。

（4）持续性：一个事务成功完成后，它对数据库的改变必须是永久的，即使系统可能出现故障。

3．事务控制语句

事务是恢复和并发控制的基本单位，事务的开始与结束可以由用户显式控制，即以 BEGIN TRANSACTION 开始，以 COMMIT 或 ROLLBACK 操作结束。如果用户没有显式地定义事务，则由 DBMS 按照默认规定自动划分事务。下面介绍事务控制语句。

（1）开始一个事务。

语句格式：BEGIN TRANSACTION　[<事务名>]

功能：标识一个用户定义的事务的开始。

（2）提交一个事务。

语句格式：COMMIT [TRANSACTION]　[<事务名>]

功能：将事务中所有对数据库的更新写回到磁盘上的物理数据库中去，此时事务正常结束。

（3）回滚一个事务。

语句格式：ROLLBACK [TRANSACTION]　[<事务名>]

功能：回滚一个事务到事务的开始处或一个保存点。在事务运行的过程中发生了某种故障，事务不能继续执行，系统将事务中对数据库的所有已完成的更新操作全部撤销，再回滚到事务开始的状态。

（4）设置保存点。

语句格式：SAVE　TRANSACTION　<保存点名>

功能：在事务中设置一个保存点，它可以使一个事务内的部分操作回滚。

系统的日志文件应记录每次数据更新前、后的数据值和执行更新的事务标识。系统在运行中应监视每个事务的执行情况，必要时数据库恢复功能将数据库恢复到前一个正确状态。这样一来，就能保证数据库总是处在某个正确状态。

5.3.2　并发操作存在的问题

数据库是一个共享资源，可为多个应用程序共享。在许多情况下，由于应用程序涉及的数据量可能很大，常常会涉及输入/输出的交换。为了有效地利用数据库资源，可能有多个程序或一个程序的多个进程并行地运行，这就是数据库的并行操作。在多用户数据库环境中，多个用户可并行地存取数据库中的数据，如果不对并发操作进行控制，会存取不正确的数据，或破坏数据库数据的一致性。

数据库的并发操作导致的数据库不一致性主要有以下 3 种情况。

1．丢失修改问题

在飞机订票系统中，在 A 售票点有客户要预订某次航班机票。经查询有 10 张余票，该客户订购 1 张。A 售票点将执行修改数据库操作，将余票数更新为 9 张。与此同时，在数据库更新之前，B 售票点也有客户要预订同一趟班机的机票。如果数据库系统未加以任何保护，B 售票点也查询到 10 张余票，该客户也订购 1 张。B 售票点执行修改数据库操作，将余票数更新为 9 张。其结果是：A，B 两个售票点共订购了 2 张，数据库中还有 9 张余票。此例可以说明并发操作带来的数据与实际不符和更新问题。

2．不可重复读

不可重复读是指事务 T1 读取了数据后，事务 T2 执行更新操作。当事务 T1 再次读该数据时，得到与前一次不同的值，这种情况称为"不可重复读"。

3．读"脏数据"

事务 T1 修改了某一数据，并将其写回磁盘，事务 T2 读取同一数据后，事务 T1 由于某种原因被撤销，这时 T1 将已修改过的数据恢复原值，事务 T2 读到的数据就与数据库中的数据不一致，则 T2 读到的数据就是"脏"数据，即不正确的数据。

为了避免上述情况发生，就必须对并发操作施加某些控制措施保障一个事务执行时不受其他事务的影响，这就是并发控制。如何保证并发操作得到正确的结果呢？假如事务都是串行运行的，只有一个事务结束之后，另一个事务才能开始运行，那么就可以认为所有事务的运行结果都是正确的。以此为判断标准，我们将串行化的并发事务调度当做唯一能够保证并发操作正确性的调度策略。

5.3.3 封锁

确保可串行化的方法之一是对数据项的访问以互斥的方式进行，即当一个事务访问某个数据项时，其他任何事务都不能修改该数据项，此项技术即封锁。由于以一个完整的事务作为封锁的时间单位，这就确保了任何时候不可能有脏数据被读出，也不可能出现数据不一致性和丢失修改的问题。当然，这种封锁是以降低并行度为代价来实现的。

1．封锁的类型

（1）排他型封锁。又称写封锁，简称为 X 锁，它采用的原理是禁止并发操作。当事务 T 对数据对象 R 加上 X 封锁后，其他事务要等 T 解除 X 封锁后，才能对 R 进行封锁，这就保证了其他事务在 T 释放 R 上的封锁之前，不能再对 R 进行读取和修改。

（2）共享封锁。共享封锁又称读封锁，简称 S 锁，它采用的原理是允许其他用户对同一数据对象进行查询，但不能对该数据对象进行修改。当事务 T 对某个数据对象 R 实现 S 封锁后，其他事务只能对 R 加 S 锁，而不能加 X 锁，直到 T 释放 R 上的 S 锁。这就保证了其他事务在 T 释放 R 上的 S 锁之前，只能读取 R，而不能再对 R 做任何修改。

2．封锁协议

为了保证并发控制正确，运用封锁机制时必须遵从一定的规则，例如，何时申请 X 锁或 S 锁、封锁多长时间、何时释放等，这些规则称为封锁协议。对封锁方式规定不同的规则，就形成了各种不同的封锁协议，为并发控制提供了不同程度的保证。下面将分别介绍能够保证数据一致性的三级封锁协议和保证并行调度可串行性的两段锁协议。

（1）一级封锁协议。一级封锁协议的内容是：事务 T 在修改数据对象之前必须对其加 X 锁，直到事务结束才释放。由于 X 锁保证两个事务不能同时对数据对象进行修改，从而可防止"丢失修改"问题。一级封锁协议不要求事务在读取数据之前加锁，这样"不可重复读"和"读'脏'数据"的前提条件仍然成立。

（2）二级封锁协议。二级封锁协议是在一级封锁协议的基础上加上这样的内容：事务 T 在读取数据对象之前必须先对其加 S 锁，读完之后即可立即释放 S 锁。二级封锁协议不但防止了丢失修改，还可以进一步防止读"脏"数据。

（3）三级封锁协议。三级封锁协议在一级封锁协议的基础上加上这样的内容：事务 T 在读取数据对象之前必须先对其加 S 锁。读完后并不释放 S 锁，而直接到事务 T 结束才释放。所以三级封锁协议除防止了丢失修改和不读"脏"数据外，还进一步防止了不可重复读数据。

5.3.4 死锁

封锁技术可有效地解决并行操作的一致性问题，但也带来了一些新的问题，可能会出现死锁，引起一些事务不能继续工作。当两个或多个用户彼此等待对方所封锁的数据时就发生死锁。

在同时处于等待状态的两个或多个事务中，其中的每一个在它能继续进行之前，都等待封锁某个数据，而这个数据已被它们中的某个事务所封锁，这种状态称为死锁。

例如，事务 T1 封锁了数据 R1，事务 T2 封锁了数据 R2，之后 T1 又申请封锁数据 R2，因 T2 已封锁了 R2，于是 T1 等待 T2 释放 R2 上的锁，接着 T2 又申请封锁数据 R1，因 T1 已封锁了 R1，T2 也只能等待 T1 释放 R1 上的锁。这样两个事务由于都不能得到封锁而处于等待状态，两个事务永远不能结束，形成死锁。

处理死锁问题有两种主要的方法：一类方法是采取死锁预防协议保证系统永不进入死锁状态；另一类方法是允许发生死锁，然后用死锁检测与死锁恢复机制进行恢复，两种方法均会引起事务回滚。

从理论上讲，在某一事务执行时禁止其他事务执行的调度策略一定是可串行化的调度，它也是最简单的调度策略，但这种方法实际上是不可取的，因为它使用户不能充分共享数据资源。目前 DBMS 普遍采用封锁方法实现并发操作调度的可串行性，从而保证调度的正确性。

两段锁协议是为了保证并发调度可串行性而提供的封锁协议。两段锁协议是指所有事务必须分两个阶段对数据对象加锁和解锁。两段锁协议规定：

（1）在对任何数据进行读/写操作之前，事务首先要获得对该数据的封锁；

（2）在释放一个封锁之后，事务不再申请和获得任何其他封锁。

所谓"两段"锁的含义是：事务分为两个阶段，第一阶段是获得封锁，也称为扩展阶段，第二阶段是释放封锁，也称为收缩阶段。

可以证明，若并发执行的所有事务均遵守两段锁协议，则对这些事务的任何并发调度策略都是可串行化的。因此得出以下结论：所有遵守两段锁协议的事务，其并发执行的结果一定是正确的。

5.4 数据库的备份与恢复

虽然数据库系统提供了保护数据库的重要手段，但在数据库系统运行时，还是不可避免地会出现各种各样的故障，这些故障轻则造成事务运行的非正常中断，从而影响数据库中数据的正确性，重则破坏部分或全部数据库，从而使数据库中的数据丢失。因此，当故障发生后，系统必须具有将数据库从错误状态恢复到某一已知的正确状态的功能，这就是数据库恢复。

5.4.1 故障种类和恢复原则

1. 故障种类

（1）事务故障。事务故障表示由非预期的、不正常的程序结束所造成的故障。造成这种故障的原因包括输入数据的错误、运算溢出、违反了某些完整性控制、并发事务发生死锁等。

（2）系统故障。系统故障是指造成系统停止运行的任何事件，它使所有正在运行的事务都以非正常方式中止，使得系统要重新启动。

引起系统故障的原因可能有：硬件错误、操作系统故障、DBMS 代码错误、数据库服务器出错、突然停电等。这类故障影响正在运行的所有事务，但不破坏数据库。这时数据库缓冲区中的内容丢失，所有运行的事务都非正常中止，一些尚未完成的事务的结果可能已存入物理数据库，可能有一部分甚至全部留在缓冲区，尚未写回到磁盘上的物理数据库中，从而造成数据库处于不正确的状态。

（3）介质故障。介质故障是指系统在运行过程中，由于存储器介质遭到损坏，使存储在外存中的数据部分或全部丢失。它的破坏性相当大。磁盘上的物理数据和日志文件可能被破坏，也可能会造成数据的无法恢复。

（4）计算机病毒。计算机病毒是一种人为的故障或破坏，它是由一些有恶意的人编制的计算机程序。这种程序与其他应用程序不同，它具有破坏性、寄生性、潜伏性、传染性，它可以对计算机系统和数据库系统造成破坏。

（5）用户操作错误。在某些情况下，由于用户有意或无意的操作也可能删除数据库中有用的数据或加入错误的数据，这同样会造成一些潜在的危险。

2. 恢复原则

各种故障对数据库的影响只有两种可能：一是数据库本身被破坏；二是数据库本身没有被破坏，但数据可能不正确。在故障恢复时对不同类型的故障要做不同的恢复操作。故障恢复的基本原则就是冗余，所要解决的关键问题是如何建立冗余数据，并利用这些冗余数据实现数据库的恢复。

建立冗余数据最常用的技术是数据后备和登记日志文件。通常在一个数据库系统中，两种方法同时使用。

5.4.2 数据备份

所谓数据库备份是 DBA 定期地将整个数据库复制到磁带或另一个磁盘上保存起来的过程。这些备用的数据文本称为备份副本或后援副本。

当数据库遭到破坏后可以将备份副本重新装入，但重装备份副本只能将数据库恢复到转储时的状态，要想恢复到故障发生时的状态，必须重新运行自转储以后的所有更新事务。

数据备份分为完全备份与增量备份两种类型，完全备份是指在运行映像复制备份时拷贝数据库对象中的所有数据。增量备份也称差异备份，是指拷贝那些上一次完全备份或增量备份以来改变了的数据。

增量备份与完全备份相比较其优点是实施起来更快并且所占用的磁盘空间较少；缺点是基于增量备份的恢复花费的时间更长，因为在某些情况下，同一行数据最后的改变被存储下来之前，该行被更新了若干次。一般说来，备份副本越接近故障点，恢复起来就越方便、越省时。也就是说，从恢复方便角度看，应经常进行数据转储，制作备份副本。但从另一方面讲，因为转储十分耗时和耗资，因此又不能频繁进行。所以 DBA 应该根据数据库使用情况确定适当的转储周期和转储方法。

5.4.3　登记日志文件（Logging）

日志文件是用来记录事务对数据库的更新操作的文件。对数据库的每次修改，都将把修改项目的旧值和新值写在一个叫做运行日志的文件中，目的是为数据库的恢复保留详细的数据。

日志文件在数据库恢复中起着非常重要的作用，可以用来进行事务故障恢复和系统故障恢复，并协助后备副本进行介质故障恢复。典型的日志文件主要内容包括：更新数据库的事务标识，操作的类型，操作对象，更新前数据的旧值，更新后数据的新值，事务处理中的各个关键时刻。

在对数据库修改时，在运行日志中要写入一个表示这个修改的运行记录。为了防止两个操作之间发生故障，运行日志中没有记录下整个修改，以后也无法撤销这个修改。

为保证数据库是可恢复的，登记日志文件必须遵循两条原则：

（1）登记的次序严格按照并发事务执行的时间次序。

（2）必须先写日志文件，后写数据库。

这两条原则称为日志文件的先写原则。先写原则充分保证了如果系统出现故障，只可能在日志文件中登记所做的修改，但没有修改数据库，这样在系统重新启动进行恢复时，只是撤销或重做因发生事故而没有做过的修改，并不会影响数据库的正确性。如果先写了数据库修改，而在运行记录中没有登记这个修改，则以后就无法恢复这个修改了。所以为了安全，一定要先写日志文件，后写数据库的修改。

5.4.4　数据库故障恢复的策略

当系统运行过程中发生故障时，利用数据库备份副本和日志文件就可以将数据库恢复到故障前的某个一致性状态。但不同的故障其恢复技术也不一样。下面讨论数据库故障恢复的策略。

1．事务故障的恢复

事务故障是指事务在未运行到正常终点而被中止，日志文件只有该事务的标识而没有结束标识。当事务发生故障时，系统应利用日志文件撤销（UNDO）此事务已对数据库进行的修改，具体做法如下。

（1）反向扫描日志，查找该事务的更新操作。

（2）对该事务的更新操作执行反操作，即对已经插入的新记录进行删除操作，对已删除的记录进行插入操作，对修改的数据恢复旧值，用旧值代替新值。这样由后向前逐个扫描该事务的所有更新操作，并做同样处理，直到扫描到此事务的开始标记，事务故障恢复完毕。

事务故障的恢复由系统自动完成，对用户是透明的。

2．系统故障的恢复

系统故障发生后，对数据库的影响有两种情况：一种情况是一些未完成的事务对数据库的更新已写入数据库，这样在系统重新启动后，要强行撤销所有未完成的事务，清除这些事务对数据库所做的修改。这些未完成事务在日志文件中只有 BEGIN TRANSACTION 标记，而无 COMMIT 标记。另一种情况是有些已提交的事务对数据库的更新结果还保留在缓冲区中，尚未写到磁盘上的物理数据库中，这也使数据库处于不一致状态，因此恢复操作就是要撤销故障发生时未完成的事务，重做（REDO）已提交的事务。

系统故障的恢复是在系统重启之后自动执行的。

3．介质故障的恢复

介质故障由于数据库遭到破坏，需要重装数据库。发生介质故障后，磁盘上的物理数据和日志文件均被破坏，因此这也是最严重的一种故障，可能会造成数据的无法恢复。恢复的方法是装载故障前最近一次的备份和故障前的日志文件副本，再按照系统故障的恢复过程执行撤销和重做来恢复。

介质故障需要有管理员的参与，装入数据库的副本和日志文件的副本，再由系统执行撤销和重做操作。

通过以上 3 类故障的分析可以看出，故障发生以后对数据库的影响有两种可能性：

（1）数据库没有被破坏，但数据可能处于不一致状态。这是事务故障和系统故障引起的，这种情况在恢复时，不需要重新装入数据库副本，可直接根据日志文件，撤销故障发生时未完成的事务，并重做已完成的事务，使数据库恢复到正确的状态。这类故障的恢复是系统在重新启动时自动完成的，不需要用户干预。

（2）数据库本身已被破坏。这是由介质故障引起的，这种情况在恢复时，把最近一次转储的数据装入，然后借助日志文件，再在此基础上对数据库进行更新，从而重建了数据库。这类故障的恢复不能自动完成，需要 DBA 的介入。其方法是先由 DBA 重装最近转储的数据库副本和相应的日志文件的副本，再执行系统提供的恢复命令，具体的恢复操作由 DBMS 来完成。

本 章 小 结

本章主要介绍了数据库的维护与管理，着重在数据的安全性、完整性、并发控制和数据库恢复 4 个大问题上进行了阐述。数据库的安全性是指保护数据库以防止不合法的或非正常的使用所造成的数据泄露、更改或破坏。数据库的完整性是指数据的正确性和相容性。并发控制就是要用正确的方式调度并发操作，避免造成数据的不一致，使一个用户事务的执行不受其他事务的干扰。数据库的备份和恢复是数据库实现计划的一部分，DBA 的职责就是保证数据库中的重要数据处于保护之下，而当问题发生后还可以恢复这些数据。

练 习 题

1．什么是数据库的安全性？有哪些安全措施？

2．什么是事务？它有哪些性质？

3. 数据库的并发操作产生的数据一致性有哪几种情况？用什么方法能避免这些不一致的情况？

4. 如何用封锁保证数据的一致性？

5. 什么是封锁协议？不同级别的封锁协议主要区别在哪里？

6. 试述两段锁协议的概念。

7. 登录日志文件应遵循的原则是什么？

8. 数据库运行过程中常见的故障有哪些？如何进行恢复？

第6章　走进 Access 2007

Microsoft Access 2007 是 Microsoft 公司推出的 OFFICE 2007 组件中的一个重要组成部分，是目前应用最广泛的主流桌面数据库管理系统之一。Access 2007 具有极其友好的用户界面，一般情况下用户无须编写程序代码，仅通过直观的可视化操作就可以完成大多数的数据管理工作。

6.1　Access 2007 启动界面

用户可以通过单击 Windows 任务栏中的"开始"按钮或快捷方式启动 Microsoft OFFICE Access 2007。

启动后屏幕出现"开始使用 Microsoft OFFICE Access"页面，如图 6.1 所示，在此界面中，可单击左上角的 OFFICE 按钮，完成新建、打开、保存等操作。

单击 Microsoft OFFICE Online，可得到在线帮助。可以了解有关 2007 Microsoft OFFICE system 和 OFFICE Access 2007 的详细信息。

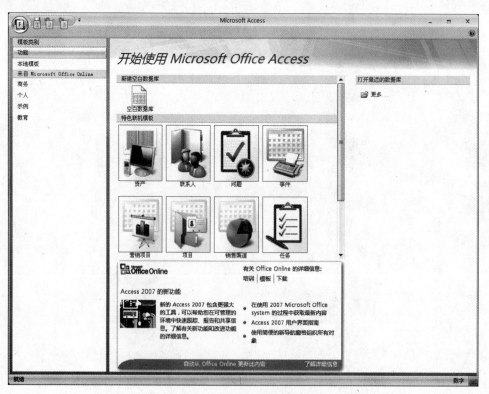

图 6.1　Access 2007 启动界面

6.2 Access 2007 的基本工作界面

Access 2007 中的用户界面由多个元素构成，这些元素定义了用户与产品的交互方式，选择这些元素不仅能熟练运用 Access，还有助于更快速地查找所需命令。这项设计使用户能够轻松发现以不同方式隐藏在工具栏和菜单后的各项功能。Access 2007 的工作界面如图 6.2 所示。

图 6.2　Access 2007 的工作界面

1. 标题栏

标题栏位于 Access 2007 窗口的最顶端，用于显示应用程序名"**Microsoft Access**"和数据库名称，如图 6.3 所示。标题栏的右端包含 3 个常用的窗口操作按钮："最小化"、"还原（最大化）"以及"关闭"按钮。

图 6.3　Access 2007 标题栏

2. 功能区

功能区位于 OFFICE Access 2007 主窗口的顶部，是菜单和工具栏的主要替代部分，它提供了 OFFICE Access 2007 中主要的命令界面。功能区按照常见的活动进行组织，由一系列包含命令的命令选项卡组成，如图 6.4 所示。功能区的设计以用户的工作为核心，其中 Access 各项功能的位置一目了然，省去了在程序中四处搜寻的烦恼，提高了工作效率。功能区中主要的命令选项卡包括"开始"、"创建"、"外部数据"、"数据库工具"和"数据表"。每个选项卡都包含多组相关命令，选择了命令选项卡之后，可以浏览该选项卡中可用的命令，选项卡和可用命令会随着用户所执行的操作而有所变化。

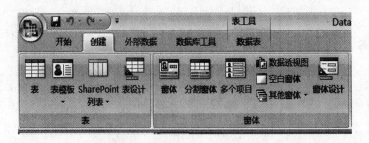

图 6.4　Access 2007 的功能区

（1）开始选项卡。

● 视图：选择数据表视图或设计视图。

● 剪切板：从剪贴板复制和粘贴、应用格式刷。

● 字体：设置当前的字体特性。

● 格式文本：设置当前的字体对齐方式。

● 记录：使用记录（刷新、新建、保存、删除、汇总、拼写检查及更多）。

● 排序和筛选：对记录进行排序和筛选。

● 查找：查找记录。

● 中文繁简转换：进行中文文字的简体和繁体的转换。

（2）创建选项卡。

① 表。

● 新建一个空白表。

● 使用表模板创建新表。

● 在 SharePoint 网站上创建列表，然后在当前数据库中创建一个表，并将其链接到新创建的列表。

● 在设计视图中创建新的空白表。

② 窗体。

● 创建一窗体，在该窗体中一次只输入一条记录的信息。

● 创建一分割窗体。

● 基于活动表或查询创建新窗体。

● 创建新的数据透视表或图表。

③ 报表：基于活动表或查询创建新报表。

④ 其他：创建新的查询、宏、模块或类模块。

（3）外部数据选项卡。

① 导入。

● 查看和运行以前保存的导入操作。

● 导入或链接到外部数据。

② 导出。

● 查看和运行以前保存的导出操作。

● 导出数据。

③ 收集数据：通过电子邮件收集和更新数据。

④ SharePoint 列表。

● 使用联机 SharePoint 列表。

- 将部分或全部数据库移至新的或现有 SharePoint 网站。

（4）数据库工具选项卡。

- 启动 Visual Basic 编辑器或运行宏。
- 创建和查看表关系。
- 显示/隐藏对象相关性或属性工作表。
- 运行数据库文档或分析性能。
- 将数据移至 Microsoft SQL Server 或 Access（仅限于表）数据库。
- 运行链接表管理器。
- 管理 Access 加载项。
- 创建或编辑 Visual Basic for Applications (VBA) 模块。

（5）数据表选项卡。

- 视图：选择数据表视图或设计视图。
- 字段和列：对表中的字段进行创建、插入、删除、重命名、查询等操作。
- 数据类型和格式：设置表中字段的数据类型并指定数据的显示、打印方式。
- 关系：定义表中数据的关联方式、显示数据库中对象的相关性。

（6）上下文命令选项卡。

除标准命令选项卡之外，Access 2007 还采用了 OFFICE 专业版 2007 中一个名为"上下文命令选项卡"的新元素。根据上下文（进行操作的对象以及正在执行的操作）的不同，标准命令选项卡旁边可能会出现一个或多个上下文命令选项卡，如图 6.5 所示。

图 6.5　Access 2007 上下文命令选项卡

（7）样式库。

Access 2007 新用户界面的另一项创新是引入了一个名为"样式库"的新控件，样式库控件专为使用功能区而设计，并将侧重点放在获取所需的结果上。样式库控件不仅可显示命令，还可显示使用这些命令的结果。其目的是提供一种可视方式，以便浏览和查看 Access 2007 可以执行的操作，从而将焦点放在命令的执行结果上，而不仅仅是命令本身上。

（8）隐藏/还原功能区。

有时为了获得更多的空间作为工作区，可以将功能区进行折叠，只保留一个包含命令选项卡的条形。若要关闭功能区，双击活动的命令选项卡（突出显示的选项卡即活动选项卡）。若要再次打开功能区，再次双击活动的命令选项卡。

3．导航窗口

当在 Access 2007 中打开数据库时，导航窗口将在任何打开的数据库对象或工作区的左侧显示，如图 6.6 所示。导航窗口是用于显示数据库对象的区域，数据库对象的名称将显示

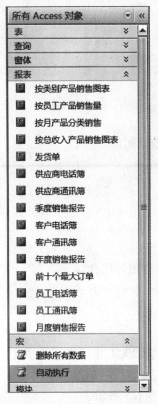

图 6.6　导航窗口

在导航窗口中。可以从导航窗口中查看和访问所有数据库对象、运行报告或直接在表中输入数据。数据库对象包括表、查询、窗体、报表、页、宏和模块等。导航窗口取代了早期版本中所用的数据库窗口。

4．Microsoft OFFICE 按钮

用户使用 OFFICE 按钮  完成管理工作，单击 OFFICE 按钮将显示：

- 一个菜单，其中包含用于处理文件的基本命令。
- 一个列表，其中列出了用户最近使用的文档。
- 两个按钮，单击"Access 选项"按钮可以查看并选择各种程序设置，单击"退出 Access"按钮退出 Access。

5．快速访问工具栏

快速访问工具栏位于 Access 2007 工具窗口的最左边，如图 6.7 所示。默认情况下，快速访问工具栏是与功能区邻近的小块区域，提供对最常用的命令的即时、单击访问。用户可以自定义快速访问工具栏，将最常使用的命令放到快速访问工具栏上，其方法为右键单击任一命令，然后单击"添加到快速访问工具栏"即可。还可以修改工具栏的位置，将其从默认的小尺寸更改为大尺寸。小尺寸的工具栏显示在功能区中命令选项卡的旁边，切换为大尺寸后，工具栏将显示在功能区的下方，并扩展为最大宽度。

图 6.7　快速访问工具栏

6．状态栏

状态栏位于 Access 程序窗口的最下方，用于显示状态信息，如图 6.8 所示。状态栏上的可用控件有视图/窗口切换和缩放。用户可以使用视图/窗口切换控件在可用视图之间快速切换活动窗口，如果要查看支持可变缩放的对象，则可以使用状态栏上的滑块，调整缩放比例以放大或缩小对象，用户也可以使用 OFFICE 按钮中的"Access 选项"按钮启用或禁用状态栏。

图 6.8　状态栏

6.3　Access 2007 数据库的对象

Access 是一个关系型数据库管理系统，它通过各种数据库对象来管理信息。数据库是由

表、查询、窗体、报表、页、宏以及模块 7 种数据库对象组成的。不同的数据库对象在数据库中起着不同的作用。这些数据库对象大部分都存储在数据库中作为 Access 的一部分，如果要单独输出某个数据库对象，可以利用 Access 提供的导出功能。

1. 表（Table）

表是一种有关特定实体的数据集合，是 Access 数据库的基本组成部分，用于存储数据库管理的数据。Access 允许一个数据库中包含多个表，用户可以在不同的表中存储表示不同类型的数据。Access 数据库管理允许用户定义不同数据表的字段之间的关系，利用建立的字段之间的关系可以将来自不同表中的数据组合在一起供用户使用。

在导航窗口中双击要打开的表文件，例如，双击"学生信息"表，表中的信息如图 6.9 所示。表是由一些行和列组成的，表中的每一行称为一条记录，每条记录包含表中的一项相关信息。表中的一列称为一个字段，每个字段存储一种类型的数据。最上方显示了字段的名称。

图 6.9 "数据表"视图下的"学生信息"表

用户可以在"数据表"视图下添加、编辑或查看数据表中的数据，筛选记录或排序记录，也可以检查拼写或打印数据表中的数据。如果要查看或修改表中字段的属性，可以选择"视图"选项卡中的"设计视图"命令，切换到"设计"视图下查看表的结构，如图 6.10 所示，查看"学生信息"表结构属性。

2. 查询（Querry）

查询是按照某一事先规定的准则，在指定的表中执行对数据的查找和分析。查询是数据库设计目的的体现，数据库一旦建立起来，必然会用到查询，否则该数据库就没有什么意义。如图 6.11 所示给出了对"学生信息"表中的"入学成绩"查询，与数据表一样，查询也有一个设计视图，用于创建和修改查询的结构。

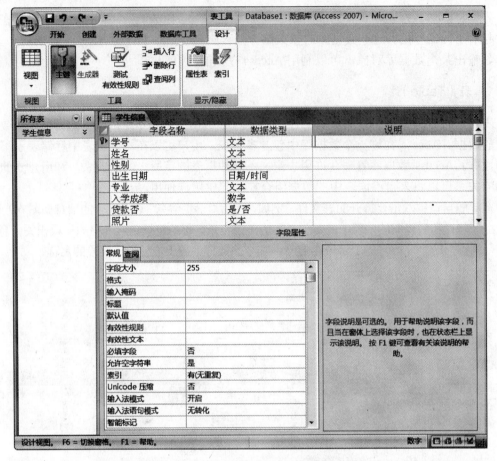

图 6.10 数据表"设计"视图

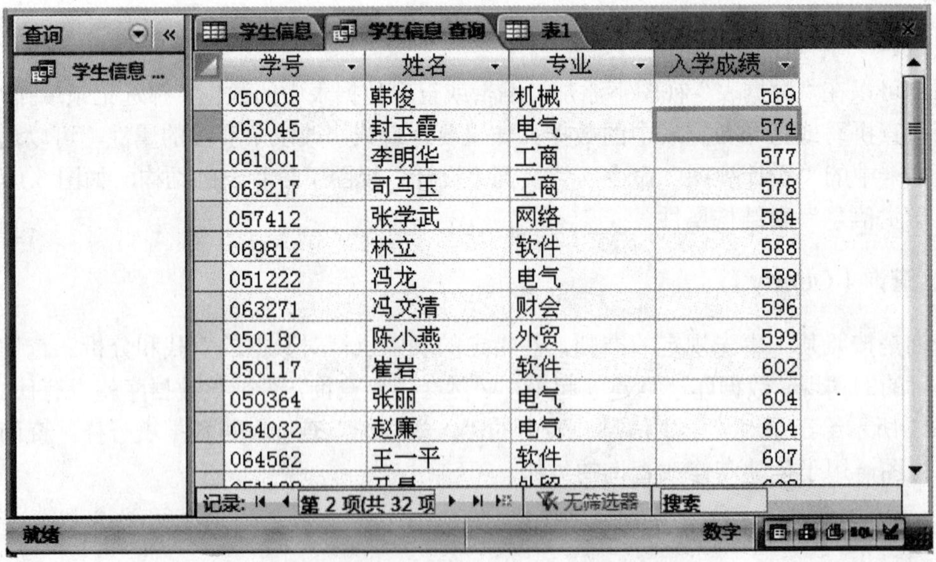

图 6.11 对"学生信息"表查询

3. 窗体（Form）

窗体是 Access 数据库中最具有灵活性的一个数据库对象，是用户与数据库之间的重要接口。数据库的使用和维护大多可以通过窗体这一接口来完成。用户通过设定窗体可以定制自己的数据库表现形式，设计友好的用户界面。

在 Access 数据库中使用窗体对象可以查看、输入、修改某个或多个表中的数据。Access 数据库管理系统还提供了打印窗体的功能。

窗体对象包括 3 种常用视图方式："设计视图"、"窗体视图"和"布局视图"。窗体由窗体页眉、主体、窗体页脚及页面页眉/页脚五部分组成。窗体的页眉和页脚分别位于窗体的上方和下方，一般用于显示在不同记录中不需要改变的信息或控件。页面页眉与页面页脚使用相对较少。窗体的主体是窗体的核心部分，它位于窗体的页眉和页脚之间，用于放置 Access 提供的各种控件。用户可以将各种控件有机地组合在一起完成各种各样的功能。"学生信息"表的窗体如图 6.12 所示。

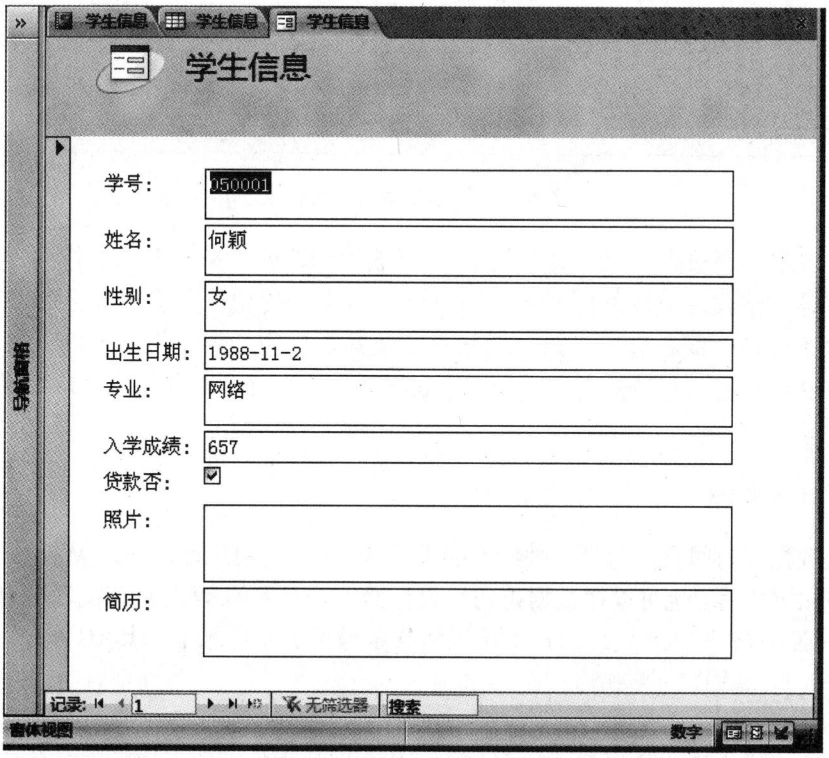

图 6.12 "学生信息"表的窗体

4. 报表（Report）

报表是以打印的格式表现用户数据的一种有效的方法，因为可以在报表中控制每个对象的大小和显示方式，并可以按照所需要的方式来显示相应的内容。

报表可将数据库中需要的数据进行分析、整理和计算，还可以将数据以格式化的方式发送到打印机，用户可以在报表中增加多级汇总、统计比较以及添加图片对象等。利用报表不仅可以创建计算字段，还可以对记录进行分组，以便计算出各组数据的汇总结果等。

要在 Access 2007 中创建新的报表，可以单击"创建"选项卡，然后单击"报表"。Access 将基于已打开的现有对象或在导航窗格中选定的现有对象来创建新报表。图 6.13 为"学生信息"表的报表。

图 6.13 "学生信息"表报表

功能区提供的"报表布局工具"包含 3 个选项卡，即"格式"、"排列"和"页面设置"。这些选项卡仅在可以使用时才显示在功能区上。使用这些选项卡上的命令可以更改控件和标签的外观，或者选择边距、纸张大小及其他打印选项，用户可以在更改的同时进行预览。报表对象包括 4 种视图方式："报表视图"、"打印预览"、"布局视图"和"设计视图"。

5. 页（Page）

页就是数据库访问页，它是一种特殊类型的 Web 页，用户可以在此 Web 页中查看、修改 Access 数据库。用户也可以在数据访问页设计器中创建新的 Web 页或编辑现有的 Web 页。一旦在 Access 中打开 Web 页，用户就可以将绑定数据的字段添加到其中。

6. 宏（Macro）

宏是一个或多个操作的集合，其中每个操作实现特定的功能。通过宏对象可以使某些任务自动完成，使 Access 数据库的使用更为简单。在数据库的很多地方要用到宏，尤其是在窗体的设计中。使用宏可以让用户非常方便地处理一些重复性操作。

宏可以是包含操作序列的一个宏，也可以是某个宏组，使用条件表达式可以决定在某些情况下运行宏时，某个操作是否进行。

Access 数据库管理系统提供了一个定义宏的操作列表，如图 6.14 所示，在这个列表中键入宏指令，每个操作指令都可以使用一个特定的参数来控制。用户可以将一个宏命令按钮放在窗体上，每按下一次按钮，宏就执行一次。

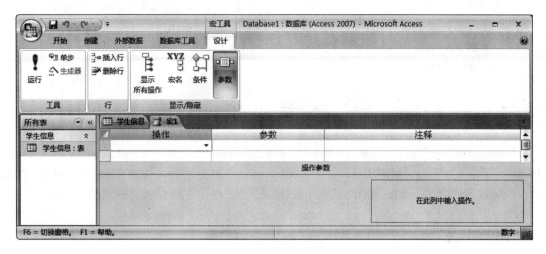

图 6.14　宏窗体

7. 模块（Module）

Access 数据库管理系统支持 VBA（Visual BASIC for Application）语言。模块是专门用来存放 VBA 程序代码的容器。模块是开发人员的工作环境，通常在高级的数据库应用程序中使用，非专业人员一般情况下很少使用它。

6.4　退出 Access 2007

在 Access 2007 中完成相关操作后，用户可以退出 Access 2007 数据库管理系统。要退出 Access 2007 的方法很多，这里介绍几种常用的方法。

（1）单击 OFFICE 按钮，选择"退出 Access"命令，如图 6.15 所示。

图 6.15　退出 Access 2007

（2）在标题栏处右键单击，在弹出的快捷菜单中选择"关闭"命令。

（3）单击 Access 应用程序窗口标题栏右端的 ✖ 按钮。

（4）按 Alt+F4 组合键。

本 章 小 结

本章对目前应用最广泛的主流桌面数据库管理系统之一的 Microsoft Access 2007 进行了介绍。它通过各种数据库对象来管理信息。数据库是由表、查询、窗体、报表、数据访问页、宏以及模块 7 种数据库对象组成的。在关系型数据库中，数据分别存储在各个表中。表是由一些行和列组成的，表中的每一行称为一条记录，每条记录包含表中的一项相关信息。表中的每一列称为一个字段，每个字段存储一种类型的数据。最上方显示了字段的名称。

Access 2007 是一个运行在 Windows 操作系统平台上的关系型数据库管理系统。用户可以使用多种方式对数据进行筛选、分类和检索。既可以通过窗体查看数据库中的数据，也可以通过报表将数据按照指定的格式打印出来。

Access 2007 作为一个全新的版本，提供了一组功能强大的工具和模板，引导用户快速入门，一般情况下用户无须编写程序代码，仅通过直观的可视化操作就可以完成大多数的数据管理工作。

练 习 题

1. 思考与练习

（1）Access 2007 的组成对象有哪些？简单叙述其各个对象的功能。

（2）简述在 Access 2007 启动界面中可执行的操作。

2. 上机练习题

（1）熟悉 Access 2007 的启动方法。

（2）熟悉 Access 2007 功能区的使用方法。

（3）熟悉 Access 2007 数据库的窗口，了解其中各个对象的功能及其视图。

第7章 数据库及表的创建与维护

数据库是 Access 2007 用以存放数据和数据库对象的容器,用户可以通过创建数据库来存放自己的数据,并根据需要对创建的数据库进行必要的维护。表是一种最重要的数据库对象,它是在数据库中存储数据和操作数据的逻辑结构,其结构与电子表格相似。本章将以数据库和数据表为重点介绍它们的基本操作与维护方法。

7.1 数据库的创建与维护

数据库是数据库系统存在的基础,Access 数据库的其他对象都是建立在数据库的基础上的。表是数据库的对象之一,它是数据库中所有数据的来源,表的质量是其他操作的执行关键。

7.1.1 创建新空白数据库

可以通过在 Windows 系统下启动 Access 时利用对话框直接建立数据库。

【例 7.1】 创建一个名为 rsgz 的数据库。

第一步:单击 Windows "开始" 菜单,启动 Access,系统显示对话框,如图 7.1 所示。

图 7.1 启动 Access 界面

第二步:选取"空白数据库"单项选择钮,在窗口右侧出现保存文件位置提示。单击 📂 按钮,出现进入"文件新建数据库"窗口,如图 7.2 所示。

第三步：在图 7.2 的"保存位置"下拉框中，选择数据库文件的保存目录；在"文件名"框中输入"rsgz"（即人事工资）；在"保存类型"中选择"Microsoft Access 数据库"；单击"创建"按钮，如图 7.3 所示。

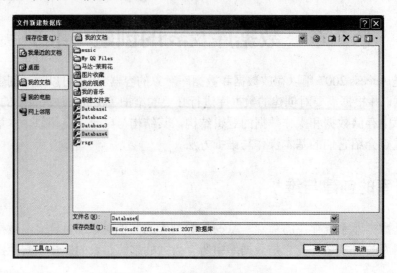

图 7.2　"文件新建数据库"窗口

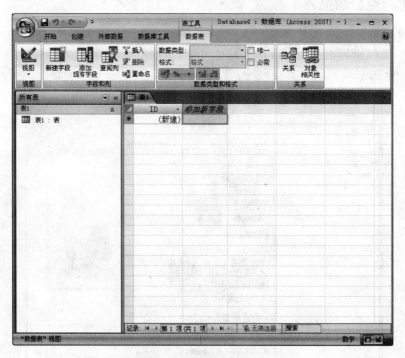

图 7.3　"数据库"窗口

此时，数据库创建完成，此时的数据库内容为空，相关的表、查询以及窗体等数据库对象可由用户灵活处理。

7.1.2　利用"模板"创建数据库

Access 向用户提供了多种模板，按照"模板"的帮助可以在建立数据库的同时建立数据库中相应的表、窗体、报表等文件，使用起来直观、简单，但仅限于系统提供的几种类型数据库。具体操作步骤如下。

（1）在 Access 2007 的"模板类别"中选择"本地模板"选项，打开如图 7.4 所示的"本地模板"窗口。

（2）选择需要的模板类型（如：以"资产"模板为例），单击"资产"，此时界面右侧显示创建的文件名和保存位置，如图 7.5 所示。

（3）单击"创建"按钮，此时所选择的模板应用到数据库中。

注意： 此时的数据库已具有模板提供的相关表、查询、窗体等数据库对象内容。

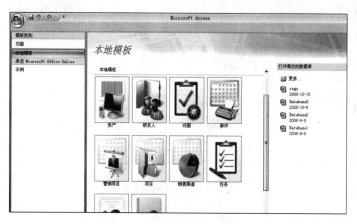

图 7.4 "本地模板"窗口

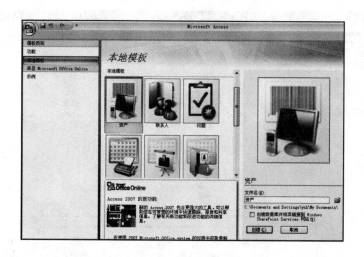

图 7.5 选择模板

7.1.3 数据库的打开与关闭

在执行数据库的各种操作前要求数据库必须打开，在完成操作后必须将数据库关闭。具体打开与关闭数据库的操作步骤如下。

1. 打开数据库的步骤

第一步：启动 Access，在启动界面中，单击左侧的 Office 按钮，出现如图 7.6 所示界面，选择"打开"选项。

图 7.6　打开数据库的菜单操作

第二步：在"打开"窗口中，选择"查找范围"，选择数据库文件名，在"打开"按钮的右侧有个向下的箭头，单击它将出现一个选择菜单，如图 7.7 所示。

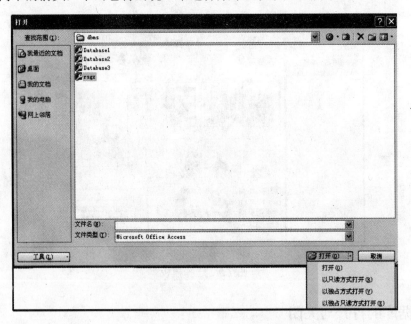

图 7.7　数据库"打开"窗口中的菜单

图 7.7 中，"打开"——可以与网上其他用户共享打开的文件；"以只读方式打开"——可以与网上其他用户共享打开的文件，但只能以使用、浏览方式打开数据库而不能对数据库进行维护；"以独占方式打开"——不允许网上其他用户使用本用户打开的文件；"以独占只读方式打开"——不允许网上其他用户使用本用户打开的文件，本用户只能以使用、浏览

方式打开数据库而不能对数据库进行维护。

2．关闭数据库的方法

关闭数据库的方法有以下 3 种：
（1）单击 Office 按钮，选择菜单中选择"关闭数据库"选项。
（2）单击数据库窗口的关闭按钮。
（3）按 Ctrl＋F4 组合键。

7.1.4 转换数据库版本

Access 的数据库在不同的版本中不能通用。

1．将早期版本的数据库转换为 2007 版的方法

第一步：在 Access 2007 中，打开的早期版本数据库。
第二步：单击 Office 按钮，在弹出菜单中选择"转换"按钮，如图 7.8 所示。
第三步：此时出现"另存为"对话框，在"保存类型"中显示为"Microsoft Office Access 2007 数据库"。
第四步：单击"保存"按钮，完成低版本向 2007 版的转换。

2．将 2007 版数据库转换为早期版本数据库的方法

第一步：打开 2007 版数据库，单击 Office 按钮，选择"另存为"，出现如图 7.9 所示界面。

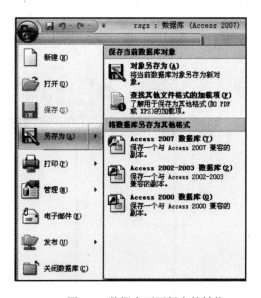

图 7.8　数据库转换的操作　　　　　图 7.9　数据库不同版本的转换

第二步：选中其中的一项，在出现的窗口中，写入转换后的文件名，再单击"保存"按钮。

7.2 数据表的创建与维护

Access 数据表是数据库的重要组成之一。它既是数据库的基本操作对象,也是数据库的数据源。本节介绍数据表的创建与维护操作。

7.2.1 数据表的组成

Access 的表是一个关系型的二维表。表由表名、表结构和记录组成。其中,表名用于标识数据库中的表;表结构定义表中字段的名称、类型、宽度及索引(即字段属性);记录是具体的信息。如表 7.1 所示是一个"人事工资表"。

表 7.1　人事工资表

编号	姓名	性别	年龄	职称	工资
1001	李　宁	女	30	讲师	2560
1002	王　哲	男	45	讲师	2700
1003	刘庆刚	男	52	副教授	3960
1004	肖　宇	女	27	助理讲师	1570

7.2.2 创建数据表

Access 中创建表常用直接输入数据创建、模板创建、表设计器创建等方法,以下分别介绍。

1. 直接输入数据创建

【例 7.2】　在 rsgz 数据库中,创建一个人事工资表。

第一步:打开 rsgz 数据库。在窗口中选择"创建"选项卡,单击"表"按钮,出现创建表界面,如图 7.10 所示。

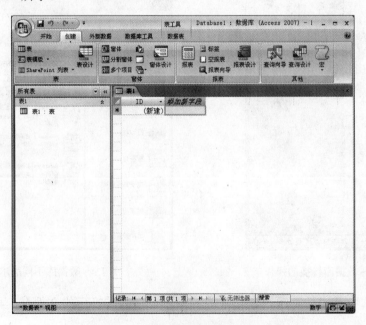

图 7.10　直接输入数据创建表

第二步：在"添加新字段"处，单击鼠标右键，在弹出的菜单中选择"重命名列"选项，输入字段名（如：编号）后，按 Enter 键，如图 7.11 所示。

图 7.11　字段名的添加

注意：在定义字段名时，用鼠标双击"添加新字段"处，光标处于闪烁状态，直接写入字段名即可。

第三步：在单元格中直接输入数据，此时 Access 会根据输入记录自动指定字段的类型，结果如图 7.12 所示。

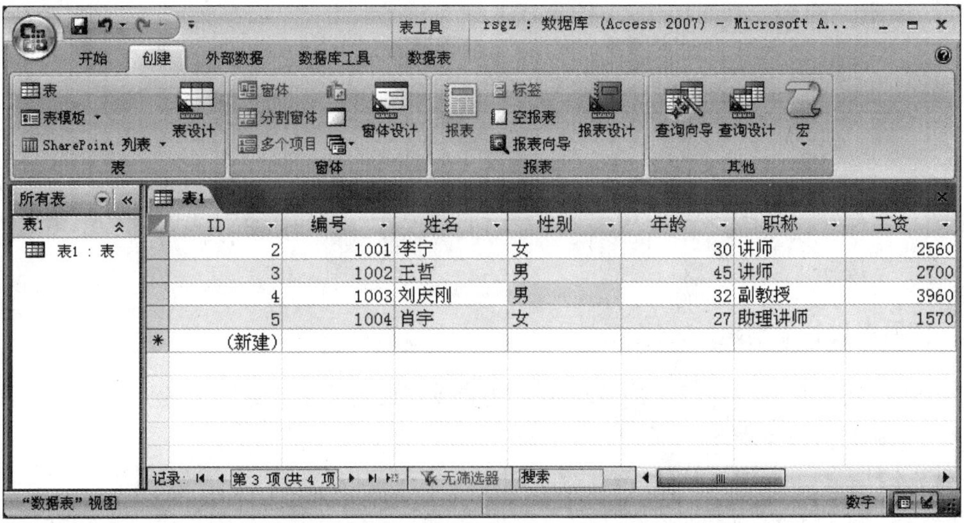

图 7.12　直接输入数据创建表

注意：表中 ID 字段是自动编号字段，在输入记录时，系统会按顺序自动填充此列数据，随着记录的添加，ID 的值依次增 1。

2. 模板创建

使用模板创建表是一种快速建表的方法，在模板中内置了常见的示例表，这些表中包括了许多字段，用户可根据实际需要，添加删除字段。

【例 7.3】 创建资产表。

第一步：运用图 7.4 所示的模板创建资产数据库。

第二步：在功能区中选取“创建”选项卡，在“表”组中单击“表模板”按钮，在弹出的菜单中选择“资产”命令，打开如图 7.13 所示数据表。

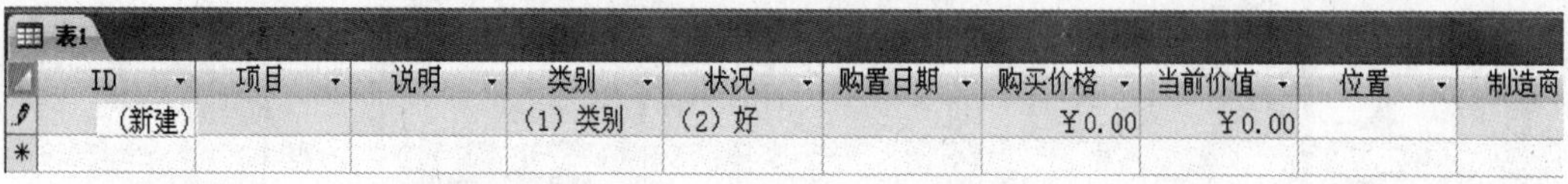

表1
ID
项目
说明
类别
状况
购置日期
购买价格
当前价值
位置
制造商
(新建)
(1) 类别
(2) 好
¥0.00
¥0.00

图 7.13　资产表模板显示

第三步：用户可根据实际需求，对字段进行删减。如右击“说明”列，在弹出的快捷菜单中选择“删除列”命令，删除此字段，如图 7.14 所示。在此快捷菜单中还可完成对字段的改名、插入等操作。

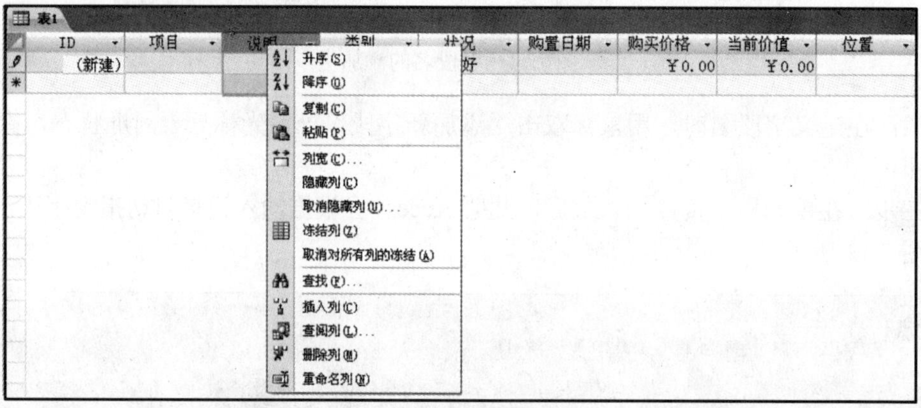

表1
ID
项目
购置日期
购买价格
当前价值
位置
(新建)
好
¥0.00
¥0.00
升序(S)
降序(O)
复制(C)
粘贴(P)
列宽(C)...
隐藏列(C)
取消隐藏列(U)...
冻结列(Z)
取消对所有列的冻结(A)
查找(F)...
插入列(C)
查阅列(L)...
删除列(M)
重命名列(N)

图 7.14　在模板中删除字段

第四步：修改完成后，单击 Office 按钮中的“保存”按钮，在“表名称”中输入表名，单击“确定”按钮，创建完成。

3. 使用表设计器创建

表设计器创建表是先对表结构做较为完整的设计后再添加记录。它是一种可视化工具，用于设计、编辑和修改表。

【例 7.4】 在 rsgz 中，利用表设计器创建人事工资表。

第一步：打开 rsgz 数据库，单击“创建”选项卡，在“表”组中单击“表设计”按钮，进入设计界面，如图 7.15 所示。

第二步：在此界面中，输入所需的字段及其属性（属性的具体设置方法见 7.2.3 节），然后关闭窗口并给出“另存为”窗口中的表名，如本例中输入“人事工资表”，完成表结构的设计，如图 7.16 所示。

图 7.15　表设计器界面　　　　　　　　　　　　图 7.16　建立表后的窗口显示

7.2.3　数据表的字段属性

Access 2007 数据表的字段属性包含字段的类型、大小、格式等属性，如图 7.17 所示。

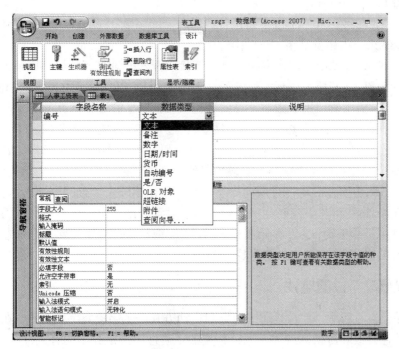

图 7.17　字段类型

（1）文本型：文本（默认值）或文本和数字的组合，或不需要计算的数字，如电话号码，最多为 255 个字符，Microsoft Access 不会为文本字段中未使用的部分保留空间。

（2）备注型：长文本或文本和数字的组合，最多为 640 000 个字符，备注型字段不能进行排序或索引。

（3）数字型：用于数学计算的数值数据。数字型又分为如表 7.2 所示的几种类型。

表 7.2　数字型数据的类型

类　　型	表示数的范围	小数位数	字　节　数
字节	保存从 0～225（无小数位）的数字	无	1 字节
小数	存储从 $-10^{37}-1$～$10^{37}-1$ (.adp) 范围的数字 存储从 $-10^{27}-1$～$10^{27}-1$ (.mdb) 范围的数字	27	12 字节
整型	保存从 $-32\,767$～$32\,767$ （无小数位）的数字	无	2 字节
长整型	（默认值）保存从 $-2\,147\,473\,647$～$2\,147\,473\,647$ 的数字（无小数位）	无	4 字节
单精度型	保存从 $-3.402\,723\,\text{E}37$～$-1.401\,297\,\text{E}-45$ 的负值，从 $1.401\,297\,\text{E}-45$～$3.402\,723\,\text{E}37$ 的正值	7	4 字节
双精度型	从 $-1.797\,693\,134\,762\,31\,\text{E}307$～$-4.940\,656\,457\,412\,47\,\text{E}-324$ 的负值 从 $1.797\,693\,134\,762\,31\,\text{E}307$～$4.940\,656\,457\,412\,47\,\text{E}-324$ 的正值	15	7 字

（4）日期/时间型：日期/时间，存储从 100 年～9999 年的日期与时间值，占用 8 字节。

（5）自动编号型：当向表中添加一条新记录时，由 Microsoft Access 指定的一个唯一的顺序号（每次加 1）或随机数，占用 4 字节。

（6）是/否型：Yes 和 No 值，以及只包含两者之一的字段（Yes/No，True/False 或 On/Off），用来表示逻辑结果，占用 1 字节。

（7）OLE 对象型：Microsoft Access 表中链接或嵌入的对象（例如 Microsoft Excel 电子表格、Microsoft Word 文档、图形、声音），最多占用 1 GB（受可用磁盘空间限制）。

（8）货币型：货币值或用于数学计算的数值数据，这里的数学计算的对象是带有 1～4 位小数的数据，精确到小数点左边 15 位和小数点右边 4 位，占用 7 字节。

（9）超级链接型：文本或文本和数字的组合，以文本形式存储并用做超级链接地址。

（10）查阅向导型：创建字段，该字段可以使用列表框或组合框从另一个表值或列表中选择一个值，单击此选项将启动"查阅向导"，它用于创建一个"查阅"字段。在向导完成之后，Microsoft Access 将基于在向导中选择的值来设置数据类型，通常占用 4 字节。

（11）附件型：可将多个文件存储在单个字段中，或将多种类型的文件存储在单个字段中，最多可附加 2GB 的数据，单个文件最多占 256MB。

7.2.4　设置修改字段的属性

数据表在建立过程中，有时是通过向导和自动方式产生字段及字段类型。在实际应用中，需要对它们进行修改和维护，或为了保证数据的正确性而规定数据的有效性规则。可以通过以下步骤进行。

（1）选择打开要修改的数据库。

（2）在窗口的导航窗格中选择需要修改的表，双击表名，打开被修改表。

（3）单击功能区中的"视图"，选择"设计视图"选项，如图 7.18 所示。

（4）进入表结构设计窗口，如图 7.19 所示。修改表中的字段及其属性。字段属性包括字段大小、格式设定、标题设置、有效性规则等，现对常用的几种做介绍。

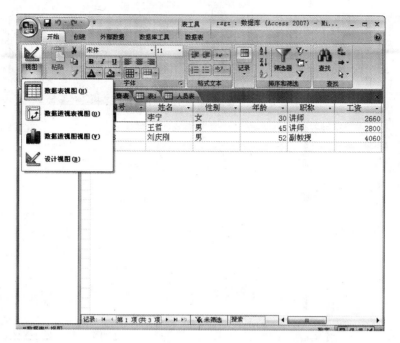

图 7.18　表结构设计进入过程界面

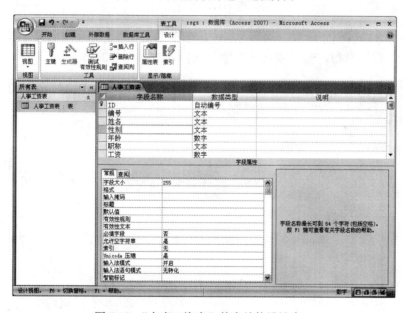

图 7.19　"人事工资表"的表结构设计窗口

（1）编辑修改字段名。单击要修改的字段名，直接输入新的字段名即可。

（2）设置字段标题。在定义表结构的过程中，并不要求表中的字段必须为汉字，可以使用简单的符号，如英文字母等，这对于以后的编写程序有好处（使用简单），但在表的显示过程中识读不便，此时可通过设置字段标题来设置显示。

【例 7.5】　建立人员表，包括：bh（"编号"）、xm（"姓名"）、xb（"性别"）、csrq（"出生年月"）、zz（"住址"）、zp（"照片"）字段，如图 7.20 所示。

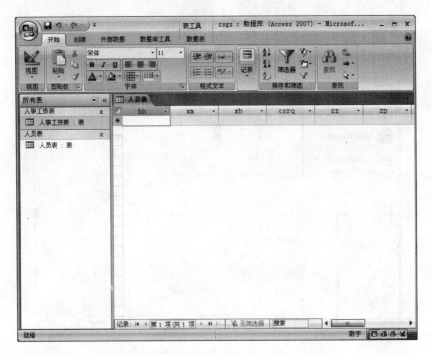

图 7.20　人员表

　　图中，显示表内容的字段项均为字母，读起来不方便。为了把字段名显示成易读的汉字，需要进入"表"设计窗口，输入或修改各字段的标题，如图 7.21 所示。

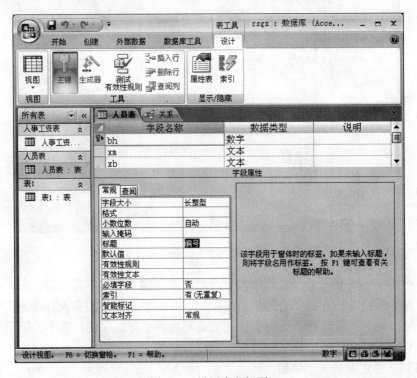

图 7.21　设置字段标题

　　如图中"bh"字段的标题项设置为"编号"，其他项的字段标题设置同修改"bh"的方法。重新显示表的内容如图 7.22 所示。

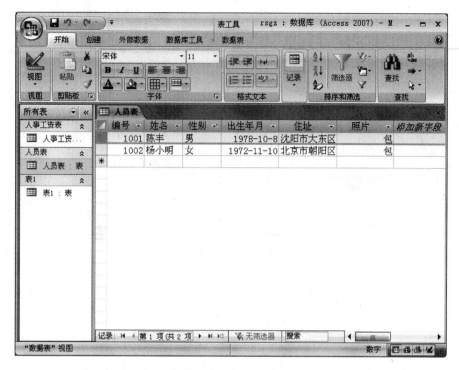

图 7.22　设置字段标题后的显示结果

注意： 此时表中的字段显示均为汉字，但实际字段名仍为英文字母。

（3）设置字段有效规则。

通过字段有效规则，用于限制输入数据的范围，保障输入数据的有效性。

规则格式构成：由字段和常量或变量所构成的关系或逻辑表达式。

规则写入位置：表结构设计窗口→"常规"选项卡→"有效性规则"编辑框。

常用表达式运算符号及功能如表 7.3 所示。

表达式举例：[职称] Like "讲师"；[编号] Between "0001" and "0020"。

"职称"字段的输入内容只能是包含"讲师"字符串，如"中专讲师"、"大学讲师"。

"编号"字段的输入内容只能是介于 0001～0020 之间。

表 7.3　常用表达式运算符号及功能表

运 算 符 号	功　　能
+	字段、常量值求和
−	字段、常量值求差
*	字段、常量的积
/	字段、常量的商
\	整除法
Mod	除法返回余数
^	求字段或常量的次方
<	小于时为"真"

运 算 符 号	功 能
<=	小于等于时为"真"
<>	不等于时为"真"
=	等于时为"真"
>	大于时为"真"
>=	大于等于时为"真"
And	相"与"
Or	相"或"
Not	取"非"
Between	在某个区间内
Like	比较两个字符串是否相同
&	字符串连接

【例7.6】 规定"人事工资表"的"编号"字段的记录值介于1001～1009之间。

第一步：打开人事工资表，进入设计视图界面。

第二步：单击"有效性规则"框右侧的"…"按钮，弹出"表达式生成器"窗口，如图7.23所示。

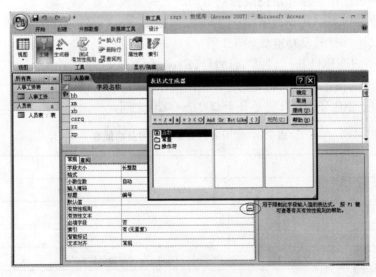

图7.23 设置字段有效性窗口

第三步：输入表达式：[编号] Between "1001" And "1009"，如图7.24所示。单击"确定"按钮，显示如图7.25所示。

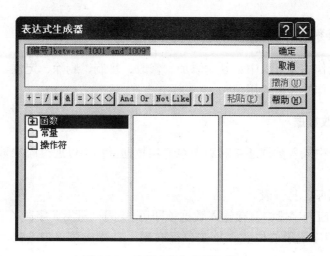

图 7.24　"表达式生成器"窗口

图 7.25　"有效性规则"栏

　　第四步：关闭窗口，打开"人事工资表"，当在"编号"字段输入一个"1020"时，系统提示如图 7.26 所示。

图 7.26　系统提示有效范围

　　系统将一直坚持提示，直到按规则输入数据为止，这样就保证了输入数据的有效范围。
　　第五步：保存、关闭表。

7.2.5 表中记录数据的操作

表中记录的操作主要有表中记录的添加、修改、复制、删除、定位、排序与筛选等，下面具体介绍各种操作的作用与用法。

1．添加与修改数据

无论是向空表中录入数据还是对原表中追加数据，都可以通过添加数据来实现，具体步骤如下。

（1）打开数据库，打开表。

（2）在表中对应的字段中直接输入数据项即可。对于"照片"字段（字段设置为 OLE 型）的内容输入，在相应记录的位置上单击鼠标右键，在弹出菜单中选择"插入对象"选项，如图 7.27 所示。

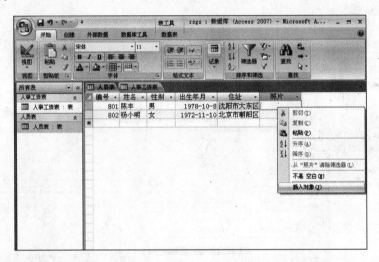

图 7.27 "插入对象"窗口

（3）选择"由文件创建"选项，在"浏览"选项中找到对应的照片文件，如图 7.28 所示。

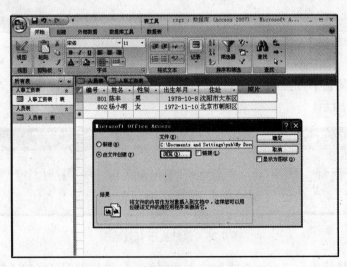

图 7.28 "插入对象"中文件的插入

（4）此时，在相应记录位置显示出"包"。对于"照片"字段的显示，只要双击该字段下的记录即可显示，如图 7.29 所示。

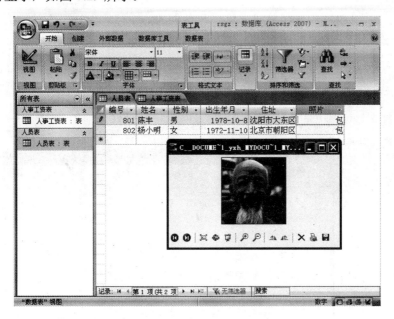

图 7.29　显示照片字段

2．表中记录的操作

（1）排序。表中的原始数据是按输入的先后来安排次序的。对表的操作包括对表的物理顺序按要求重新进行排列，这就是表中记录的排序，它将改变表的原始物理排列顺序。

排序分为"升序"和"降序"两种。

【例 7.7】　对"人事工资表"按工资升序排序。

① 打开原始的"人事工资表"，如图 7.30 所示。

图 7.30　打开的"人事工资表"

② 选择要排序的"工资"字段，选择"排序和筛选"组中的 $\frac{A}{Z}\downarrow$ 升序按钮，完成排序。如图 7.31 所示。

（2）筛选。筛选是利用一组信息，将满足条件的一个或一组记录查找出来的方法。可利用"排序和筛选"组中的"筛选器"按钮对所需内容做筛选显示。

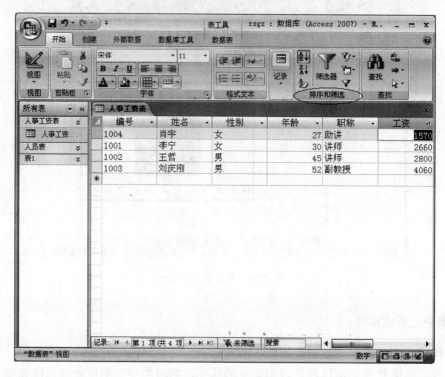

图 7.31　排序后的表

【例 7.8】　显示出"人事工资表"中的男性记录。

① 打开"人事工资表"，选中"性别"字段后，单击"筛选器"按钮。选中"男"，如图 7.32 所示。

图 7.32　"筛选器"的操作

② 单击"确定"按钮，筛选出男性记录。此时不满足筛选条件的记录被隐藏。可以单击状态栏中的"已筛选/未筛选"按钮，实现筛选记录和全部记录的切换显示，如图 7.33 所示。

图 7.33 "已筛选/未筛选"切换显示

【例 7.9】 筛选出所有年龄不低于 30 岁讲师或工资高于 2500 元的记录。

① 打开"人事工资表"，选择"高级"菜单中的"高级筛选/排序"选项，如图 7.34 所示。

② 在"高级筛选/排序"窗口中，由用户设置筛选条件，结果如图 7.35 所示。

图 7.34 高级筛选菜单

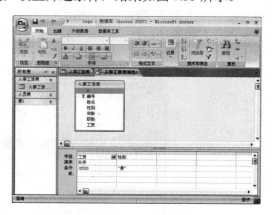

图 7.35 "内容排除筛选"的结果

③ 设置完成后，单击"排序和筛选"组中的"切换筛选"按钮，即看到满足筛选条件的记录，如图 7.36 所示。

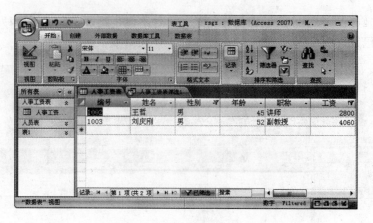

图 7.36 "高级筛选/排序"结果

7.3 数据表之间的关系

数据库一般由若干个表所组成，每一个表反映出数据库的某一方面信息，要使这些表联系起来反映出数据库的整体信息，则需要将这些表建立关联。建立关联的前提是要在表中建立主关键字和索引。

7.3.1 建立主关键字

主关键字是表中记录的唯一标识，并由一个或多个字段所组成。表中记录的存储顺序依赖于主关键字，主关键字段的内容不重复。当表中设置完主关键字后，表会自动按照主关键字的字段值按升序排序。

【例 7.10】 把 rsgz 数据库"人事工资表"中的"编号"字段设置为主关键字。

（1）打开"人事工资表"，如图 7.30 所示。

（2）进入表的设计视图，选中"编号"字段，在功能区上单击"主键"按钮，则在"编号"字段前显示主键设置符号，如图 7.37 所示。

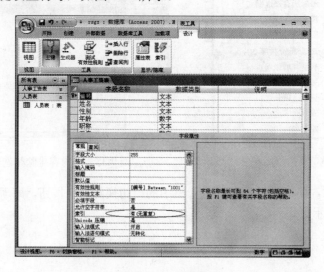

图 7.37 设置主键

此时，"编号"字段属性栏中的索引项自动变为"有（无重复）"，打开表浏览窗口时可以发现，表记录已经按"编号"字段的升序方式自动重新排序显示。

7.3.2 建立索引

为了加快表中数据的检索、查询、显示速度，在表中需要建立索引。另外，SQL 查询还要求表必须按查询的内容建立索引。

前面介绍了排序，它是对数据表的记录在物理顺序上进行重新排列，即表的物理次序发生了改变。而本部分所讲述的索引只是在表中另外建立了一个记录的排列顺序表，而对表本身的物理顺序不做任何修改，即索引建立了表的一种逻辑结构。

一个表的索引，可以由一个或多个字段组合构成。每一个索引构成了一个表的逻辑顺序。对于 OLE、备注和逻辑型字段不能进行索引。

1．利用字段的属性窗口建立索引

【例 7.11】 对"人事工资表"按年龄进行索引。

（1）打开"人事工资表"，进入设计视图界面。

（2）选择建立索引的"年龄"字段，打开属性项的"索引"选项，如图 7.38 所示。

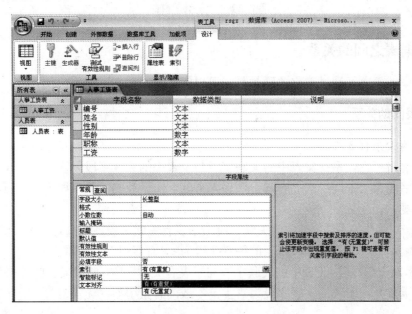

图 7.38 按"年龄"建立索引

索引共有 3 个选项：无，有（有重复），有（无重复）。

无：表示不建立索引。

有（有重复）：索引的字段值有重复值。

有（无重复）：索引的字段值无重复值。

本例中的年龄字段可能出现重复值，所以选择索引的"有（有重复）"选项。

2．利用功能区建立索引

在设计视图窗口中，单击"显示/隐藏"组中的"索引"按钮，弹出"索引"窗口，选择索引类型，如图 7.39 所示。

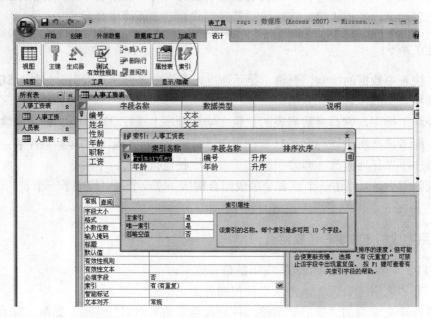

图 7.39　"索引"窗口

7.3.3　数据表之间的关系

数据库中的表之间通过建立关联关系，可以实现表间数据的联系。

1．两表间的关系

两表间的关系有 3 种。

（1）"一对一"关系：父表中的关联字段与子表中的关联字段无重复地一一对应。要求父表的关联字段为"主键"或"有索引"（无重复），子表的关联字段为"主键"或"有索引"（无重复）。

（2）"一对多"关系：父表中的关联字段与子表有关联字段，要求父表的关联字段为"主键"或"有索引"（无重复），子表的关联字段为"有索引"（有重复）。

（3）"多对一"关系：父表中的关联字段与子表有关联字段，要求父表的关联字段为"有索引"（有重复），子表的关联字段为"主键"或"有索引"（无重复）。

2．建立表间关系的过程

（1）数据库已经打开，两表分别对于关联字段进行索引。

（2）选择"数据库工具"选项卡，单击"关系"按钮，添加建立关系的两表。

（3）从一个表的主关键字字段位置起，拖曳鼠标到另一个表建立索引或关键字的字段上，弹出创建关联的对话框，如图 7.40 所示。

（4）设置关联后，单击"创建"按钮，两表间出现一条连接线，建立了关联，如图 7.41 所示。

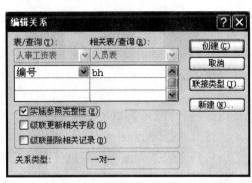

图 7.40　表间关系编辑

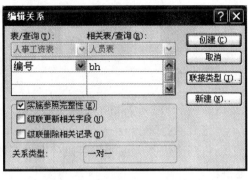

图 7.41　建立表间关系

3. 编辑修改表间关系

编辑修改表间关系的方法如下。

（1）打开已建立的表间关系。

（2）在表间的连接线上，单击鼠标右键，弹出快捷菜单，选择"编辑关系"，如图 7.42 所示。

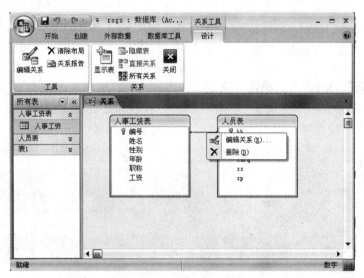

图 7.42　编辑表间关系

（3）编辑完成后，单击"确定"按钮，完成操作。

7.4　实训——表间关系的建立与维护

1. 实训目的

表的操作及表间关系处理。

2. 实训内容

（1）建立父表"人事工资表"与"职称情况表"的"一对一"关系。

（2）在父表"人事工资表"中，对子表"人员表"进行操作（嵌套关系）。

3. 参考答案

图 7.43 "插入子数据表"窗口

（1）建立一对一关系。

① 打开数据库 rsgz。

② 将两个表按"编号"字段分别设置成主关键字。

③ 添加"人事工资表"与"职称情况表"到关系中，按编号建立关系。

④ 在建立和编辑关系时，选择"实施参照完整性"。

⑤ 保存关系，保存数据库。

（2）建立嵌套关系。

① 打开父表"人事工资表"。

② 单击功能区"开始"选项卡，选择"记录"组中的"其他"选项，在弹出的菜单中选中"子数据表"选项，弹出"插入子数据表"窗口，如图 7.43 所示。

③ 选择"职称情况表"，单击"确定"按钮，"人事工资表"浏览窗口如图 7.44 所示。

在"编号"字段的左侧出现了一列"＋"号，代表单击此处可以看到被折叠起来的子表"人员表"的对应字段内容，单击"＋"号，显示如图 7.45 所示。

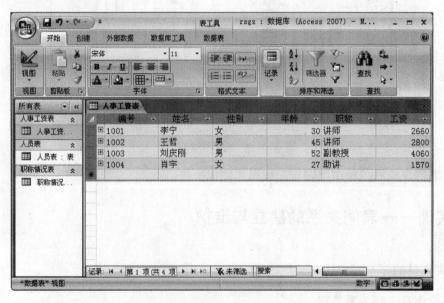

图 7.44 插入子数据表后的浏览窗口

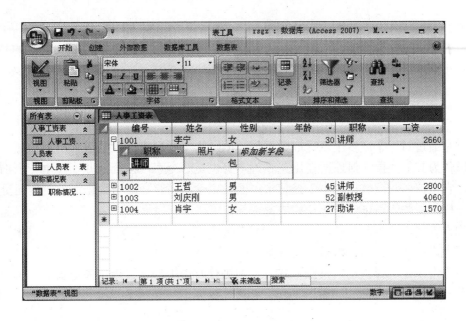

图 7.45　折叠起来的子表

用户可在此界面下对子表的数据进行修改。

（3）删除父子表的嵌套关系。单击功能区"开始"选项卡，选择"记录"组中的"其他"选项，在弹出的菜单中选中"子数据表"下的"删除"选项。此时，"编号"字段的左侧的"＋"号被自动清除，结束父子表的嵌套关系。

本 章 小 结

本章主要介绍了数据库和数据表的创建、使用与基本维护方法。

Access 数据库系统的所有操作都是建立在数据库的基础上。创建数据库是建设一个系统的平台，在此基础上才能创建表、表单等其他对象。本章主要介绍数据库的各种创建方法。

本章还介绍了作为数据库重要组成和主要操作对象的表的创建与维护方法。读者应掌握表的创建与使用方法，区分表的属性及其含义，学习排序、索引、筛选技术，明确表间关系的建立与应用。

练 习 题

1. 创建 Access 数据库有哪几种方法？
2. 数据表的字段属性有哪几种类型？
3. 在 Access 中，表间的关系有哪几种？
4. 什么是"主键"？其作用如何？
5. 举例说明"筛选"的作用及用法。

第8章 查询的使用

查询是通过对一个或多个表提取数据创建的。它主要用来对数据进行检索和加工，查询结果可以作为其他数据库对象所使用。查询本身也是一个表，但查询并不产生一个物理记录的集合，它在使用时从数据源中创建记录，而且记录的内容会随着数据源的更新而更新。查询像表一样，将作为数据库的一个组成部分。

查询方式共有 4 类。

选择查询：用于浏览、检索、统计数据。

参数查询：是选择查询的特殊形式，查询进行时由用户设置查询参数值。

动作查询：在选择查询的基础上，完成对数据的更新、追加、删除，而且可以生成新表。

SQL 查询：通过语句进行查询。

8.1 创建选择查询

选择查询可以由查询设计器或查询向导来完成。

8.1.1 使用查询设计器创建查询

用设计器创建查询，由用户自行设计查询条件，灵活程度高。

设计器创建查询的要求如下：

（1）确定数据库的查询操作。

（2）在查询操作项中新建查询。

（3）选择"设计视图"进入设计器窗口。

（4）选择参与查询的字段。

（5）确定查询条件。

【例 8.1】 利用选择查询的"查询设计器"对 rsgz 数据库中的人事工资表创建查询。

（1）打开 rsgz 数据库。

（2）打开"创建"选项卡，在"其他"组中单击"查询设计"按钮，弹出如图 8.1 所示的"显示表"窗口。

（3）选中人事工资表，单击"添加"按钮，将"人事工资表"添加到"选择查询"窗口中，在字段列表中选取所需要的字段。同时，可加入查询条件，如"编号"字段下面的排序选为"升序"，"性别"字段下面的"准则"中输入"[性别]＝"男""。即将编号按升序排列且性别为"男"的记录显示出来，设计界面如图 8.2 所示。

（4）选择"结果"组中"视图"选项下的"数据表视图"，或单击"运行"按钮，显示出查询结果。

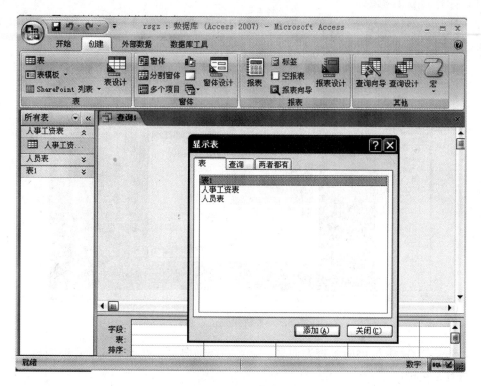

图 8.1　显示表窗口

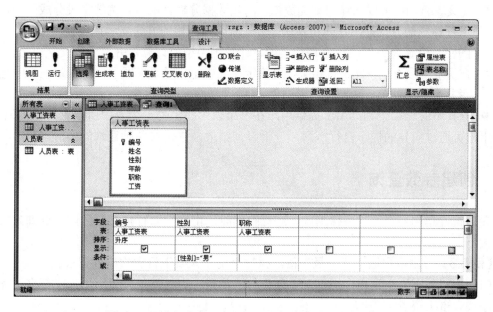

图 8.2　"选择查询"窗口的字段定义准则和排序操作

（5）单击"保存"按钮，输入查询文件名，保存该查询。

8.1.2　使用"向导"创建查询

用"向导"创建查询的方法使用简单、直观，但本方法应用起来不灵活。

【例 8.2】　使用"查询向导"，对 rsgz 数据库创建查询。

（1）打开 rsgz 数据库。

（2）打开"创建"选项卡，在"其他"组中单击"查询向导"按钮，弹出如图 8.3 所示的"新建查询"窗口。

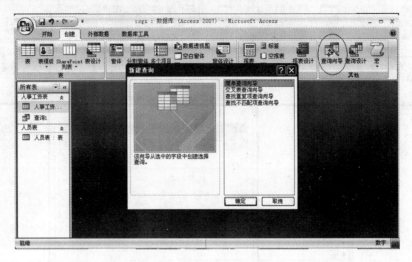

图 8.3 "新建查询"窗口

在 Access 2007 中提供简单查询向导、交叉表查询向导、查找重复项查询向导、查找不匹配项查询向导 4 种向导。

- 简单查询：用于单表或多表满足给定条件的基本查询方式。
- 交叉表查询：可以计算和重构数据，简化数据分析，用于查询的字段分成两组，一组以行标题的方式显示在表格左边，另一组以列标题的方式显示在表格顶端，在行和列的交叉位置对数据进行总和、平均、计数等类型的计算，并显示在交叉点上。
- 查找重复项查询：此查询结果，可确定在表中记录是否有重复，或确定在表中记录是否共享相同的值。
- 查找不匹配项查询：用于提供用户在一个表中找出另一个表中所没有的相关记录。

用户可通过向导的提示自行练习，分析查询结果，强化对各种查询的理解。

8.2 创建参数查询

参数查询是选择查询的特殊形式。进行查询时，由用户自行定义参数值，查询方式灵活性较大。

【例 8.3】 由用户输入"编号"值，执行查询"人事工资表"中的记录。

（1）在"数据库"窗口中，打开"创建"选项卡，在"其他"组中单击"查询设计"按钮，添加人事工资表。

（2）在查询设计器窗口，选取"编号"、"姓名"、"性别" 3 个字段，如图 8.4 所示。

（3）在"条件"处，单击鼠标右键，弹出快捷菜单，选择其中的"生成器"项，如图 8.5 所示。弹出"表达式生成器"窗口，在其中输入 [bh]，如图 8.6 所示。

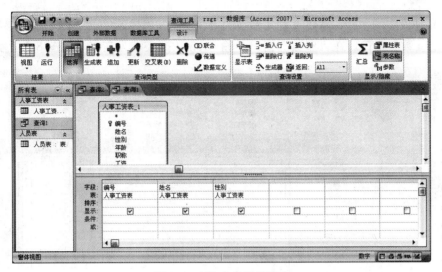

图 8.4 查询中的字段操作

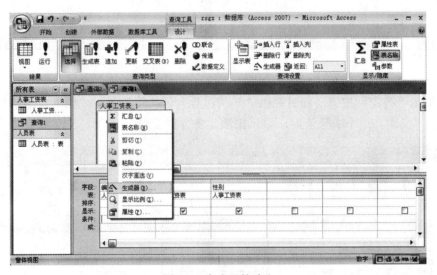

图 8.5 生成器的选取

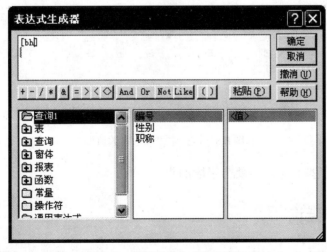

图 8.6 "表达式生成器"窗口

（4）bh 是设定的参数，需要设置此参数的类型。单击"显示/隐藏"组中的"参数"按钮，显示"查询参数"窗口。在"参数"窗口中输入 bh 数据类型为文本，如图 8.7 所示。

图 8.7 "查询参数"窗口

（5）单击"确定"按钮。此时单击"！（运行）"按钮，显示"输入参数值"窗口，如图 8.8 所示。当输入一个编号值后，显示出满足条件的记录。

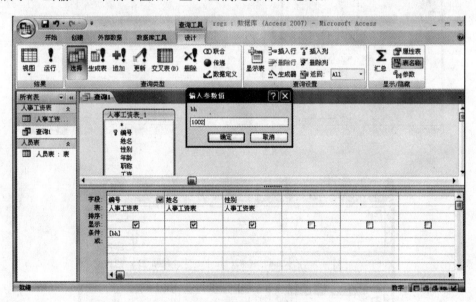

图 8.8 运行中"输入参数值"

注意： 参数的类型设定一定要与字段的类型一致。

8.3 创建动作查询

创建动作查询是在选择查询基础上，还具有对数据表中的数据进行更新、追加、删除以及在查询基础上创建新表的功能。

8.3.1 使用查询创建新表

本查询除完成查询的功能外，还能生成以查询结果为依据的新表。

创建新表要求如下：

（1）确定原始数据表的查询操作。

（2）在查询操作项中新建查询。

（3）选择"设计视图"进入查询设计器窗口。

（4）添加参与查询的表。

（5）选择查询生成新表的字段。

（6）保存、运行查询，保存新表。

【例 8.4】 在数据库 rsgz 中，以"人事工资表"、"人员表"为基础，建立"职工人事表"。具体操作步骤如下：

（1）打开数据库 rsgz。

（2）打开"创建"选项卡，在"其他"组中单击"查询设计"按钮，添加"人事工资表"、"职工情况表"，结果如图 8.9 所示。

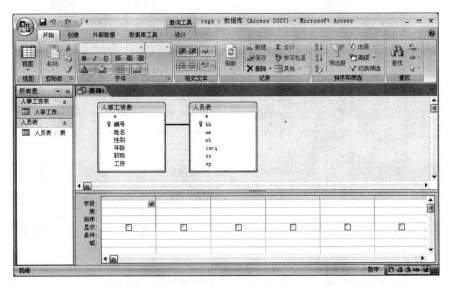

图 8.9 设计视图选项的添加表后的窗口

此时需设置两表间的关系，使表间级联起来。方法见第 7 章 7.3.3 节。

（3）在两个表中选择所需字段填入窗口下面的"字段"中，本例中选取了人事工资表中的编号、姓名、工资字段和人员表中的 csrq（出生日期）、zz（住址）字段，如图 8.10所示。

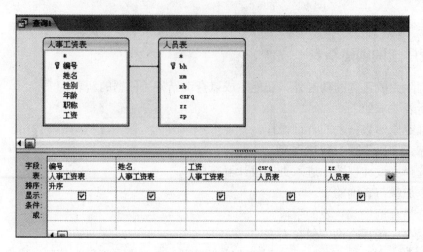

图 8.10　选择所需字段

（4）单击"查询类型"组的"生成表"按钮，显示的窗口如图 8.11 所示。

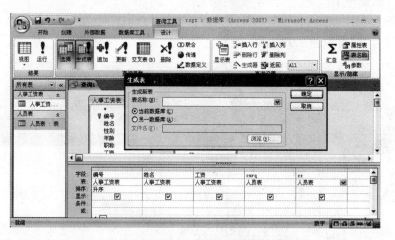

图 8.11　"生成表"窗口

（5）在"表名称"栏中填入"职工人事表"，单击"确定"按钮。单击功能区中的"运行"按钮，结果如图 8.12 所示。

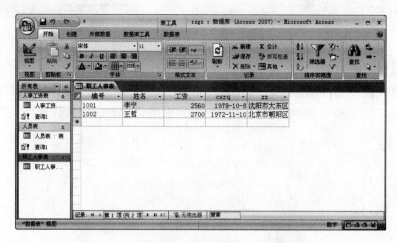

图 8.12　生成新表"职工人事表"显示结果

8.3.2 使用查询添加记录

两个参与添加查询操作的数据表应有相同的表结构，添加完成可以实现一个表向另一个表的记录添加操作。

查询添加要求如下：

（1）选择数据源表。

（2）确定"追加"查询。

（3）选择数据目的表。

（4）选择参与的字段。

（5）保存、运行查询。

【例 8.5】 在数据库 rsgz 中，从"人事工资表"向"zjcx"表的几个字段追加数据，具体操作步骤如下。

（1）打开数据库 rsgz。

（2）进入查询设计器，添加"人事工资表"。在表中选择编号、姓名、性别字段填入窗口下面的"字段"中，如图 8.13 所示。

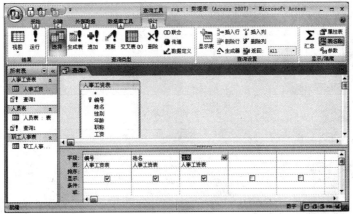

图 8.13 添加所需字段

（3）单击"查询类型"组中的"追加"按钮，在"追加查询"窗口中输入被追加的表名"zjcx"，单击"确定"按钮后如图 8.14 所示。

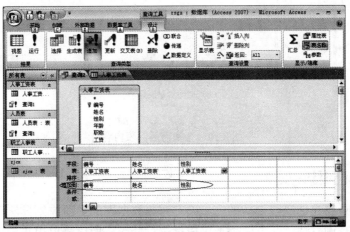

图 8.14 "追加查询"窗口

（4）单击"！"（运行）按钮，出现如图 8.15 所示提示。单击"确定"按钮，记录追加完成。

图 8.15 生成追加记录的提示窗口

（5）查询前后的表内容如图 8.16 所示。

（a）追加前记录显示

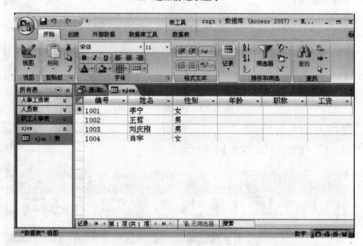

（b）追加后记录显示

图 8.16 查询前后的表内容

8.3.3 使用查询更新记录

查询更新记录是在选择查询基础上，确定对原数据表的更新原则算法，对原数据表进行批量修改的一种查询方法。此方法由于可成批进行修改，所以需要慎重操作。

【例8.6】 在数据库 rsgz 中，将"人事工资表"中的所有人"工资"字段加 100 元，具体操作步骤如下。

（1）打开数据库 rsgz。选择"创建"选项卡中"其他"组中的"查询设计"选项。

（2）添加"人事工资表"，在表中选择所需更新字段名填入窗口下面的"字段"中。

（3）单击"查询类型"中的"更新"按钮。

（4）在"工资"字段的"更新到"一栏中填入"[工资]+100"，如图 8.17 所示。

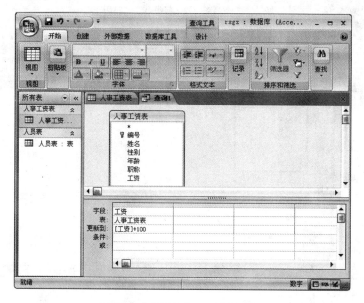

图 8.17　设置字段"更新查询"

（5）单击"！"（运行）按钮。查询后的表内容如图 8.18 所示。

编号	姓名	性别	年龄	职称	工资
1001	李宁	女	30	讲师	2560
1002	王哲	男	45	讲师	2700
1003	刘庆刚	男	52	副教授	3960
1004	肖宇	女	27	助理讲师	1570

（a）更新前记录显示

编号	姓名	性别	年龄	职称	工资
1001	李宁	女	30	讲师	2660
1002	王哲	男	45	讲师	2800
1003	刘庆刚	男	52	副教授	4060
1004	肖宇	女	27	助理讲师	1670

（b）更新后记录显示

图 8.18　更新前后的记录显示

8.3.4　使用查询删除记录

查询删除记录是数据表的一种维护方法，是通过对原数据表的删除准则规定，对原数据表进行批量删除的一种查询方法。此方法由于修改可成批进行，所以也需要慎重操作。

【例 8.7】 在数据库 rsgz 中，将"人事工资表"中的所有人"年龄"在 30 岁以下者的记录删除，具体操作步骤如下。

（1）打开数据库 rsgz。选择"创建"选项卡中"其他"组中的"查询设计"选项。

（2）添加"人事工资表"，在表中选择所需删除的字段名填入窗口下面的"字段"中。

（3）单击"查询类型"中的"删除"按钮。

（4）在"年龄"字段的"条件"一栏中填入"<30"，如图 8.19 所示。

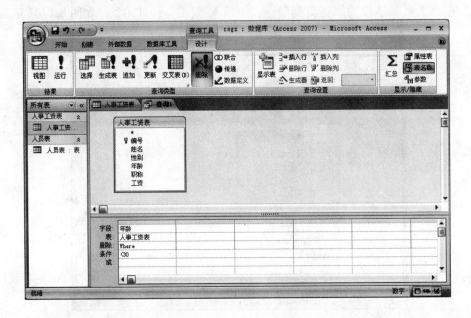

图 8.19　"删除查询"窗口

（5）单击"！"（运行）按钮。

查询后的表内容如图 8.20 所示。

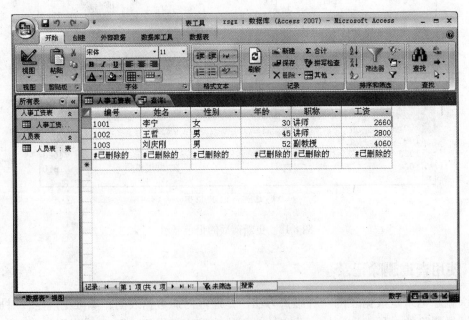

图 8.20　查询结果

8.4 实训——查询的操作

1. 实训目的

通过实训，熟练掌握查询的使用方法与技能。

2. 实训内容

创建一个空数据库，名为"购书目录"。在该数据库中做如下操作。

（1）创建表，表名为"教材"，结构如表 8.1 所示。

表 8.1

字 段 名	数 据 类 型	字 段 大 小
书号	文本型	5
书名	文本型	20
出版日期	日期/时间型	短日期

（2）修改表结构，添加一个字段，如表 8.2 所示。

表 8.2

字 段 名	数 据 类 型	字 段 大 小
数量	数字型	整型

（3）在表中追加如表 8.3 所示的记录。

表 8.3

书 号	书 名	出 版 日 期	数 量	单 价
1-001	数据库	1887-02-21	20	17.00
2-001	高等数学	1888-08-12	50	25.30
3-001	美学基础	1888-01-22	25	18.00

（4）删除记录号为 0002 和书名为"3-001"的记录。

（5）将记录号为 0001 的记录"书号"改为"4-001"，"书名"改为"C 语言"，"数量"改为"100"，"单价"为"28.00"。

（6）建立选择查询，包含书号、书名、出版日期、数量、单价字段。

（7）将查询的记录按照总金额从低到高排序，命名为"排序"，存盘。

8.5 使用 SQL 创建查询

以上介绍了各种有关表的操作方法，这些方法都是通过各种界面来操作的。查询方法一经定义，要修改时只能通过手工方法重新修改。可以通过 SQL 语句编写各种查询程序，使查询更加灵活。以下就 SQL 语言在 Access 数据库中的具体用法给予讲解。

8.5.1 创建 SQL 查询

创建 SQL 查询步骤如下。

（1）打开数据库。

（2）选择"查询"操作。

（3）在"查询类型"组中选择"数据定义"按钮。

（4）在"数据定义查询"窗口输入语句。

（5）退出，保存查询。

注意： SQL 语句中所用的标点符号必须为英文符号，否则程序不能正常运行。

8.5.2 单表查询

单表查询是利用 SQL 语言提供的 SELECT 语句对某一个数据表进行查询的。

【例 8.8】 利用 SQL 语句，对 rsgz 数据库的"人事工资表"创建查询，查询结果包含"编号"、"年龄"、"工资"3 个字段。

（1）打开数据库 rsgz。选择"创建"选项卡中"其他"组中的"查询设计"选项。

（2）添加"人事工资表"。单击"查询类型"组中的"数据定义"按钮。进入"数据定义"查询窗口，如图 8.21 所示。

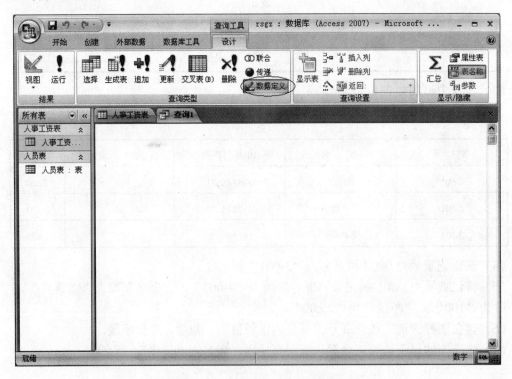

图 8.21　"数据定义"查询窗口

（3）在窗口中输入 SQL 查询语句，如图 8.22 所示。

图 8.22　输入 SQL 查询语句

（4）运行并保存查询。

【例 8.9】　利用 SQL 语句，对 rsgz 数据库的"人事工资表"创建查询，查询结果包含"编号"、"姓名"、"性别" 3 个字段，其中"性别"字段为"男"，"年龄"在 30 岁以上。

前面的操作同例 8.8，编写语句如下：

```
SELECT 编号,姓名,性别
FROM   人事工资表
WHERE 性别="男" AND 年龄>30
```

8.5.3　多表查询

多表查询是指运用 SELECT 语句对多个数据表进行查询。多表中的字段以[表名].[字段名]的格式引用。

【例 8.10】　利用 SQL 语句，用 rsgz 数据库的"人事工资表"的"编号"、"姓名"，"性别"和"职称情况表"的"职称"、"职称评定时间"字段共同创建一个查询（对应表的编号应相同）。

前几步的操作同例 8.8。

编写语句如下：

```
SELECT   人事工资表.[编号],人事工资表.[姓名],人事工资表.[性别],职称情况表.[职称],职称
         情况表.[职称评定时间]
FROM    人事工资表   INNER JOIN 职称情况表
ON   人事工资表.[编号]=职称情况表.[编号]
```

8.5.4　子查询

子查询是 SELECT 语句的复合形式，子查询将返回一个集合，用户可以使用 IN, ANY/ALL 等谓词进行判断，它是一种复合条件的查询方式。

【例 8.11】　利用 SQL 语句，查询性别为"男"的人的职称评定情况。

前几步的操作同例 8.8。

编写语句如下：

SELECT　*
FROM　职称情况表
WHERE　职称情况表.编号　IN
（SELECT　编号
FROM　人事工资表
WHERE　性别="男"）

8.5.5　添加新记录

添加新记录就是利用 INSERT 语句向表中添加数据语句的方法。

【例 8.12】　利用 SQL 语句，向"职称情况表"中添加如表 8.4 所示的一条记录。

表 8.4

编　号	职　称	职称评定时间	备　注
0010	教授		

前几步的操作同例 8.8。

编写语句如下：

INSERT INTO 职称情况表　　VALUES（0010，"教授"）

【例 8.13】　利用 SQL 语句，将"职称情况表"中所有记录添加到"zcqkb"中（两表的字段结构相同）。

INSERT INTO zcqkb
SELECT *
FROM　职称情况表

8.5.6　更新表中记录

更新表中记录就是利用 UPDATE 语句修改表中数据的方法。

【例 8.14】　利用 SQL 语句，将"职称情况表"中所具有"副教授"职称的记录职称项修改为"教授"。

UPDATE 职称情况表
SET　职称="教授"
WHERE　职称="副教授"

8.5.7　删除表中记录

删除表中记录就是利用 DELETE 语句删除表中数据的方法。

【例 8.15】　利用 SQL 语句，将"职称情况表"中所具有"助理讲师"职称的记录删除。

DELETE FROM 职称情况表
WHERE　职称="助理讲师"

8.6 实训——运用 SQL 语句实现数据操作

1. 实训目的

训练 SQL 语句在 Access 数据库中查询的应用方法。

2. 实训内容

（1）"工资数据库"中的"工资表"如表 8.5 所示。

表 8.5 工资表

编号	姓名	性别	基本工资	奖金	工资总额
01	李刚	男	4 000.00	500.00	
02	张玉明	男	5 000.00	400.00	
03	赵娜	女	4 000.00	300.00	
04	赫丹	女	5 000.00	600.00	

① 以上各字段除了"工资总额"的内容之外，其他都已录入。请用"设计视图"功能来计算"工资总额"。注意操作过程。

② 利用 SQL 语句重做上述内容，要求利用"SQL 视图"完成操作。

（2）学生成绩数据库中的"成绩表"及内容如表 8.6 所示。

表 8.6 成绩表

编号	姓名	性别	语文	英语	数学	总分
01	李刚	男	80	100	100	
02	张玉明	男	66	70	87	
03	赵娜	女	50	70	87	
04	赫丹	女	87	80	80	

① 以上各字段除了"总分"的内容之外，其他都已录入。请用查询功能来计算"总分"。请写出其操作过程。

② 上述操作过程也可以利用 SQL 语句完成计算内容。

本 章 小 结

本章详细介绍了用于对数据进行检索和加工的查询，它是构成数据库的对象之一。通过查询还可以创建新的数据表。

查询是以物理表数据为来源的。查询可以由向导或手工自行设定。读者应掌握查询的方法和使用范围。查询最主要的目的之一是对数据库、数据表的使用与维护。

在本章中介绍了 SQL 语句在 Access 数据库系统中的应用技术，SQL 的数据查询语言功能应在平时多练习和积累，在学习过程中注意其语句的用法，由浅入深，充分掌握这一普遍使用的数据库语言。

练 习 题

1. 查询与数据表的区别是什么？

2. 查询的类型有哪几种？

3. 举例说明，在什么情况下需要设计生成表查询？

4. 举例说明，在什么情况下需要设计追加查询？

5. 如果要将本章中的"人事工资"表中的全部记录删除，应如何创建删除查询？若用 SQL 查询又应如何完成？

6. 举例说明，用两种方法将一个表中的记录内容完全复制到另一表中的方法。

第9章　窗体的创建与维护

窗体是数据库用户与 Access 2007 应用程序之间进行人机交流的一个互动窗口，是 Access 数据库中的一个常用数据库对象。窗体为用户的输入、修改、查询数据等操作提供一个简单自然、界面美观、内容丰富的操作平台。在 Access 中窗体所提供的主要功能包括：对数据库的维护及使用、控制数据库的操作过程、备注字段和 OLE 型字段的数据维护。本章要求了解窗体的组成，掌握创建窗体的方法，掌握窗体控件的使用，创建包含子窗体的窗体等基本操作。

9.1　窗体基础知识

窗体是在可视化程序设计中经常提及的概念，实际上窗体就是程序运行时的 Windows 窗口，在应用系统设计时称为窗体。

对用户而言，窗体是操作应用系统的界面，靠菜单或按钮提示用户进行业务流程操作，不论数据处理系统的业务性质如何不同，必定有一个主窗体，提供系统的各种功能，用户通过选择不同操作进入下一步操作的界面，完成操作后返回主窗体。

9.1.1　窗体的功能

窗体的主要功能主要如下。

1. 控制窗体

主要用来操作、控制程序的运行。它是通过命令按钮来执行用户的请求的。

2. 数据操作窗体

可以通过窗体输入、修改删除数据表中的数据，该功能是窗体最普遍的应用，如图 9.1 所示。

3. 信息显示窗体

主要用来显示信息。它可以通过数值或图表的形式显示信息。这类窗体可以作为控制窗体的调用对象，如图 9.2 所示。

4. 交互信息窗体

主要用于根据需要而自定义的各种信息窗体，包括警告、说明、错误或要求用户回答等信息，帮助用户进行操作。这种窗体或是系统简单产生的，或是当输入数据违反有效性规则时系统弹出的警告信息。这类窗体是在宏或模块设计中预先编写的，或是在系统设计过程中预先编写的，如图 9.3 所示。

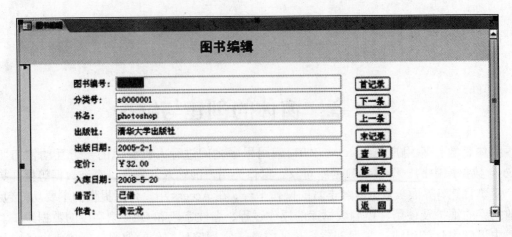

图 9.1   数据操作/控制窗体

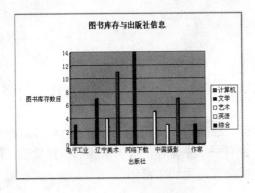

图 9.2   信息显示窗体

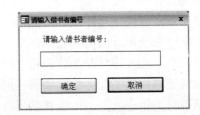

图 9.3   交互信息窗体

5. 控件应用程序执行流程

Access 窗体与 Visual Basic 中的窗体一样，可以与宏或函数结合使用，使数据库中的各个对象紧密结合起来控制应用程序，实现应用程序的流程及其他交互功能。例如，在窗体中设计一个命令按钮，对其进行编程，在用户单击这个按钮时，会触发并运行一个宏对象，执行一系列操作，从而达到控制程序流程的目的。

9.1.2   窗体的视图

在 Access 2007 中，窗体有窗体视图、布局视图、设计视图、数据表视图、数据透视表视图、数据透视图视图等 6 种视图。不同类型的窗体视图有不同的功能和应用范围。

1. 窗体视图

窗体视图是操作数据库时的一种视图，是完成窗体设计后的结果。在窗体视图方式下打开窗体，通常用于查看窗体信息、添加、更改和删除数据等操作。

在窗体视图中，通常每次只能查看一条记录。使用窗体下部的导航按钮可以在记录间进行快速浏览。

2. 布局视图

布局视图是 Access 2007 新增加的一种视图。布局视图允许用户在浏览时进行设计更改。利用此功能，可以在查看实时窗体或报表时进行许多最常见的设计更改，如图 9.4 所示。在布局视图中，可以调整窗体设计，可以根据实际数据调整列宽，还可以在窗体上放置新的字段，并设置窗体及其控件的属性，调整控件。布局视图支持新增的堆叠式布局和表格式布局，它们是成组的控件，用户可以将它们作为一个控件来操作，从而可以轻松地重新排列字段、列、行或整个布局。用户还可以在布局视图中轻松地删除字段或添加格式。

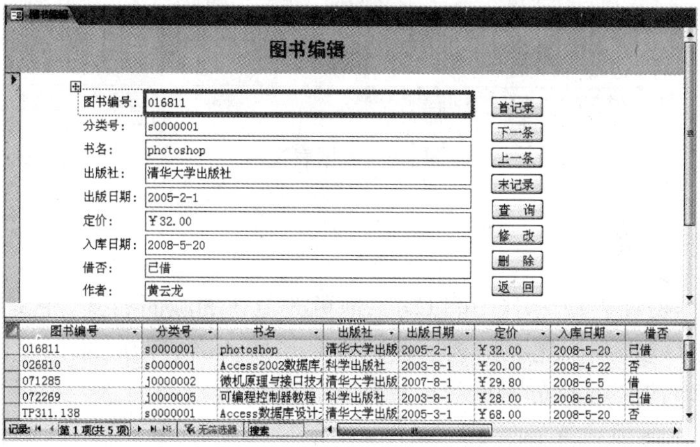

图 9.4　窗体的布局视图

3. 设计视图

若要创建窗体或编辑修改窗体，可以在设计视图中进行。设计视图是数据库对象（包括表、查询、窗体和宏都有）的设计窗口。在设计视图中，用户可以按照自己的意图对窗体中的每个控件进行设计，包括控件的生成、控件外观调整、控件位置调整和控件属性的改变等，如图 9.5 所示。

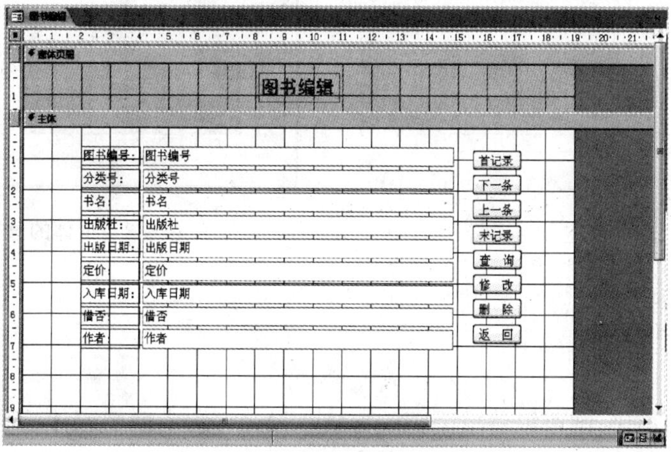

图 9.5　窗体的设计视图

4. 数据表视图

在数据表视图中，可以查看在设计视图中的结果，可以一次查看多条记录。数据表视图是以行和列的二维表格来显示数据的。在数据表视图中，可以浏览、编辑、添加、删除或查找数据，如图 9.6 所示。

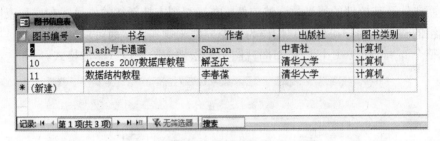

图 9.6 数据表视图

5. 数据透视表视图

在窗体的数据透视表视图中，可以动态地更改窗体的版面布置。它是一种交互式的表，可以重新排列行标题、列标题和筛选字段，直到形成所需要的版面布置。每次改变版面布置时，窗体会立即按照新的布置重新计算数据，实现数据的汇总、小计和总计，如图 9.7 所示。

6. 数据透视图视图

在数据透视图视图中，对表中的数据信息或者数据汇总信息，以图形化的方式直观显示出来，如图 9.8 所示。

图 9.7 窗体的透视表视图

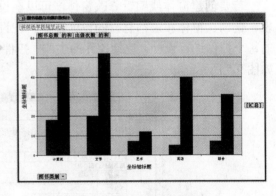

图 9.8 窗体的透视图视图

9.2 窗体的创建

在 Access 2007 中，既可以使用手工的方式在设计视图中创建窗体，还可以使用各种向导创建窗体，主要窗体创建方法如图 9.9 所示。

9.2.1 使用"窗体向导"创建窗体

使用"窗体"方法创建窗体方便快捷，可用于创建数据源基于一个或多个表或查询的窗体。向导要求输入有关所需记录源、字段、版式以及格式的信息，并根据用户输入的数据来创建窗体，这是创建窗体的主要方法，创建的窗体更灵活、更具有针对性。

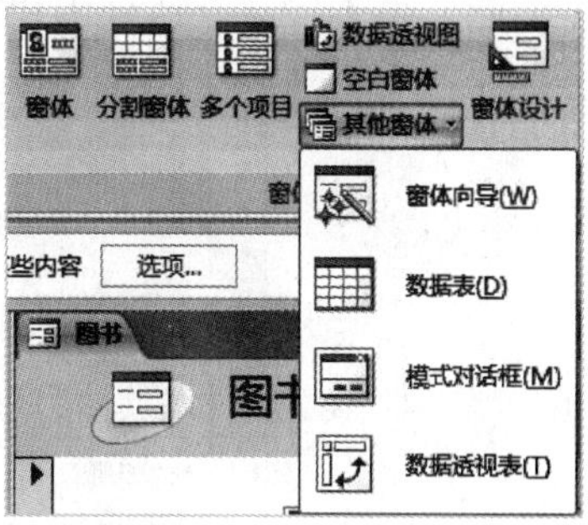

【例9.1】 现有"图书管理"数据库，其中包括图书表，现使用"窗体向导"创建一个"图书"窗体。

具体操作步骤如下：

（1）打开数据库。

（2）在功能区中，选取"创建"选项卡的"窗体"

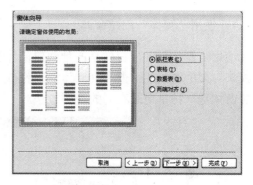

图9.9 窗体的创建方法

组，单击"其他窗体"右侧的下拉按钮，选择"窗体向导"按钮，弹出如图9.10所示界面。

（3）在此对话框中的"表/查询"下拉表中选择所需的数据源"图书"表，单击 > 按钮将选中字段移到右侧框内，若单击 >> 按钮则将所有字段都移动到右侧框内，然后单击"下一步"按钮，出现如图9.11所示界面。

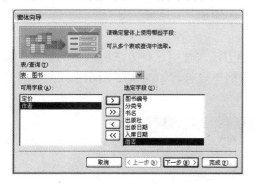

图9.10 确定窗体上使用的字段

图9.11 确定窗体使用的布局

（4）在此对话框中，选择所需布局，（此例中选"纵栏式"），然后单击"下一步"按钮，出现如图9.12所示界面。

（5）在这里，系统提供了20种背景样式，选择所需样式，此例选择"Access 2007"样式，然后单击"下一步"按钮，出现如图9.13所示界面。

图9.12 确定所用样式

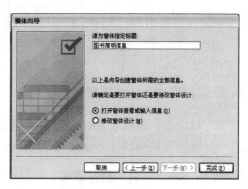

图9.13 为窗体指定标题

（6）在此界面中，输入窗体标题"图书简明信息"，选取默认设置"打开窗体查看或输入信息"，单击"完成"按钮，即出现如图9.14所示的窗体效果。

如此结果不能完全达到用户的要求，可以在窗体的设计视图中做进一步的修改。

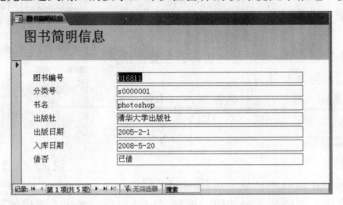

图9.14 用"窗体向导"生成的"图书简明信息"窗体

9.2.2 创建窗体的几种方法

1. 使用"窗体"创建窗体

使用"窗体"创建窗体是一种创建窗体的快速方法。使用这种方法所创建的窗体，其数据源来自某个表或某个查询段，其窗体的布局结构简单规整，如图9.15所示。用这种方法创建的窗体是一种单记录布局的视图方法。

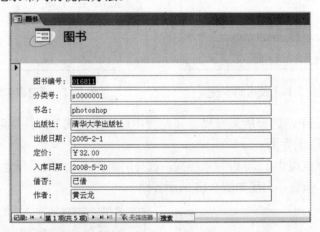

图9.15 使用"窗体"创建的"图书"窗体

2. 使用"数据表"创建窗体

使用"数据表"创建窗体，其数据源来自某个表或某个查询段，其窗体的布局为一个数据表整体，这种窗体可以作为子窗体加到其他窗体中，如图9.16所示。

3. 使用"多个项目"创建窗体

"多个项目"是指在窗体上显示多条记录的一种窗体布局形式，每条记录单独在一行中显示。注意每条记录是分离的，不是以数据表的整体形式显示的，如图 9.17 所示。

图书数据表信息

图书编号	分类号	书名	出版社	出版日期	定价	入库日期	
016811	s0000001	photoshop	清华大学出版	2005-2-1	￥32.00	2008-5-20	已借
026810	s0000001	Access2002数据库	科学出版社	2003-8-1	￥20.00	2008-4-22	否
071285	j0000002	微机原理与接口技术	清华大学出版	2007-8-1	￥29.80	2008-6-5	借
072269	j0000005	可编程控制器教程	科学出版社	2003-8-1	￥28.00	2008-6-5	已借
TP311.138	s0000001	Access数据库设计	清华大学出版	2005-3-1	￥68.00	2008-5-20	否

记录: 第 1 项(共 5 项) 无筛选器 搜索

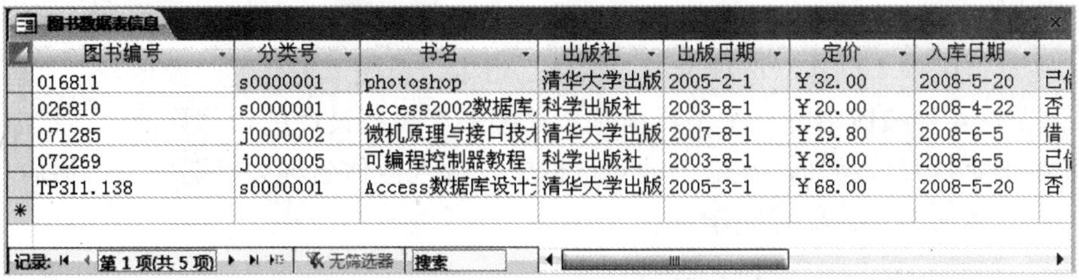

图 9.16　使用“数据表”创建的“图书数据表信息”窗体

图书多个项目信息

图书

图书编号	分类号	书名	出版社	出版日期	定价	入库日期	借否
016811	s0000001	photoshop	清华大学出版社	2005-2-1	￥32.00	2008-5-20	已借
026810	s0000001	Access2002数据库应用实训教程	科学出版社	2003-8-1	￥20.00	2008-4-22	否
071285	j0000002	微机原理与接口技术（第2版）	清华大学出版社	2007-8-1	￥29.80	2008-6-5	借
072269	j0000005	可编程控制器教程	科学出版社	2003-8-1	￥28.00	2008-6-5	已借
TP311.138	s0000001	Access数据库设计开发和部署	清华大学出版社	2005-3-1	￥68.00	2008-5-20	否

记录: 第 1 项(共 5 项) 无筛选器 搜索

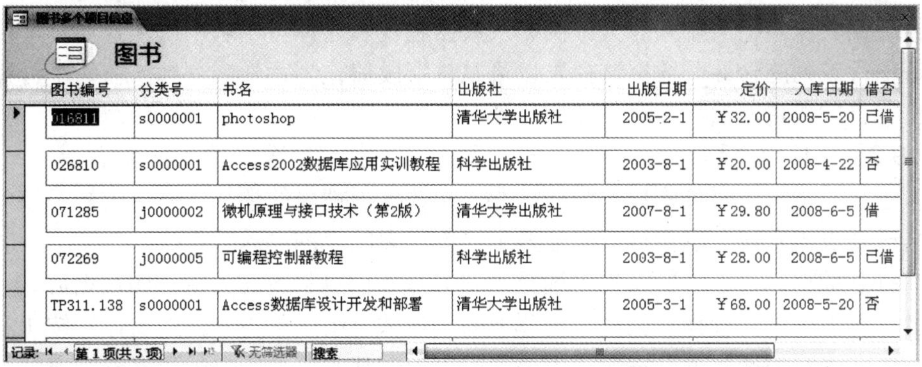

图 9.17　使用“多个项目”创建的“图书多个项目信息”窗体

4. 使用“分割窗体”创建窗体

“分割窗体”是 Access 2007 中的新增功能，可以同时提供数据的两种视图：窗体视图和数据表视图，如图 9.18 所示。在窗体的上半部是单条记录的布局方式，在窗体的下半部是多条记录的布局方式，这两种视图连接到同一数据源，并且总是保持相互同步。这种分割窗体为用户浏览记录带来了方便，即可以从宏观上浏览多条记录，又可以从微观上浏览一条记录的详细信息。如果在窗体的一个部分中选择了一个字段，则会在窗体的另一部分选择相同的字段，可以在任一部分中添加、编辑或删除数据。

图书分割信息

图书

图书编号: 016811
分类号: s0000001
书名: photoshop
出版社: 清华大学出版社
出版日期: 2005-2-1
定价: ￥32.00
入库日期: 2008-5-20

图书编号	分类号	书名	出版社	出版日期	定价	入库日期	借否
016811	s0000001	photoshop	清华大学出版	2005-2-1	￥32.00	2008-5-20	已借
026810	s0000001	Access2002数据库	科学出版社	2003-8-1	￥20.00	2008-4-22	否
071285	j0000002	微机原理与接口技术	清华大学出版	2007-8-1	￥29.80	2008-6-5	借
072269	j0000005	可编程控制器教程	科学出版社	2003-8-1	￥28.00	2008-6-5	已借
TP311.138	s0000001	Access数据库设计	清华大学出版	2005-3-1	￥68.00	2008-5-20	否

记录: 第 1 项(共 5 项) 无筛选器 搜索

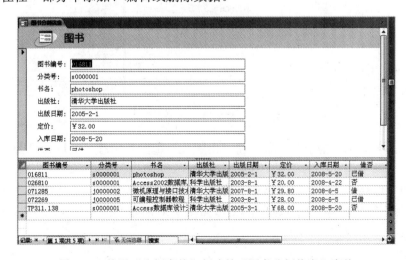

图 9.18　使用“分割窗体”创建的“图书分割信息”窗体

【例9.2】　使用所需方法为"图书表"创建一个"图书"窗体。

（1）打开数据库，导航窗格中选择"图书"表作为窗体的数据源。

（2）在功能区中"创建"选项卡的"窗体"组中，单击"窗体""数据表""多个项目""分割窗体"这4种按钮中的一个，弹出基于"图书"表所设计的窗体界面。

（3）单击"保存"按钮，在弹出的对话框中，输入窗体名称为"图书"，然后单击"确定"按钮，"图书"窗体保存完毕。

9.2.3 使用"数据透视表"创建窗体

"数据透视表"窗体是一种交互式的表，利用它可以进行选定的计算，所进行的计算与数据在数据透视表窗体中的排列有关。例如，数据透视表窗体可以水平或垂直显示字段值，然后计算每一行或列的合计。数据透视表也可以将字段值作为行号或列标，在每个行列的交汇处计算出各自的数量，然后计算小计和总计。

【例9.3】　使用"数据透视表"创建"图书分类数目"数据透视表窗体。

基本思想：将"图书类别"作为列标题放在数据透视表的顶端，"出版社"作为行标题放在数据透视表的左端，在行列交叉处显示计算出来的"图书总数"。

（1）打开数据库，在导航窗格中选择"图书基本信息"表作为窗体的数据源。

（2）在功能区中，选择"创建"选项卡的"窗体"组，单击"其他窗体"按钮右侧的下拉按钮，选取"数据透视表"按钮，生成基于"图书基本信息"表的数据透视窗体，此时窗体是空白的。

（3）在窗体空白处单击，出现如图9.19所示的"图书基本信息"表选项窗口，在这个选项窗口中，可以从中选择要生成数据透视表所需的字段。

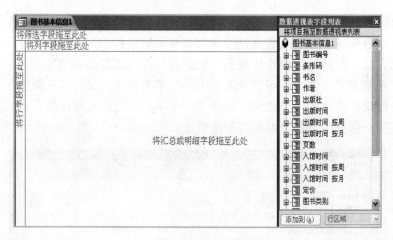

图9.19　数据透视表编辑窗口

（4）将"图书类别"拖至列字段，将"出版社"拖到行字段，然后将"图书总数"拖至汇总处。

（5）单击"保存"按钮，输入窗体名称为"图书分类数目"，然后单击"确定"按钮，"图书分类数目"窗体保存完毕，最终的窗体如图9.20所示。

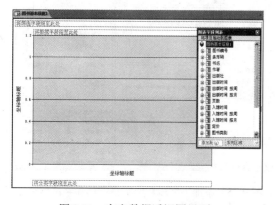

图书分类数目

将筛选字段拖至此处

出版社	图书类别 计算机 图书总数	文学 图书总数	艺术 图书总数	英语 图书总数	综合 图书总数	总计 无汇总信息
电子工业		▶ 3				
电子音像					7	
辽宁美术			4			
清华大学	6 5					
网络下载		8 6				
语言文化				5		
中国摄影		3				
中青社	7					
作家		3				
总计						

图 9.20　最终的数据透视表窗体

9.2.4　使用"数据透视图"创建窗体

使用"数据透视图"可以直观地表示表或查询中的数据。利用它可以像"数据透视表"一样对数据库中的数据进行"行"、"列"合计、数据分析和版面重组。

【例 9.4】　使用"数据透视图"创建"图书数量"数据透视图窗体。

（1）打开数据库，在导航窗格中选择"图书基本信息"表作为窗体的数据源。

（2）在功能区中，选择"创建"选项卡的"窗体"组，单击"数据透视图"按钮，此时窗体是空白的。单击窗体空白处，出现该"数据透视图"的所需字段列表，此时是一个数据透视图的框架，如图 9.21 所示。

（3）把"图书类别"字段拖到界面下方的"将分类字段拖至此处"，将"图书总数"和"现存数量"两个字段分先后次序拖到"将数据字段拖至此处"，把"出版社"拖到"将筛选字段拖至此处"，则生成了数据透视图，如图 9.22 所示。

（4）单击"保存"按钮，输入窗体名称为"图书数量"，单击"确定"按钮，"图书数量"窗体保存完毕。

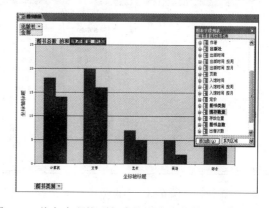

图 9.21　空白数据透视图界面　　　　图 9.22　将各字段拖到相应位置生成的数据透视图窗体

9.2.5　使用"模式对话框"创建窗体

如果要生成的窗体是对话框形式，则可以使用"模式对话框"来创建窗体。在这种窗体中，系统自动生成"确定"和"取消"两个命令按钮，如图 9.23 所示。用户可再在窗体上添加其他控件（控件的方法见 9.3 节）来完善窗体。

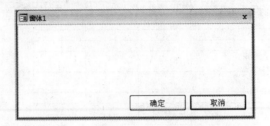

图 9.23　窗体视图下的模式对话框窗体

9.2.6　使用"空白窗体"创建窗体

使用"空白窗体"方式创建窗体是 Access 2007 提供的一种新方式，这种"空白"就像一张白纸。使用"空白窗体"创建窗体的同时，Access 还打开用于创建窗体的数据源的表，根据需要可以把这些表中的字段拖到窗体上，从而完成创建工作。

【例 9.5】　使用"空白窗体"创建一个"图书信息"窗体。

（1）打开数据库，选择"读者信息"表作为数据源。

（2）在功能区"创建"选项卡的"窗体"组中，单击"空白窗体"按钮，弹出"读者信息"表的空白窗体，并显示可选的"字段列表"窗格，如图 9.24 所示。

（3）单击"读者信息"表前的"+"号，展开"读者"表所包含的所有字段，依次双击"借书证号"、"姓名"、"性别"、"单位"和"级别"等多个字段，则这些字段依次被添加到空白窗体中，同时显示了"读者信息"表中的第一条记录，如图 9.25 所示。

（4）单击"保存"按钮，输入窗体名称为"读者信息"，然后单击"确定"按钮，"读者信息"窗体保存完毕。

图 9.24　空白窗体视图

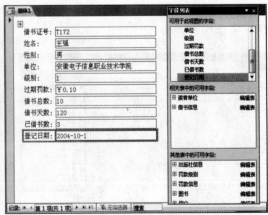

图 9.25　添加了字段后的空白窗体和字段窗格

9.2.7　设计视图创建窗体

很多情况下，如果要设计灵活复杂的窗体，需要使用窗体设计视图来设计或创建，或者用向导及其他方法创建窗体，然后在窗体设计视图中进行修改。

● 创建窗体：在功能区的"创建"选项卡"窗体"组中，单击"窗体设计"按钮，就会打开一个新的默认窗体设计视图，如图 9.26 所示。在默认窗体设计视图中，只有主体一节。如显示其他节，可将光标置于主体部分单击右键，选择快捷菜单中的"窗体页眉/页脚"和"页面页眉/页脚"选项，即可显示完整的窗体设计视图。若取消显示，执行同样的操作。

● 修改窗体：打开已有的窗体文件，在功能区的"开始"选项卡"视图"组中，单击"视图"中的"设计视图"选项，进入修改状态，如图 9.27 所示。

在此视图界面中，用户可运用功能区中"设计"选项卡提供的各种控件设计（控件的方法见 9.3 节）、完善窗体，达到最佳效果。

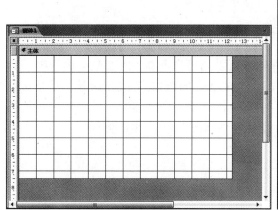

图 9.26　默认"空白窗体"的设计视图　　　　图 9.27　修改设计视图

9.3　窗体的控件

当打开窗体的设计视图时，功能区出现如图 9.28 所示的内容。显示视图命令、控件、格式等与窗体设计相关的"设计"选项卡，选项卡中包括"视图"、"字体"、"网格线"、"工具"以及"控件"5 个组。

图 9.28　窗体的"设计"选项卡

各组的具体按钮使用功能见附录 A。

9.3.1　窗体的主要控件

控件是窗体（或报表）上用于显示数据、执行操作或装饰窗体（或报表）的对象。例如，可以用标签控件在窗体中显示提示信息，使用文本框显示数据，使用命令按钮运行一个程序或打开一个窗体，使用线条或矩形来分隔与组织控件，以使它们具有可读性等。

Access 2007 的控件有文本框、标签、选项组、复选框、切换按钮、组合框、列表框、命令按钮、图像控件、绑定对象框、未绑定对象框、子窗体/子报表、分页符、线条、矩形和 ActiveX 自定义控件等。

"控件"组中各控件的作用及常用属性各不相同，设计控件的属性就可以改变控件的大小、位置、形状及动作等。在窗体的设计视图中可以在选中的控件上单击鼠标右键，在弹出的快捷菜单中选择"属性"命令，打开控件的属性对话框。各控件的具体功能见附录 B。

1. ▷ "选择对象"控件

该控件用于选取控件。当该控件按钮被按下时，只要在窗体中拖曳一个方框，方框内的所有控件将被选中。欲实现多个控件的选取时，可使用 Shift 键。

2. ◈ "控件向导"控件

该控件用于打开或关闭控件向导。使用控件向导可以创建列表框、组合框、选项组、命令按钮、图表、子报表或子窗体。在一般情况下，"向导启动"控件按钮处于被选中状态（显示为黄色）。单击该控件（该控件显示为黄色）后再单击其他控件按钮时，可以弹出相关的控件的生成向导。如该控件显示为白色（◈）时，表示不用向导方式生成控件。

3. *Aa* "标签"控件

该控件是用于显示说明文本的控件，如窗体上的标题或提示文字。

4. ab| "文本框"控件

该控件用于显示、输入或编辑窗体的基础记录源数据，显示计算结果，或者接收用户输入的数据。

文本框可以分为 3 种类型：绑定型、非绑定型和计算型。绑定型的文本框能够从表或查询中获得所需的内容。非绑定型文本框没有数据来源，可以用非绑定型的文本框来显示信息，也可以用非绑定型文本框来接收用户输入的数据。在计算型文本框中，可以显示表达式的结果，当表达式发生变化时，数值就会被重新计算。

5. ▭ "命令按钮"控件

该控件主要用来控制程序的执行过程和实现对窗体中的数据完成各种操作，如查找记录、打印记录或应用窗体筛选操作等。设计者通常在窗体中添加具有不同功能的"命令按钮"，每一个按钮对应着一段事件代码，只要触发窗体中的某"命令按钮"控件，该按钮所对应的代码将被执行，通过代码的执行来完成一个或若干个指定的操作。

6. ▤ "列表框"控件

该控件用来显示可以滚动的数值列表。在"窗体"视图中，可以从列表中选择一个值输入到新记录中，或者更改现有记录中的字段值。

7. ▥ "绑定对象框"控件

该控件用于在窗体或报表上显示 OLE 对象，如一系列的图片。该控件针对的是保存在窗体或报表基本记录源字段中的对象。

8. ▦ "组合框" 控件

该控件由 "列表框" 和一个 "文本框" 组成，组合了列表框和文本框的特性，可以在文本框中输入文字或在列表框中选择输入项。

9. ◉ "选项按钮" 控件

单项选中的控件，绑定 Access 数据库中的 "是/否" 数据类型的字段，并显示该字段的值。如果选择了 "选项按钮"，其值就是 "是"；如果未选择 "选项按钮"，其值就是 "否"。

10. ▦ "选项组" 控件

该控件用来控制在多个选项中只选择其中一个选项。通常与复选框、选项按钮或切换按钮搭配使用，可以显示一组可选值。一般情况下，"选项组" 控件是成组出现在窗体中的，通过选取一系列选项中的一个来完成系统程序的某一操作。

11. ☑ "复选框" 控件

该控件与 "选项按钮" 控件的作用相似，可同时选中多项。

12. ▭ "选项卡" 控件

该控件用于创建一个多页的选项卡窗体或选项卡对话框（简称为页框），可以在选项卡控件上复制或添加其他控件。一个页框中可包含多页窗体，每页窗体中又可以包含若干控件。

13. ▦ "子窗体/子报表" 控件

该控件用来在主窗体中显示与其数据来源相关的子数据表中数据的窗体。

14. ▧ "图像" 控件

该控件用于在窗体中显示静态图片。由于静态图片并非绑定对象，因此一旦将图片添加到窗体或报表中，就不能在 Access 中进行图片编辑了。

15. ▭ "矩形" 控件

该控件用来显示图形效果。通常在窗体中将一组相关的控件组织在一起。

16. ＼ "直线" 控件

该控件用于突出相关的或特别重要的信息，或将窗体分为多个不同的部分。

9.3.2 常用控件的创建

1. "标签" 控件的创建

标签有两种形式：一种是独立标签，另一种是关联标签。独立标签就是和其他控件没有联系的标签，用来添加纯说明性文字。关联标签就是链接到其他控件（通常是文本框、列表框和组合框）上的标签。例如在创建文本框时，文本框有一个附加的标签，就来显示文本的标题。

【例9.6】　在窗体中创建一个名为"标签控件使用例子"的独立标签，标签标题是"标签控件用例"，背景样式为"常规"，背景色为"黄色"，特殊效果是"凹陷"，字体名称是"黑体"，字号是"14号"，字体粗细是"加粗"，前景色为"红色"，文本对齐方式为"居中"。可以按照下面的步骤进行：

（1）打开一个新的数据库，在功能区中"创建"选项卡的"窗体"组中，单击"窗体设计"按钮，生成一个空白窗体，视图显示为设计视图。

（2）在功能区"设计"选项卡的"控件组"中单击"标签"按钮。

（3）在窗体主体节中，在要设置标签的左起点位置，按住鼠标左键拖到适当位置，松开鼠标，一个标签出现在窗体中。

（4）在标签范围内输入内容，本例输入"标签控件用例"。

（5）在该标签控件上单击鼠标右键，在快捷菜单中选择"属性"，打开该控件的"属性"窗口。选择"格式"选项卡，然后按照题目要求设置其各个属性值，最后调整好控件大小。

（6）单击"保存"按钮，以"标签控件练习"名字保存窗体，如图9.29所示。

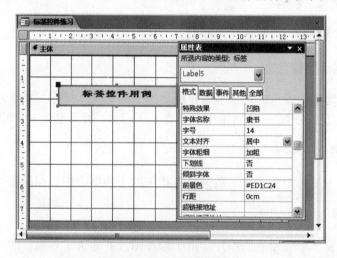

图9.29　创建"标签"窗口

注意： 若标签中显示的文本超过一行，系统会在一行的结尾处自动转入下一行。若在未到行尾时换行，可以按Ctrl＋Enter组合键。若要在标签中使用连词符号（＆），必须输入两个＆符号。

2．"文本框"控件的创建

（1）创建一个绑定型文本框，可以使用用"空白窗体"创建窗体的方法把数据库中字段与控件绑定在一起。只要从字段列表中添加控件，就同时添加了文本框和它对应的标签两个控件，文本框用于显示或输入数据；标签用于指明该文本框所显示的信息。

（2）创建非绑定型文本框。

【例9.7】　创建一个非绑定型的文本框，具体操作步骤如下：

① 在窗体的设计视图状态下，在功能区"设计"选项卡的"控件组"中，单击"文本框"按钮。

② 在窗体主体节中，按住鼠标左键拖到适应位置，将会启动文本框向导，并打开如图 9.30 所示的"文本框向导"对话框。在该对话框中，可以指定文本的字体、字号、字形、特殊效果和对齐方式等。

③ 按步骤提示，完成操作，即可创建所需的文本框。

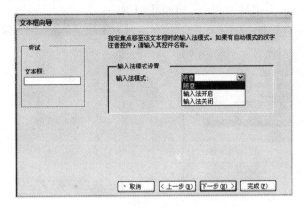

图 9.30 "文本框向导"对话框

（3）创建计算型文本框。文本框是最常用的显示计算数值的控件。具体操作步骤如下。

① 在窗体的设计视图状态下打开相应的窗体。在功能区"设计"选项卡的"控件组"中，单击"文本框"按钮。

② 在窗体主体节中，按住鼠标左键拖到适应位置，将会启动文本框向导。

③ 在文本框中输入表达式，每个表达式之前都要加上等号"＝"，例如，输入日期函数"＝Date()"。也可以右键单击该文本框，在弹出的快捷菜单中选择"属性"，然后在"控件来源"属性框中输入表达式，如图 9.31 所示。

④ 当窗体为"窗体视图"时，该文本框中显示内容是当天的日期，操作完成。

注意：若"控件来源"属性框的空间太小不便于数据的输入，可按下 Shift＋F2 组合键打开"显示比例"框，在其中输入所需的数据。在文本框属性对话框中，可以单击"表达式生成器"，在对话框中设计表达式。

【例 9.8】 很多数据库管理系统在启动时都会出现一个登录界面，当用户输入正确的用户名和密码时才能进行下一步操作。登录界面上设有文本框让用户输入用户名和密码，且输入密码时文本显示为星号"*******"。下面简单介绍一下文本框设置、输入密码的方法。

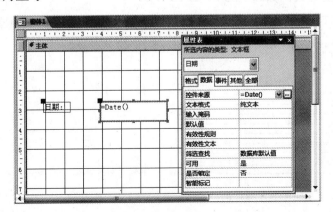

图 9.31 "计算型文本框"编辑界面

① 选中窗体中的文本框，按下 F4 键，打开该文本框"属性"对话框。

② 选中"数据"标签后，单击"输入掩码"后的■按钮，打开"输入掩码向导"，如图 9.32 所示。

③ 选择"密码"选项，单击"完成"按钮。将视图改为"窗体视图"后，在该文本框中输入信息，输入密码显示为星号"*"，如图 9.33 所示。

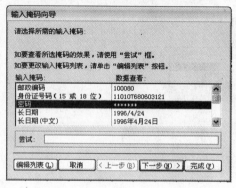

图 9.32　输入掩码向导

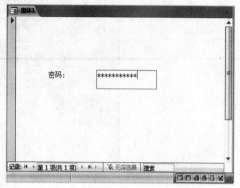

图 9.33　显示文本框密码效果

3. 创建选项组

选项组中可以包含复选框、切换按钮或选项按钮等控件。可以使用向导来创建选项组，或在窗体的"设计视图"中直接创建选项组。

（1）使用向导创建选项组

【例 9.9】　现以创建"学历"选项组为例，介绍如何使用向导创建选项组。

① 在"设计视图"中打开相应的窗体。

② 在"设计"选项卡的"控件"组中，单击"控件向导"按钮，使其处于被按下的状态（黄色）。

③ 再单击"控件"组中"选项组"按钮。

④ 在窗体主体节中，按下鼠标左键，启动"选项组向导"对话框，如图 9.34 所示，在界面中按提示要求完成各步操作。

⑤ 单击"完成"按钮，在窗体的指定位置插入一个选项组控件。将视图变为"窗体视图"可以查看该选项组的效果，如图 9.35 所示。

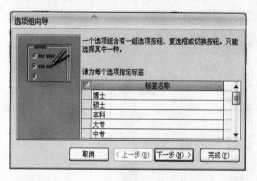

图 9.34　"选项组向导"对话框

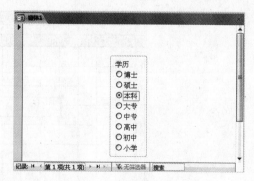

图 9.35　"学历"选项组效果

（2）在"设计视图"中创建选项组

① 在"设计视图"中打开相应的窗体。

② 单击"设计"选项卡的"控件"组的"选项组"按钮。

③ 如果要创建非绑定型选项组，则单击窗体中放置组框架的位置。如果要创建绑定型的选项组，则单击"设计"选项卡的"工具"组的"添加现有字段"按钮，然后在显示的字段列表中将相应的字段拖到窗体的适当的位置上。

④ 单击"控件"组中"复选框"按钮、"选项按钮"按钮或"切换按钮"按钮，然后在组框架中要显示的复选框、选项按钮或切换按钮的位置按下鼠标左键。

⑤ 对于每一个要添加到选项组的控件，重复步骤④的操作。

当在选项组中创建第一个控件时，该控件的"选项值"属性被设置为 1，第二个选项的"选项值"属性设置为 2，第三个为 3，依次类推。

如果在选项组之外存在复选框、选项按钮或切换按钮，当要将它们添加到选项组中时，必须先将该控件剪切再粘贴到选项组中。如果只是将它拖曳到组框架中，则该控件不能成为选项组的组成部分。

4. 创建列表框或组合框

列表框是由数据行组成的，每行数据可以有一个或多个字段，列表框中的数据只能选择，不能输入。组合框如同文本框和列表框的组合，既可以进行选择，也可以输入文本。在组合框中输入文本或选择某个值时，如果该组合框是绑定型的控件，则输入或选择的值将插入到组合框所绑定到的字段内。

【例 9.10】　在组合框或列表框中给定值，在使用时供用户选择。

（1）在"设计视图"中打开相应的窗体。

（2）在"设计"选项卡的"控件"组中，单击"控件向导"按钮，使其处于被按下的状态（黄色）。

（3）单击"控件"组中"组合框"按钮（或"列表框"按钮）。

（4）在窗体主体节中，单击放置组合框的位置（列表框与组合框操作方法相同），出现如图 9.36 所示的"组合框向导"对话框。

（5）选择"自行输入所需的值"，单击"下一步"按钮，根据向导提示，输入数值作为组合框或列表框内提供的值，最后单击"完成"按钮。

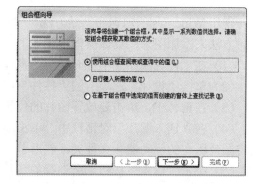

图 9.36　"组合框向导"对话框

（6）切换到"窗体视图"界面，显示设计结果。

注意：若设置为绑定型的列表或组合框，在图 9.36 界面中选择"使组合框在表或查询中查阅数值"选项。

5. 创建命令按钮

单击命令按钮可以完成特定的操作，例如，查找记录、打印记录、对记录进行筛选等。使用"命令按钮向导"，可以创建 30 多种不同类型的命令按钮，具体操作步骤如下。

（1）在"设计视图"中打开相应的窗体。

（2）在"设计"选项卡的"控件"组中，单击"控件向导"按钮，使其处于被按下的状态（黄色）。

（3）单击"控件"组中"按钮"选项。

（4）在窗体主体节中，单击放置命令按钮的位置，出现如图9.37所示的"命令按钮向导"对话框。在对话框的"类别"列表框下，列出了可供选择的操作类别，每一个类别在"操作"列表框下都对应着多种不同的操作。先在"类别"框内选择，然后在对应的"操作"框中选择所需要的操作。例如，在"类别"框内选择"记录浏览"，在"操作"框内选择"转至前一项记录"。

（5）单击"下一步"按钮，进入向导的下一界面，根据向导提示，用户按需求操作，直至单击"完成"按钮。图9.38所示的是设置为图片的一个按钮。

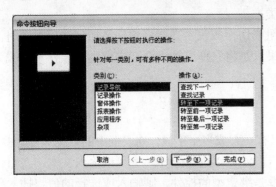

图9.37　"命令按钮向导"对话框

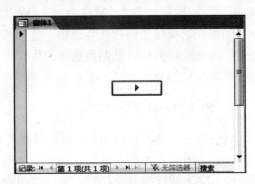

图9.38　生成的命令按钮效果

6．将图片添加到窗体中

使用Windows的剪切和粘贴方法可以很容易地把图片添加到窗体中。另外，也可以按照下述方法来添加图片，具体操作步骤如下。

（1）在"设计视图"中打开相应的窗体。

（2）单击"设计"选项卡的"控件"组中"图像"按钮。

（3）在窗体中，单击要放置图片的位置，出现"插入图片"对话框，如图9.39所示。

（4）在"插入图片"对话框中，单击要添加的图片文件名，也可以在"查找范围"框来指定图片所在的驱动器和文件夹，然后单击所需的文件。

（5）单击"确定"按钮，所选择的图片就显示在窗体内，如图9.40所示。

图9.39　"插入图片"对话框

图9.40　窗体中的图片效果

若要移动窗体中的图片，可以先单击该图片，待鼠标指针呈手形时，按下鼠标左键不放，将它拖到新的位置上。

若要调整图片的大小，在选中该图片后，将鼠标指针指向尺寸句柄，待鼠标指针呈双向箭头时，按住鼠标左键拖曳，即可改变图片的大小。

7. 创建并插入非绑定对象

前面介绍使用图像控件插入图片时，不可以对其进行更新。如果要经常更新图片就要使用非绑定对象框来添加图片，具体操作步骤如下。

（1）在"设计"视图中的打开要操作的窗体。

（2）单击"控件"组中的"非绑定对象框"（ ）按钮。

（3）在窗体中单击要放置图片的位置，出现如图 9.41 所示的"插入对象"对话框。

（4）若没有创建对象，则在"插入对象"对话框中单击"新建"单选按钮，然后在"对象类型"框中单击要创建的对象类型。如果已经创建了对象，则选择"由文件创建"单选按钮，然后在计算机中找到相关文件，按"确定"后即可在窗体上插入已有的对象。

（5）单击"确定"按钮。

在窗体中用鼠标双击所插入的对象，就可以调出该对象的应用程序。例如，双击一幅 BMP 图片后，就会调出 Windows 的"画图"程序，让你对图片进行修改。修改完毕后，单击对象框之外的区域，返回到窗体中。

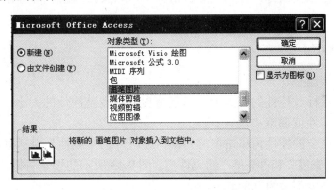

图 9.41 "插入对象"对话框

9.4 更改窗体设计

创建窗体后，还可进一步对所做的设计进行更改。窗体的再设计主要是对创建好的窗体进行格式调整，添加窗体中的各个控件等，以美化窗体。

若需对窗体以及窗体上的控件进行修改，就要进入窗体的设计视图。

9.4.1 改变控件布局

在设计窗体的过程中，经常需要添加或删除控件。添加和删除控件后，难免要调整控件的大小、控件之间的距离及它们的排列方式。进行这些修改时，必须掌握如何选定控件、移动控件、调整控件间的相对位置、改变控件的大小及修改控件属性等操作。

在窗体的设计视图状态，选择功能区的"排列"选项卡，此选项卡内的各功能按钮是在设计窗体时用来改变控件布局的，主要有"自动套用格式"组、"控件布局"组、"控件对齐方式"组、"大小"组、"位置"组和"显示/隐藏"组6个组，如图9.42所示。本节主要介绍"控件对齐方式"和"大小"两个组。

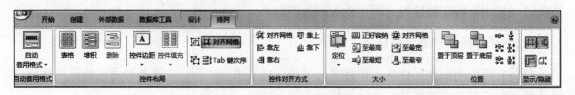

图 9.42 功能区的"排列"选项卡

1. 选定控件

无论对控件进行何种操作都必须先选定控件，既可只选定一个控件，也可一次性选定多个控件。控件被选定后在其边角会出现 8 个称为控点的小方块，其中左上角大一些的棕色方块是移动该控件的控点，其余 7 个桔色小方块都是尺寸控点。

若要选择一个控件，可以单击控件的任意位置；若要选择相邻的多个控件，可以单击控件外部的任意点，并将矩形拖过要选择的控件；若要选择不相邻的或重叠的多个控件，可以按住 Shift 键，并单击要选择的每个控件。

注意：按住左键拖曳鼠标，在系统默认情况下，只要控件的一部分在矩形框内，该控件就被选定。

2. 调整控件大小

（1）用鼠标直接调整

选定控件，把鼠标放控件的控点上，直接拖曳可以调整控件的大小。

（2）通过改变属性值调整

选定控件，在选定的控件内单击鼠标右键，在打开的"属性"对话框中选择"格式"选项卡，按需要修改"宽度"和"高度"的属性值。图 9.43 所示的设置将把"图书标识"、"书名"两个文本框的高度都设为 0.8cm。

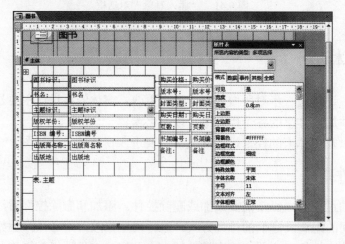

图 9.43 通过改变属性值调整控件大小

这种方法可以单独改变复合控件中的每一个控件的大小。

（3）使用"设计"选项卡中的按钮调整

先选中要调整的控件，然后单击功能区的"排列"选项卡，然后在"大小"组中单击下列某个按钮来调整控件大小。

3．对齐控件

当窗体中有多个控件时，控件的排列布局对窗体的美观和操作有很大影响。可以使用鼠标或键盘移动来调整是常用方法，但最快捷的方法是使用系统提供的"控件对齐方式"命令。

先选中要调整的控件，然后单击功能区的"排列"选项卡，然后在"控件对齐方式"组中单击下列某个按钮来调整控件的对齐方式。

靠左：将控件的左边缘与最左侧控件的左边缘对齐。

靠右：将控件的右边缘与最右侧控件的右边缘对齐。

靠上：将控件的上边缘与最上端控件的上边缘对齐。

靠下：将控件的下边缘与最下端控件的下边缘对齐。

注意： 如果选定的控件在对齐之后发生重叠，Access 会将这些控件的边缘彼此紧密排列。

【例 9.11】 将图 9.44 所示的命令按钮以最高的"前一项记录"按钮为准进行靠上和靠左对齐。操作步骤如下。

（1）选定所有需要对齐的控件。

（2）单击功能区的"排列"选项卡，然后在"控件对齐方式"组中单击"靠上"按钮，所有选定的控件的上边缘与"前一项记录"控件的上边缘对齐。

（3）然后在"排列"选项卡的"控件对齐方式"组中单击"靠左"按钮，即可将所选定控件靠左紧密排列，如图 9.45 所示。

图 9.44　对齐前的控件　　　　　　　图 9.45　对齐后的控件

对齐控件也可以通过在控件的"属性"对话框中的"左边距"和"上边距"的属性项内直接赋值来实现。

4．删除窗体中的控件

如果要删除窗体中的某些控件，可以按照下述步骤进行。

（1）在"设计视图"中打开要修改的窗体。

（2）选定要删除的控件。

（3）按 Del 键或者在控件内单击鼠标右键，在弹出的快捷菜单中选择"删除"命令。如果被删除的控件附有标签，则同时删除控件及其标签。如果只想删除附加的标签，可以单击该标签，然后按 Del 键。

9.4.2　设置窗体的属性

Access 2007 用属性来描述对象的外观、数据来源等信息，同时用属性描述对对象所进行的操作。

窗体有许多影响窗体的外观和性能的属性，这里简要介绍重要的属性项，对于每一个属性项，当插入点进入该属性项时，Access 2007 窗口的任务栏都会显示关于该属性项的简要说明，按 F1 键可以得到该属性项的详细帮助信息，控件的属性也是如此。

下面介绍一下窗体属性中的重要属性选项。

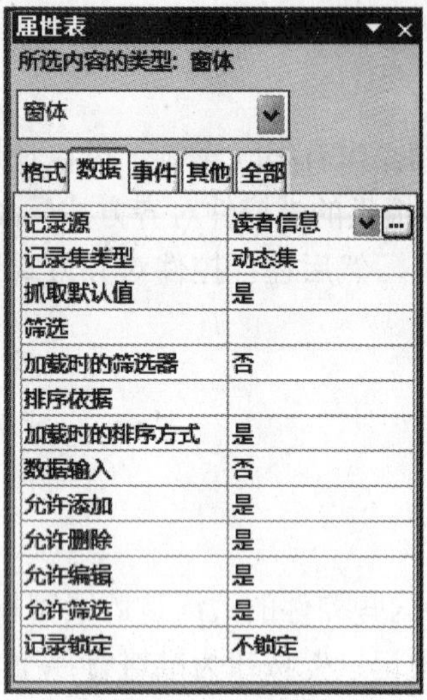

1. "记录源"属性

所谓记录源是指窗体数据的来源，通常在创建窗体时要指定其数据的来源。"记录源"属性在窗体"属性"对话框的"数据"标签中，其具体步骤如下。

（1）在设计视图中，打开属性窗口，如图 9.46 所示。

（2）单击"数据"标签或"全部"标签，查看"记录源"选项。如果该属性框中不为空，则表示所创建的窗体已经有了数据源，便可以跳过，此窗体的"记录源"是"读者信息"，则表示该窗体的数据源来自"读者信息"表。

（3）如果需对数据源进行添加或修改，单击"记录源"列表框右侧的下拉键，在列表中出现数据库中现有的数据表和查询供用户选择。若窗体不需要数据源，可以不用设置该项。

图 9.46   "窗体"属性对话框的
"数据"标签

2. "记录集类型"属性

"记录集类型"属性在窗体"属性"对话框的"数据"标签中。记录集类型有 3 种取值，分别是：动态集——即只允许编辑单个数据表或者一对一关系的多个表的组合控件；动态集（不一致更新）——即表示基于所有类型关系表中字段的组合控件，允许编辑；快照——表示不允许编辑表以及结合到其他字段的控件。

3. "数据输入"属性

"数据输入"属性在窗体"属性"对话框的"数据"标签中。"数据输入"属性的取值为"是"或"否"。当窗体的数据源是表，而且窗体中的文本框控件是与该表绑定时，该项属性应设为"是"；当窗体是用来输入新记录时，该项属性应设为"否"。其属性的设置方法与数据源设置相似。

4. "记录锁定"属性

"记录锁定"属性在窗体"属性"对话框的"数据"标签中。该属性有 3 个取值，分别是：不锁定——允许在本窗体编辑记录的同时，其他使用者也可以编辑这个记录，这是开放式的设置；所有记录——在打开窗体后，窗体所使用的基本表以及所使用的查询都被加锁，对每条记录只可读取不可做修改；编辑的记录——不允许当前窗体中编辑的记录被其他用户编辑修改。

该项属性可以保证表中记录的安全性和完整性。例如，当只是要查询或浏览数据表时，最好将该项属性值设为"所有记录"。

5．"允许添加"、"允许编辑"、"允许删除"属性

这 3 项属性都在窗体"属性"对话框的"数据"标签中，用于设置对数据源的"添加"、"编辑"、"删除" 3 种权限的设置，取值只有"是"或"否"。"是"即表示允许该权限，"否"即表示不允许该项权限。

6．"事件"属性

单击窗体"属性"对话框的"事件"标签，显示该窗体的所有事件属性，如图 9.47 所示。所谓事件是指当控件被单击、双击、按键或内容发生变化时的动作。一个事件可以触发一条命令或一段程序的执行，但事先要在事件的属性中设置事件所要触发的操作。

【例 9.12】 创建显示"问好"的窗口，具体步骤如下。

（1）打开新的数据库，在功能区中"创建"选项卡的"窗体"组中，单击"窗体设计"按钮，生成一个空白窗体，视图显示为设计视图。

（2）在窗体的主体节上，单击鼠标右键，在弹出的快捷菜单中选择"属性"选项。

（3）在"属性"对话框中，选择"事件"标签，再单击"单击"属性右侧的回按钮，弹出"选择生成器"对话框，在该对话框中选择"宏生成器"选项，如图 9.48 所示，单击"确定"按钮。

图 9.47 弹出窗体的"属性"对话框

图 9.48 "选择生成器"对话框

（4）进入宏设计器对话框，先以"hello"保存宏，单击"确定"后将弹出宏编辑窗口（有关宏方面的知识会在后面章节中详细介绍）。

（5）在宏编辑窗口中，单击"操作"列的第一行列表框右侧的下拉键，在出现的列表中选择"MsgBox"，在操作参数中"消息"项右侧的文本框中输入"您好"，在"类型"项中选择"信息"，在"标题"中输入宏的标题"hello"。在注释中输入"打开一个消息对话框"，如图 9.49 所示。

（6）单击宏的"关闭"按钮。

（7）关闭窗体设计窗口，并以"问好"为名保存该窗体，窗口在运行时只要单击窗体的主体就会弹出一个"您好"的消息对话框，如图 9.50 所示。

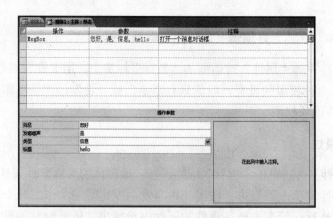

图 9.49 "宏"编辑窗口

图 9.50 单击"问好"窗体时显示的对话框

7. 窗体的其他属性

在窗体的属性中，还可以设置窗体在显示时是否要显示滚动条、记录导航器、最大化/最小化按钮等。例如，想使窗体在运行时不显示滚动条，可以在窗体的属性对话框中将"格式"标签中的"滚动条"选项设为"两者均无"，那么窗体在运行时将不会显示滚动条。

9.4.3 窗体的修饰

1. 在窗体上绘制直线与矩形

直线与矩形等控件用来修饰窗体的布局，可将多个控件分为不同的功能区。具体操作步骤如下：

（1）在"设计视图"中打开要修改的窗体。

（2）如果要绘制直线，单击工具箱中的"线条"按钮；如果要绘制矩形，单击工具箱中的"矩形"按钮。

（3）将鼠标指针移到放置图形的起点位置，按住鼠标左键拖到图形的终点处。

如果要改变线条的粗细，可以在单击线条后单击"格式"工具栏中的"线条/边框宽度"按钮，从列表中选择所需的线条粗细。

如果要更改线条样式（点线、点画线等），可以在单击线条后，单击工具栏中的"属性"

按钮，打开属性对话框，然后单击"格式"选项卡，在"边框样式"属性框中选择所需的边框样式。

2. 添加当前日期和时间

在窗体中插入当前的日期和时间，其实质是在插入一个带有日期和时间表达式的文本框控件，具体操作步骤如下。

（1）在"设计"视图中打开要添加日期和时间的窗体。

（2）选择"设计"选项卡的"控件组"中单击"日期和时间"按钮，出现如图 9.51 所示的"日期与时间"对话框。

（3）如果只插入日期或者只插入时间，则在对话框中选择"包含日期"或"包含时间"复选框，也可以两者全选。

图 9.51 "日期与时间"对话框

（4）根据需要选择日期或时间的格式。

（5）单击"确定"按钮。

3. 在窗体中创建屏幕提示文本

用户将鼠标指针指向工具栏中的某个按钮稍停一会儿，会显示出该按钮的提示。在 Access 2007 中，用户也可以在窗体中创建屏幕提示文本，具体操作步骤如下。

（1）打开要设置提示文本的窗体，处于"设计视图"状态。

（2）用鼠标单击要添加屏幕提示的控件。如果属性表没有显示，在该控件上单击右键，从快捷菜单中选择"属性"命令，或按 F4 键以显示属性对话框。

（3）单击"其他"选项卡。

（4）单击"控件提示文本"属性框，然后输入所需的提示文本，如图 9.52 所示。

（5）单击属性对话框右上角的"关闭"按钮。

（6）单击"保存"按钮，保存该窗体。窗体运行时，将光标移动该文本框上会显示提示信息，效果如图 9.53 所示。

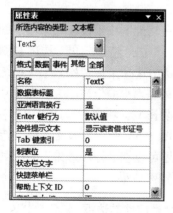

图 9.52 "文本框"属性对话框

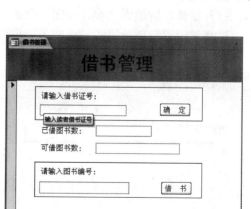

图 9.53 带有提示信息的窗体

4. 在窗体或报表中插入徽标

可以在窗体上添加徽标，步骤如下：

（1）在布局视图中打开一个窗体。

（2）在"设计"选项卡上的"控件"组中，单击"徽标"按钮。

（3）显示"插入图片"对话框。

（4）通过浏览找到存储徽标文件的文件夹，然后双击该文件，即可将徽标加到该窗体头部。

徽标会添加到窗体或报表页眉。如果要更改徽标位置，可将其拖到其他位置。也可将鼠标指针移动到徽标的边缘，直到指针变为双向箭头，然后沿箭头的方向拖动来调整徽标的大小。

5. 在窗体中插入页码

（1）在设计视图中打开窗体。

（2）在"设计"选项卡上的"控件"组中，单击"页码"按钮。

（3）将显示"页码"对话框，为页码选择需要的格式、位置和对齐方式。

（4）若首页不显示页码，请清除"首页显示页码"复选框。

（5）单击"确定"按钮，就在该窗体上添加页码了。

注意： 页码将被添加到窗体的"页面页眉"部分，但仅在打印窗体（或者单击"Office 按钮"，指向"打印"，然后单击"打印预览"）时，页码才可见。

9.4.4　控件的修饰

一般来说，控件的各种修饰可以打开其"属性"对话框，在"格式"标签中对其相关属性进行修改。也可在"设计"选项卡的"控件"组中选择相关命令项进行修饰。

1. 设置控件的特殊效果

用户可以将控件设置为特殊效果，例如凸起、凹陷、阴影、蚀刻、凿痕等。

【例 9.13】 改变窗体中文本框控件的显示效果。具体操作步骤如下：

（1）打开窗体，切换到"设计视图"状态。

（2）选择要设置特殊效果的一个或多个控件。

（3）在功能区中"设计"选项卡的"控件"组中，单击"特殊效果"选项右侧的下拉按钮，从中选择某种特殊效果（系统默认的特殊效果是"平面"），这里为编号文本框选择"阴影"。将视图换成"窗体视图"后显示如图 9.54 所示的该文本框的特殊效果。用户还可以在"特殊效果"的子菜单中选择某种特殊效果。

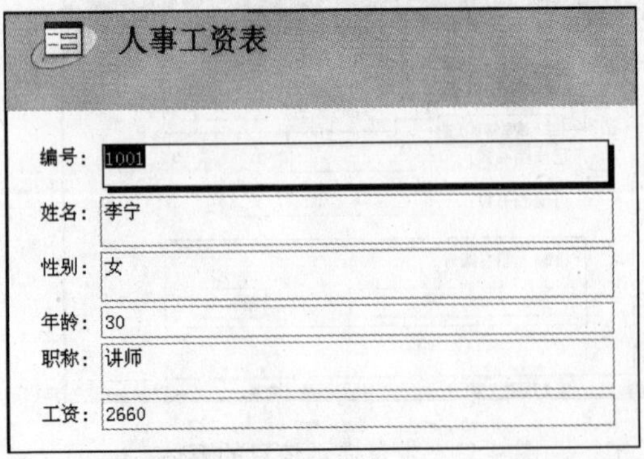

2. 设置控件的边框

若要设置控件的边框，可以按照下述步骤进行。

图 9.54　加了"特殊效果"的"读者编辑"窗体

（1）打开窗体，切换到"设计视图"状态。

（2）选择设置边框的一个或多个控件。

（3）在功能区中"设计"选项卡的"控件"组中，单击"线条宽度"选项右侧的下拉按钮，在弹出的列表中选择所需宽度的线条。

3．设置控件的前景色和背景色

控件的前景色指文字的颜色，控件的背景色指控件的填充色。适当设置它们的颜色，可以使控件更加醒目和美观。

设置控件的前景色和背景色的具体操作步骤如下。

（1）打开窗体，切换到"设计视图"状态。

（2）选择要设置前景色和背景色的一个或多个控件。

（3）单击功能区中"设计"选项卡的"控件"组中"字体颜色"选项右边的下拉按钮，从弹出的调色板中选择所需的颜色作为控件字体的颜色。

（4）功能区中"设计"选项卡的"控件"组中"填充/背景色"选项右侧的下拉按钮，从弹出的调色板中选择所需的颜色作为控件填充色。例如，想使文本标签在蓝色背景上显示白色文本，可以在"字体颜色"调色板中选择"白色"；在"填充/背景色"调色板中选择"蓝色"。

4．改变控件的字体

为了美化窗体的外观，有时需要改变窗体中控件字体的设置。例如，将窗体页眉中显示的文字改为黑体，将标签中的文字改为隶书等。

如果要改变控件的字体设置，可以按照下述步骤进行。

（1）打开窗体，切换到"设计视图"状态。

（2）选择要改变字体设置的一个或多个控件。

（3）单击"设计"选项卡中"字体"组中的"字体"（或字号）列表框右侧的下拉按钮，在下拉列表中选择所需的字体（或字号）。

注意：在改变控件的字体或字号时，被选定的控件的字体和字号将做相应的改变。

9.5　创建包含子窗体的窗体

子窗体是窗体中的窗体。基本窗体称为主窗体，主窗体中的窗体称为子窗体。创建子窗体常用有 3 种方法：同时创建主窗体和子窗体；创建子窗体并且将其添加到已有的窗体中；将已有的窗体添加到另一个已有的窗体，以创建带有子窗体的主窗体。

9.5.1　同时创建主窗体与子窗体

在创建窗体对象的时候可以同时附带创建子窗体对象。

【例 9.14】　创建以"读者信息"表为数据源的主窗体对象并附带创建以"借书信息"表对象为数据源的子窗体对象。在创建之前，首先必须确定在"读者信息"表的"借书证号"字段和"借书信息"表的"借书证号"字段之间已经创建一对多的关系（如图 9.55 所示）。

具体的创建步骤如下。

（1）单击功能区的"设计"选项卡的"其他窗体"右侧的下拉按钮，在下列菜单中选择"窗体向导"按钮。

（2）在"窗体向导"对话框中，在"表/查询"下拉框中选择"借书信息"表，把所有字段移到右边的列表框中。再选择"读书信息"表，将"读书信息"表中的所有字段移到右边的列表框中，单击"下一步"按钮。

（3）此时，进入"窗体向导"对话框第二步，选中"带有子窗体的窗体"选项，如图9.56所示。

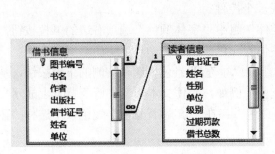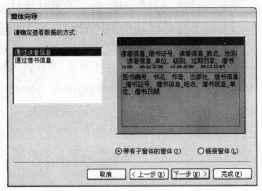

图9.55　表之间的"关系"窗口　　　　图9.56　　"窗体向导"对话框2

（4）此时，进入"窗体向导"对话框第三步，用户可根据提示，自行练习操作。

（5）单击"完成"按钮后，出现带有"借书信息"子窗体的"读者信息"主窗体。图9.57所示是操作完成后的一种结果。

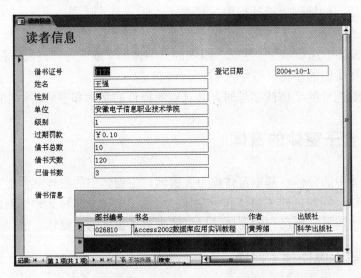

图9.57　带有"借书信息"子窗体的"读者信息"主窗体

9.5.2　创建子窗体并将其添加到已有的窗体

在已经创建的窗体中创建子窗体，具体操作步骤如下。

（1）打开主窗体对象的设计视图。

（2）在功能区"设计"选择卡的"控件"组中"控件向导"按钮被选中按下。

（3）单击"设计"选择卡的"控件"组中"子窗体/子报表"按钮。

（4）在主窗体的适当位置插入子窗体，如图 9.58 所示。

（5）此时，将弹出"子窗体向导"对话框，在对话框用户根据向导提示，依次操作。直至子窗体创建完毕。此时，"读者信息"窗体对象所对应的设计视图如图 9.59 所示。

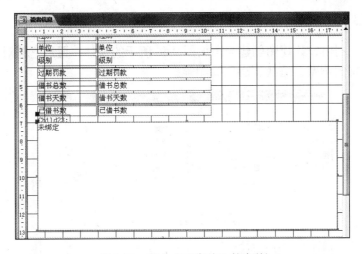

图 9.58　插入"子窗体"的窗体

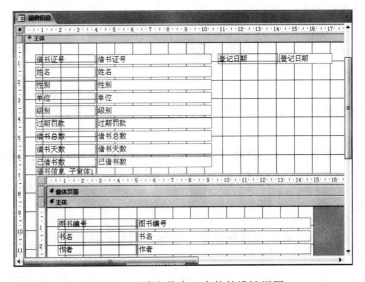

图 9.59　"读者信息"窗体的设计视图

9.5.3　将已有窗体添加到另一个已有的窗体中

要将已有窗体添加到另一个已有窗体中的过程与创建子窗体并插入到已有窗体中的过程类似。只需在"子窗体向导"对话框的第一步中选定"使用现有的窗体"单选框，并在下面的列表框中选定要插入的子窗体即可。

9.6 实训——窗体操作

1．实训目的

掌握窗体创建、窗体控件的创建及使用操作。

2．实训内容

（1）实训一：利用设计视图创建一个如图9.60所示的窗体，通过它能对"读者信息"表进行有关读者信息的浏览、修改、添加和删除。

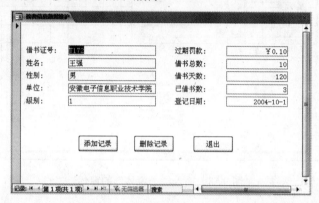

图9.60 "读者信息数据维护"窗体

（2）实训二：以"图书信息"表为数据源，创建一个"柱形图"的图表用来比较每种图书的单价高低。

（3）实训三：创建一个"图书信息"的子窗体和一个"图书借出信息"的主窗体，使得用户在浏览图书借出信息的同时还能看见有关被借图书，诸如书名、出版社、单价、出版日期等详细情况。

（4）实训四：要求设计一个窗体，输入"借书日期"的范围（起始日期～终止日期）查询"借书信息"表信息，并将查询结果在子窗体中显示。

3．参考答案

（1）实训一：创建"读者信息数据维护"窗体，具体的操作步骤如下。

① 打开"图书管理信息系统"数据库。

② 在导航空格中选中"读者信息"表，单击界面上方功能区的"创建"选项卡，然后单击"窗体"分组中的"空白窗体"按钮。

③ 系统自动生成一个空白窗体并显示该窗体可选的所有表中字段，单击窗体右下角的"设计视图"按钮，将视图改为"设计视图"。

④ 在设计视图窗口中，将窗体的高度和宽度调整到适当的值（可以将鼠标指针指向窗体的右下角，会出现一个可以整体调整窗体大小的标志，也可以将鼠标移到窗体的下方或右方分别调整窗体的高度或宽度）。然后将数据源窗口中的字段逐个拖到窗体中，此时每个字段会形成相应的标签和文本框控件。用鼠标对这些控件的大小、位置进行调整，调整后窗体的

界面如图 9.61 所示。

⑤ 用鼠标在设计视图窗口中双击"窗体选择器"（■），打开"窗体"属性对话框，根据用户自身的需要对窗体的有关属性进行设置。

⑥ 为该窗体添加一个"添加"按钮（该按钮用于为"读者信息"添加新记录）。首先单击"设计"选项卡中"控件"组的"控件向导"按钮，使其处于选中状态（即按钮呈黄色状态），然后单击"设计"选项卡中"控件"组的"按钮"控件，在窗体的下方拖出一个适当大小的区域，松开鼠标左键后将弹出"命令按钮向导"窗口。

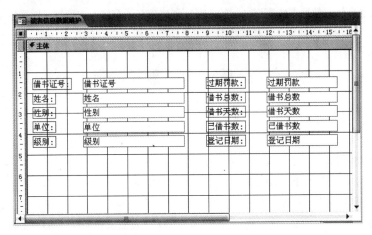

图 9.61　新建窗体的"设计视图"窗口

⑦ 在"命令按钮向导"按给定要求进行设置。最后单击"完成"按钮，结束添加记录按钮的创建。

⑧ 重复操作，完成"删除"、"退出"按钮的创建。有所不同的是：在创建"删除"按钮时第一步"类别"选项选择"记录操作"，"操作"选项选择"删除记录"，如图 9.62 所示；在创建"退出"按钮时第一步"类别"选项选择"窗体操作"，"操作"选项选择"关闭窗体"，如图 9.63 所示。

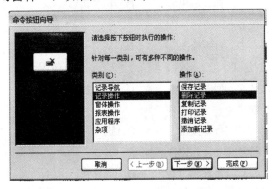

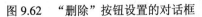

图 9.62　"删除"按钮设置的对话框

图 9.63　"退出"按钮设置的对话框

（2）实训二：创建"条形图"的图表，具体操作步骤如下。

① 打开"图书管理信息系统"数据库。

② 单击"创建"选项卡，然后单击"控件"组中的"空白窗体"，新建一个空白窗体。单击窗体右下角的"设计视图"按钮，将视图改为设计视图。

③ 在"新建窗体"对话框中，选中"图表向导"选项，并在"请选择该对象数据的来源表或查询"下拉列表框中，选定"图书"，然后单击"确定"按钮，将打开一个"图表向导"窗口。其他内容由用户自行操作完成。

本 章 小 结

本章主要讲述了窗体的组成及组成部分的功能、创建窗体的方法、窗体控件的编辑及其属性的设置、常用控件的创建、创建窗体与数据表或查询之间的关联、创建带有子窗体的主窗体（以显示主窗体和子窗体中一对多关系的不同表的记录信息），创建切换面板以及切换面板的自启动方法。

练 习 题

1. 选择题

(1) 窗体的数据源包括（　　）。

A. 报表　　　　　　　B. 数据库　　　　　　C. 表　　　　　　D. 宏

(2) 以下不属于窗体组成区域的是（　　）。

A. 窗体页眉　　　　　B. 文本框　　　　　　C. 页面页眉　　　　D. 主体

(3) 数据表式的窗体不显示（　　）。

A. 窗体页眉/页脚　　　B. 列表框内容　　　　C. 标签内容　　　　D. 文本框内容

(4) 不是窗体控件的是（　　）。

A. 子窗体　　　　　　B. 命令按钮　　　　　C. 文本框　　　　　D. 组合框

(5) 组合框的内容可以用（　　）方式获得。

A. 值列表　　　　　　B. 从数据表某字段导入　C. 直接输入　　　　D. 都不正确

(6) 数据表类型的窗体不显示（　　）。

A. 窗体页眉　　　　　B. 文本框内容　　　　C. 列表框内容　　　　D. 标签内容

(7) 组合框的内容不能用（　　）方式获取。

A. 值列表　　　　　　B. 从表或查询导入　　C. 自行输入　　　　D. 从另一组合框

(8) "设计"选项卡中"控件"组的 **ab** 按钮用于创建（　　）控件。

A. 标签　　　　　　　B. 文本框　　　　　　C. 列表框　　　　　D. 选项按钮

(9) "设计"选项卡中"控件"组的 **xxxx** 按钮用于创建（　　）控件。

A. 标签　　　　　　　B. 文本框　　　　　　C. 命令按钮　　　　D. 选项按钮

(10) "设计"选项卡中"控件"组的 ◉ 按钮用于创建（　　）控件。

A. 标签　　　　　　　B. 文本框　　　　　　C. 列表框　　　　　D. 选项按钮

(11) "设计"选项卡中"控件"组的 按钮用于创建（　　）控件。

A. 标签　　　　　　　B. 文本框　　　　　　C. 列表框　　　　　D. 选项按钮

(12) 以下不属于"命令按钮"的事件"属性"的是（　　）。

A. 更新前　　　　　　B. 鼠标按下　　　　　C. 退出　　　　　　D. 单击

2. 填空题

（1）窗体由窗体页眉、页面页眉、_____、页面页脚、窗体页脚 5 个部分组成，其中每个部分均称为窗体的_____。

（2）窗体的类型有_____、_____。

（3）窗体有 3 种视图分别是_____、_____、_____。

（4）用图表向导创建窗体时提供_____、_____、_____、_____ 4 种布局方式及_____种类型图表。

（5）修改窗体的背景是由_____属性来设置。

（6）在文本框中输入表达式，注意每个表达式之前都要加上_____。

（7）窗体的页眉位于窗体的最上方，主要用于显示窗体_____，窗体的页脚位于窗体的最下方，主要用于显示窗体_____。

（8）将数据表中的字段拖到设计窗口中时，会自动创建_____控件、_____控件。

第 10 章　报表的建立及打印

报表是数据库中数据和文档输出的一种形式，当希望以某种特定的格式来打印显示数据时，报表是最有效的方法。因为通过报表可以控制每一个对象的显示方式与大小，而且还可以根据需要通过屏幕来显示相应的内容或用打印机打印相应的内容。在创建报表的过程中，可以控制数据输出的内容和格式，还可以进行数据的统计计算。这一章将介绍如何创建使用报表。本章要求大家了解报表的组成，掌握创建报表及报表打印等方法。

10.1　报表的组成

报表是输出数据的最好方式，报表打印可以提供更多的控制数据格式的方法，包括对记录进行排序、分组，对数据进行比较、总结和小计，以及控制报表的布局和外观，如定义页面页眉和页脚及报表页眉和页脚等。

报表通常由报表页眉、报表页脚、页面页眉、页面页脚及主体 5 个部分组成，它们都称为报表的"节"。报表还具有"组标头"和"组注脚"两个专用"节"，在进行报表分组显示时使用。报表如图 10.1 所示，其每个"节"的具体功能如下：

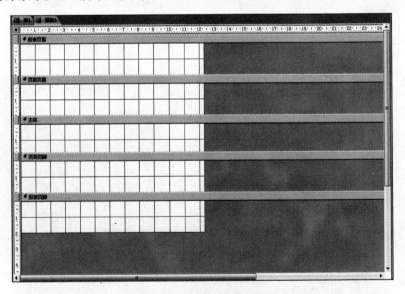

图 10.1　"报表"的设计视图

（1）报表页眉。本节仅在报表开头显示一次。使用报表页眉可以放置通常可能出现在封面上的信息，如徽标、标题或日期。如果将使用 Sum 聚合函数的计算控件放在报表页眉中，则计算后的总和是针对整个报表的。报表页眉显示在页面页眉之前。

（2）页面页眉。本节显示在每一页的顶部。例如，使用页面页眉可以在每一页上重复报表标题。

（3）组页眉。本节显示在每个新记录组的开头。使用组页眉可以显示组名称。例如，在按产品分组的报表中，可以使用组页眉显示产品名称。如果将使用 Sum 聚合函数的计算控件放在组页眉中，则总计是针对当前组的。

（4）主体。本节对于记录源中的每一行只显示一次。该节是构成报表主要部分的控件所在的位置。

（5）组页脚。本节显示在每一页的结尾。使用组页脚可以显示组的汇总信息。

（6）页面页脚。本节显示在每一页的结尾。使用页面页脚可以显示页码或每一页的特定信息。

（7）报表页脚。本节仅在报表结尾显示一次。使用报表页脚可以显示针对整个报表的报表汇总或其他汇总信息。

在 Access 2007 中，可以隐藏掉报表页眉/页脚以及页面页眉/页脚，也可以通过右键来进行添加。在设计视图中，报表页脚显示在页面页脚的下方。不过，在打印或预览报表时，在最后一页上，报表页脚位于页面页脚的上方，紧靠最后一个组页脚或明细行之后。

10.2　创建报表

创建报表时，常用 3 种方法：报表向导、报表设计器和自动报表。以下详细介绍报表创建的具体实施过程。

10.2.1　报表的创建

1．使用向导创建报表

【例 10.1】　现以"book 表"为数据源，用向导创建一张报表，具体操作步骤如下。

（1）单击功能区的"创建"选项，如图 10.2 所示。

（2）然后单击"报表"组中的"报表向导"按钮。

图 10.2　"功能区"窗口

（3）此时会弹出"报表向导"对话框，从中选择所需数据的表或查询，然后单击"完成"按钮，如图 10.3 所示。如果希望自己控制报表生成的格式，则可以依次单击"下一步"进行详细设置。

最后生成如图 10.4 所示的报表。

选择记录源后，通常会发现使用报表向导是最容易的报表创建方法。报表向导是 Access 中的一项功能，它会引导完成一系列问题，然后根据回答生成报表。

2．使用自动报表创建报表

创建当前查询或表中数据的基本报表，可在该基本报表的基础上添加功能，如分组或合计。

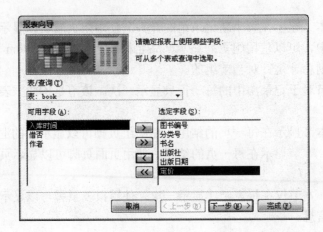

图 10.3　"报表向导"对话框

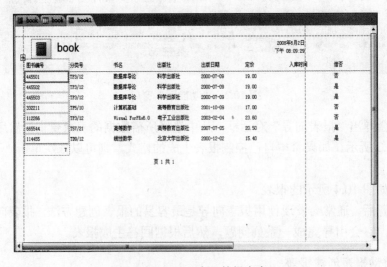

图 10.4　"book 表"的报表窗口

【例 10.2】　以"book 表"为数据源，使用自动报表创建报表，具体操作步骤如下。

（1）打开"book 表"所在数据库。

（2）选定功能区"创建"选项　"报表"组中的"报表"按钮，就会自动生成报表，如图 10.5 所示。

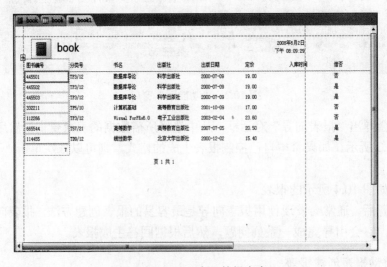

图 10.5　"book 表"的报表窗口

（3）为了美观，在"设计视图"状态下，选择功能区的"排列"选项卡中"自动套用格式"组中的"自动套用格式"下拉列表，出现如图 10.6 所示界面，可进行样式选择。

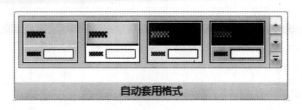

图 10.6　自动套用格式

3．自行创建报表

【例 10.3】　如果用户喜欢自己设计报表，可利用"报表设计"选项，具体步骤如下。

（1）单击功能区的"创建"选项。

（2）单击"报表"组中的"报表设计"按钮。

（3）在功能区的"工具"组中单击"添加现有字段"选项，如图 10.7 所示，然后选择包含报表所需数据的表或查询为"book"表，如图 10.8 所示。

图 10.7　工具组

图 10.8　选择数据字段

（4）在报表编辑状态，通过选择所需的属性，并通过人工定位，由用户自己设计报表，如图 10.9 所示。

（5）在功能区的"设计"选项卡的"工具"组中，单击"属性表"，出现属性窗口，可以详细设置有关报表设计的各种属性值，从而达到理想的效果。

（6）可以在报表的"主体"节中添加"标签"和"文本框"等控件。它们都位于"控件"组中（控件的具体使用见第 8 章）。其中图 10.9 就是在"主体"节中加入了标签和文本框以后的结果。

（7）以"book 报表"为名，保存并预览报表，如图 10.10 所示。

4．将窗体转换为报表

除了可以创建报表之外，也可以将已经存在的窗体转换为报表。

【例 10.4】　将"book 表窗体"转换为报表为例，转换过程如下。

（1）打开数据库，查看所有表，打开要转换的窗体"book 表窗体"。

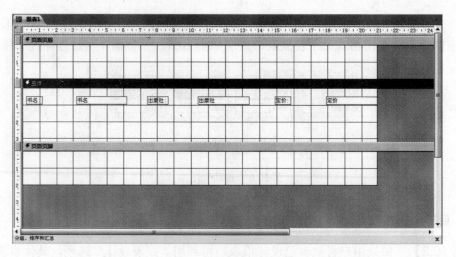

图 10.9 "报表"的设计窗口

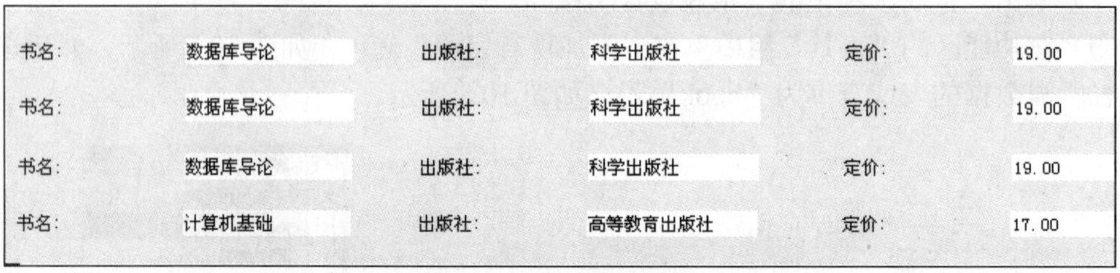

书名:	数据库导论	出版社:	科学出版社	定价:	19.00
书名:	数据库导论	出版社:	科学出版社	定价:	19.00
书名:	数据库导论	出版社:	科学出版社	定价:	19.00
书名:	计算机基础	出版社:	高等教育出版社	定价:	17.00

图 10.10 报表"打印预览"窗口

（2）选择功能区"创建"选项卡中"报表"组中的"报表"按钮，如图 10.11 所示。

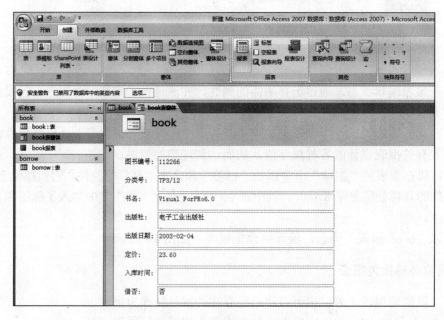

图 10.11 窗体转换为报表

（3）弹出"另存为"界面，如图 10.12 所示，输入报表名称，单击"确定"按钮，会生成相应的报表。

图 10.12　"保存报表"对话框

10.2.2　创建其他报表

报表除了以上的几种形式外，还可以有图表和标签两种形式，下面分别做介绍。

1. 将报表转化为图表形式

如果在报表中以图表形式显示，可以更加直观形象地表示数据之间的关系。在 Access 2007 中，可以将报表转化为图表形式。

【例 10.5】　以"book 表"为数据源创建一张图表报表，其具体操作步骤如下。

（1）打开数据库，在功能区中选定"创建"选项卡中"报表"组的"报表"按钮。

（2）弹出报表设计视图后，单击"控件"组中的"插入图表"按钮。

（3）在报表的主体节中，按下鼠标左键，并拖曳到适当位置，出现列表框，在其中选择"图表向导"，出现如图 10.13 所示界面。

（4）在数据源列表框内选择"book 表"。然后单击"确定"按钮，用户根据向导提示，按照需求填写，完成向导操作。

（5）在功能区中选定"开始"选项卡，其中"视图"组"视图"下拉列表中的"预览图表"选项，出现设计后的结果。图 10.13 为经过设计后的显示。

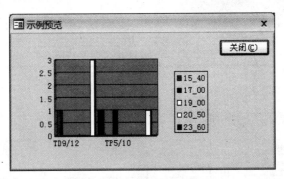

图 10.13　"预览图表"窗口

（6）单击工具栏中的"保存"按钮，在打开的"另存为"对话框中输入报表的名称"图书图表"，然后单击"确定"按钮。

2. 使用"标签向导"创建报表

标签报表是日常生活中较常用的一种报表形式。它采用多列布局形式，以适应标签纸的格式。在 Access 2007 中，通过标签报表可以方便、快捷地创建大量的标签式报表。

【例 10.6】　以"borrow 表"为数据源，创建标签报表的具体操作步骤如下。

（1）在功能区的"创建"选项卡中，单击"标签"组中的"标签"按钮，出现"标签向导"对话框。

（2）在"标签向导"对话框中，选择标签的尺寸及类型，本例中选择产品编号为 Avery J8161、尺寸为 63.5×46.6mm，其余保持默认值，如图 10.14 所示，单击"下一步"按钮。

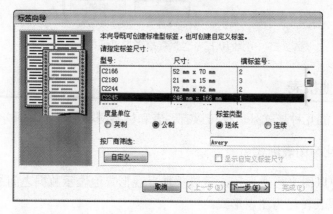

图 10.14　"标签向导"对话框 1

（3）设置字体、字号和文本颜色，如图 10.15 所示，单击"下一步"按钮。

图 10.15　"标签向导"对话框 2

（4）设置标签所要显示的内容，如图 10.16 所示，单击"下一步"按钮。

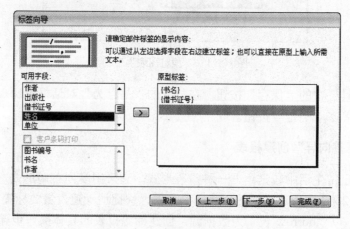

图 10.16　"标签向导"对话框 3

（5）设置标签的输出顺序，如图 10.17 所示，单击"下一步"按钮。

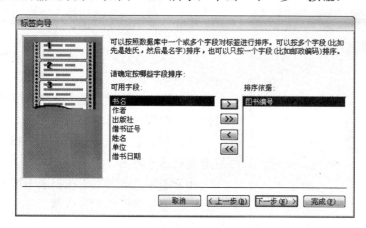

图 10.17　"标签向导"对话框 4

（6）在"标签向导"最后一步对话框中，设置标签报表的名称，如图 10.18 所示；单击"完成"按钮结束标签报表的创建。创建的标签报表如图 10.19 所示。

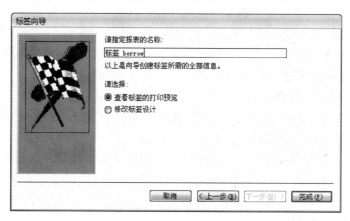

图 10.18　"标签向导"对话框 5

10.2.3　报表属性

从创建报表的过程中可知，报表中的每一个对象都有其属性。这一节重点介绍整个报表和报表中"节"的一些常用属性，以便能更好地使用报表的属性来编辑、使用报表。

1．了解报表属性

可以通过右击报表中垂直和水平两个标尺交界处的小方格来选择报表，然后打开报表的属性对话框，如图 10.20 所示。

下面对报表属性表中常用属性加以介绍。

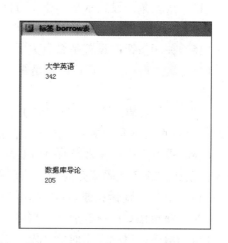

图 10.19　"标签 borrow 表"窗口

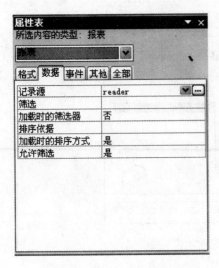

图 10.20 "报表"属性对话框

（1）记录源：用来显示报表的数据源表或查询。

（2）标题：当报表切换为"打印预览"视图时在标题栏上所显示的文本。

（3）弹出方式：设置该表是否以弹出窗体的形式显示。

（4）模式：选择"是"，窗体或报表作为模式窗口打开；否则作为非模式窗口打开（默认）。

（5）默认视图："报表视图"或"打印预览"，是定义双击该表时，打开的窗体。

（6）图片：该项用于在报表中插入图片。单击此项后，右边会出现一个生成器，在上面单击，选择图片的路径和文件名。

（7）图片平铺：当图片比页小时，这个属性决定是否要沿着报表的页平铺图片的副本。

（8）图片对齐方式：用这个属性指定背景图片在控件、窗体和报表中显示的位置。有 5 个选项：左上、右上、左下、右下和中心。

（9）图片类型：决定图片的输入类型有两个选项，即嵌入和链接。若选择嵌入，则 Access 会把位图复制并装载到报表中；而选择链接，那么报表中存储的则是位图所在的路径，每次调用报表时，都要按照路径去重新装载图片。

（10）图片缩放模式：当图片大小和页不匹配时决定对图片的处理方式。有 3 个选项：剪裁、缩放和拉伸。按照字面意思比较好理解，若选择剪裁，则表示不改变图片的大小，空间大了就留出空白，小了就按照页的大小裁剪掉一部分，裁剪的位置是右边和下边；若选择缩放，则是按照页的大小按比例地缩小或放大图片，但是当图片和页的大小不成比例时，还是会留出空白的；若选择拉伸，则可以解决这个问题，它是按照页的大小来放大或缩小图片的，但是图片难免会失真。缩放模式应根据实际需要来决定选择什么样的模式。

（11）自动居中：是否自动将报表页面居中显示。

（12）边框样式：具有 4 个选项：无，细边框，可调边框和对话框边框。

（13）滚动条：设置水平和垂直方向上是否有滚动条。

（14）控制框：设置是否有控制框。

（15）关闭按钮：设置是否有关闭按钮。

（16）最大最小化按钮：设置是否有最大最小化按钮。可以无，两者都有，或者有其中一个按钮。

（17）页面页眉：这个属性决定页面页眉在哪些页上出现。下拉式列表中有 4 个选项：所有页、报表页眉不要、报表页脚不要及报表页眉/页脚都不要。

（18）成为当前：成为当前时所要发生的事件。以下属性（涉及到事件），都需要自己定义宏，表达式或者代码来完成相应的事件定义。

（19）单击：鼠标左键单击时所要发生的事件。

（20）获得焦点：鼠标放到所属区域内所要发生的事件。

（21）双击：鼠标双击时所要发生的事件。

（22）鼠标按下：鼠标按下时所要发生的事件。

（23）键按下：键按下时所要发生的事件。

（24）打开：设置当报表打开并且在第一个记录显示之前所要发生的事件。

（25）关闭：设置当报表关闭并且从屏幕上清除时所要发生的事件。

（26）调色板来源：通过指定下列文件之一作为报表的调色板。例如，与设备无关位图文件（.dbf）、Windows 位图文件（.bmp）、Windows 图标文件（.ico）、Windows 调色板文件（.pal）或者是其他的图片文件，如.wmf 或.emf 文件等。

2．了解节属性

单击报表中任何一节的空白区域，将打开节的属性列表，如图 10.21 所示。

（1）名称：节的名称。图中为 Access 2007 系统自动产生的名称，当然可以根据用户的需要输入新的名称。

（2）可见性：该项属性将决定节是否可见的属性。这一点对当一个窗体不可见时，仍然保持对它信息的存取是很重要的。例如，可以用一个隐藏窗体上的控件属性作为查询的条件。

（3）背景色：选择节的背景颜色，单击右边的生成器，可以从中选择颜色，也可以自定义颜色。

（4）特殊效果：决定这一节中是否要应用特殊格式。有 3 种选项：平面、凸起和凹陷。

（5）单击：单击该节内容时所要发生的事件。事件下的属性都会弹出"选择生成器"对话框，具有 3 个事件定义方式：宏生成器、表达式生成器和代码生成器。

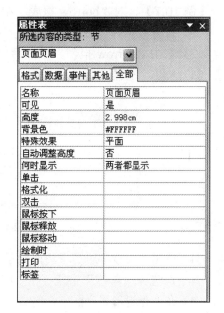

图 10.21　属性表

（6）双击：双击该节内容时所要发生的事件。

（7）鼠标按下：鼠标按下该节内容时所要发生的事件。

（8）打印：指定当报表中的数据已经被格式化准备打印但还没有被打印时发生的事件。

（9）撤回：指定在报表格式化完成之后返回报表时所要发生的事件。

（10）标签：定义标签内容。

10.2.4　报表的编辑

对数据库中记录进行排序和分组是一项十分重要的工作。对于报表来说，这些工作正是它的基本功能之一。在打印报表时，往往还要对某个字段按指定的规则进行统计汇总，这就需要在报表中加入计算控件。本章将介绍在报表中对记录分组、排序以及统计汇总的方法。

1．记录分组

在报表中可以对记录按指定的规则进行分组。分组后的每个组将显示该组的概要和汇总信息。在报表中对记录分组的方法如下。

（1）在"所有表"中选择要进行操作的报表。

（2）右击该报表，然后单击"设计视图"按钮，在"设计"视图中打开报表。

（3）单击"分组与汇总"组中的"排序与分组"按钮，打开"分组、排序与汇总"对话框，其中包括"添加组"和"添加排序"两个按钮。

（4）单击"添加组"按钮，会出现表达式下拉列表框，从中选择对记录分组的字段名称。

（5）在"分组形式"区中设置相关的分组属性。如果要创建一个组级别并设置其他分组属性，则必须设置"有页眉节"或"有页脚节"或者两者都做如此设置。

（6）关闭"排序与分组"窗口。

（7）切换到"打印预览"视图或"版面预览"视图，查看记录或表达式的分组效果。

【例 10.7】 对"borrow 报表"中的记录按"单位"字段分组。

（1）打开数据库，在"所有表"中选择"borrow 报表"。

（2）右击"borrow 报表"，然后单击"设计视图"按钮。

（3）单击"分组与汇总"组中的"排序与分组"按钮，选定"添加组"，如图 10.22 所示。

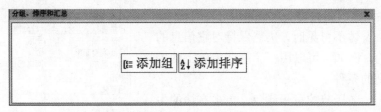

图 10.22 "分组、排序与汇总"窗口

（4）单击"选择字段"右边的向下箭头，从下拉列表中选择用于对记录分组的字段名称。在本例中，选择"单位"字段。

（5）在"分组形式"框中，单击"更多"框右侧的下拉钮。分别选择"有页眉节"和"有页脚节"，如图 10.23 所示。

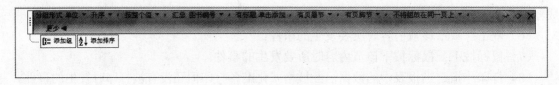

图 10.23 分组设置窗口

（6）关闭"排序与分组"窗口。

（7）如果要查看分组的结果，可以选取"打印预览"按钮，从结果中可以看出"级别"相同的记录放在同一组中。

2. 记录排序

在报表中，用户可以根据实际需要按指定的字段或表达式对记录进行排序。打印该报表时，就以指定的顺序来打印数据。

【例 10.8】 对"book 报表"的记录进行排序，其具体操作步骤如下。

（1）打开数据库，在"所有表"中选择"book 报表"。

（2）右击"book 报表"，然后单击"设计视图"按钮。

（3）单击"分组与汇总"组中的"排序与分组"按钮，单击"添加排序"按钮。

（4）单击"选择字段"右边的向下箭头，从下拉列表中选择用于对记录排序的字段名称。

（5）在"排序依据"中选择升序或降序。

（6）重复步骤（4）～（5），在"分组、排序与汇总"窗口中设置其他参与排序的字段及对应的排序次序。

（7）关闭"排序与分组"窗口。返回到设计器窗口中，完成排序。

Access 最多可按 10 个字段或表达式对记录进行排序。在执行排序操作时，首先按第一个字段或表达式排序，在此基础上，再按第二个字段或表达式排序，依次类推。

注意：Access 默认的排序是升序。升序的次序是"A"～"Z"或"0"～"9"。

3．改变排序与分组形式

在报表中对记录进行了排序或分组后，还可以根据需要改变排序或分组的形式，如在报表中添加、删除排序/分组字段或表达式等。

（1）插入新的排序或分组字段。在已经设置了排序或分组的报表中，有时还需要插入新的排序或分组字段或表达式。

① 在"所有表"中选择要进行操作的报表。

② 右击该报表，然后单击"设计视图"按钮，在"设计"视图中打开报表。

③ 在"分组、排序与汇总"窗口中，单击"添加组"或"添加排序"。在"选择字段"中继续添加分组或排序字段。

（2）删除排序/分组字段或表达式。如果要取消报表中的某项排序或分组，可以按照以下的方法进行操作。

① 在"所有表"中选择要进行操作的报表。

② 右击该报表，然后单击"设计视图"按钮，在"设计"视图中打开报表。

③ 打开"分组、排序与汇总"窗口。单击要删除的字段或表达式的行选定器后，单击"删除"按钮。

注意：如果要删除的字段或表达式中具有页眉或页脚，Access 将删除该页眉或页脚，并且会删除其中所有的控件。

4．在报表中进行统计

在报表中有时需要对某个字段按照指定的规则进行统计汇总，因为报表不仅需要详细的数据信息，还需要汇总信息。Access 提供了两种实现这个目的的方法：一种方法是在相应的表中加入统计字段；另一种是在报表输出打印时进行统计汇总。由于第二种方法具有较高的可维护性和数据一致性，所以应用较为广泛。

（1）在报表中添加计算控件。文本框是最常用的显示计算数值的控件类型。除了文本框之外，其他任何有"控件来源"属性的控件都可以作为计算控件，其使用方法与窗体中控件的使用基本相同。

【例 10.9】 假设在报表上添加从 3 开始编号的页码，只需添加一个控件，该控件使用一个表达式以显示需要的页码，具体操作步骤如下。

① 在"设计"视图中打开要添加页码的报表。

② 如果该报表中没有设置报表页眉或报表页脚，可以通过选择"视图"菜单中的"页面页眉/页脚"进行添加。

③ 在报表页眉或报表页脚的适当位置处添加一个文本框控件。

④ 在文本框控件中输入表达式。例如，当前的报表的起始页号为 30，则输入表达式为"=[Page]−27"。

（2）在报表中计算记录的总计值或平均值。在报表中可以计算一组记录或所有记录的总值或平均值，具体操作方法如下。

① 在"所有表"窗口中单击"报表"对象。

② 右击要打开的报表，然后单击"设计视图"按钮。

③ 如果要计算一组记录的总值或平均值，则将文本框添加到组页眉或组页脚中；如果要计算报表中所有记录的总值或平均值，则将文本框添加到报表页眉或报表页脚中。

④ 选中计算文本框，然后单击工具栏中的"属性"按钮，显示文本框的属性窗口。

⑤ 在"控件来源"属性框中，输入 sum 函数计算总计值。如果要计算平均值，则输入 avg 函数的表达式。

在 Access 中，sum 函数是 Access 提供的一个比较重要的函数，它的格式是：sum（字符串表达式）。其中，字符串表达式可以是一个字段。该字段中可以包含要计算的数据，也可以是一个表达式，用来根据指定字段的数据进行计算。sum 函数的作用就是对字段中的数据或表达式计算的结果进行求和。例如，要在报表中打印每种书的总金额，可以在报表的页面页脚上添加一个计算文本框，在其中输入表达式：=sum([单价]*[数量])。avg 函数（求平均值函数）的使用方法与 sum 函数相同。

（3）在报表中计算百分比。报表中另一种比较常用的计算就是计算百分比，具体操作方法如下。

① 在"所有表"窗口中单击"报表"对象。

② 右击要打开的报表，然后单击"设计视图"按钮。

③ 如果要计算每个项目组总计或报表总计的百分比，则将计算文本框放在"主体"节中。如果要计算每组项目对报表总计的百分比，则将计算文本框放在组页眉或组页脚中。如果报表包含多个组级别，则应该将计算文本框放在需要 Access 计算百分比的组级别的页眉或页脚中。

④ 选中计算文本框，然后单击工具栏中的"属性"按钮以显示属性窗口。

⑤ 在"控件来源"属性框中，输入用较大的总值除以较小的总值的表达式。例如，用"报表总计"控件的值去除以"每月总计"控件的值。另外，单击"生成器"按钮，使用表达式生成器也可以创建表达式。

⑥ 将文本框的"格式"属性设置为"百分比"。

5．创建子报表

与子窗体的概念相似，子报表是建立在其他报表中的报表。在 Access 中，经常采用子报表的方式将多个报表组合为一个报表。相对于子报表来说，子报表插入到的报表称为主报表。

主报表可以是绑定型的，也可以是非绑定型的。也就是说，报表可以建立在表或查询对象的基础上，也可以不基于任何对象。

如果要创建绑定型的主报表，可以将主报表绑定到基表或查询上；对于非绑定型的主报表，可以包含不相关的子报表，即子报表和主报表的数据之间没有联系。

创建子报表有两种方法：一种是在已有报表中创建子报表；另一种是将已有的报表添加到其他报表中成为子报表，其创建方法与子窗体的创建方法相同。

【例10.10】 主报表与子报表的链接。在主报表中插入子报表时，子报表的控件是链接在主报表上的。该链接可以确保在子报表中打印的记录与在主报表中打印的记录保持正确的对应关系。通过向导创建子报表，或者直接将报表或数据表由"数据库"窗口拖到其他报表中来创建子报表时，如果满足下列条件，Access将自动使子报表与主报表保持同步。

条件一：报表是基于表创建的，该表在"关系"窗口中设置了相关的关系。

条件二：如果报表是基于一个查询或多个查询创建的，而且这些查询的基表能满足相同的条件，Access将自动使子报表与主报表保持同步。如果查询的基表能够与其他基表或查询保持正确的链接，Access将自动使子报表与主报表保持同步。

条件三：主报表基于带有主键的表，而子报表则基于包含与主键同名且具有相同或兼容数据类型的字段的表。如果选择了一个或多个查询，这些查询的基表必须满足相同的条件，才能使子报表与主报表保持同步。

如果通过向导创建了所需的子报表，在某种条件下，Access将自动将主报表与子报表链接起来。如果主报表和子报表不满足指定的条件，可以通过下列的操作来进行链接。

① 在"设计视图"中打开主报表。

② 在"控件"组中，单击子报表控件，然后单击"工具"组中的"属性表"按钮，打开子报表的属性窗口，单击"数据"选项卡。

③ 在"链接子字段"属性框中输入子报表中链接字段的名称，然后在"链接主字段"属性框中输入主报表中链接字段的名称。

注意：在"链接子字段"属性框中不能输入控件的名称。如果不能确定链接的字段，可以单击"生成器"按钮，打开"子窗体/子报表字段链接器"，在其中对链接的字段进行设置。如果是通过报表向导创建的子报表，即使在向导中没有选择链接字段，Access 2007系统也会自动将它们包含在记录源中。链接的字段并不一定要显示在主报表或子报表上，但它们必须包含在基础记录源中。

10.3 报表打印

前面所述的制作报表的目的就是能够在需要的时候将其打印出来，另外在设计报表的过程中或进行报表打印之前，也经常需要对报表进行预览，以检查报表的输出是否符合用户要求。这一节就将介绍如何对报表进行打印或预览。

10.3.1 预览报表

通过预览可以快速查阅报表的页面布局。想要预览，只要在相应的报表上单击右键，在弹出的快捷菜单中选择"打印预览"，如图10.24所示，即把视图切换到"打印预览"状态。

此外，还可以根据需要使用"显示比例"组中的"单页"按钮、"双页显示"按钮来调整显示的页数，或用"其他页面"按钮设置显示页数，如图10.25所示，用鼠标选择显示页数及布局即可。

图 10.24 预览的选取界面

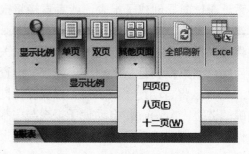

图 10.25 报表预览布局设置窗口

图 10.26 Access 2007 应用程序窗口

10.3.2 打印报表

当经过预览，认为报表符合要求时，就可以对其进行打印了。打印的方法如下。

（1）首先选择要打印的报表。

（2）单击 Office 按钮中的"打印"命令，如图 10.26 所示。

（3）在弹出的"打印"对话框中进行打印机属性、打印范围、打印份数的设置，如图 10.27 所示。

（4）设置完成后单击"确定"按钮。

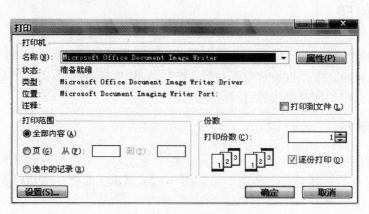

图 10.27 "打印"对话框

本 章 小 结

本章主要讲述有关报表的组成部分、各组成部分的功能、报表的属性、报表的创建方法、报表的设计及编辑、报表的分组和排序、子报表的创建以及报表的预览打印等内容，通过本章的学习掌握报表的一些常用功能。

练 习 题

1. 填空题

（1）报表的主要内容是通过（　　）来设置的。

A. 报表页眉   B. 报表主体

C. 页面页眉   D. 报表页脚

（2）在 Access 2007 中不是报表创建的方法是（　　）。

A. 自动报表   B. 报表向导

C. 报表设计器   D. 自动向导

（3）如果要在报表的结尾处添加某一字段数据的平均值，可以将 avg 函数放在（　　）中。

A. 报表页脚   B. 页面页脚

C. 主体   D. 页面页眉

2. 填空题

（1）报表页眉的内容在报表的_____打印输出。

（2）可以将_____转换为报表。

（3）在计算控件中输入表达式时，表达式前要加上_____运算符。

（4）如果在报表中想用图表的方式来显示数据表中某一字段的比例时，可以采用_____图表；_____是最常用的显示计算数值的控件类型。

（5）如果要计算每组项目对报表总计的百分比，则将计算文本框放在_____或____中。如果报表包含多个组级别，则应该将计算文本框放在需要 Access 计算百分比的组级别的____或____中。

（6）当图片大小和页不匹配时决定对图片的处理方式有 3 个选项分别是_____、_____、_____。

（7）在已有的报表中创建子报表，用工具箱中的_____控件来实现。

（8）在"链接子字段"属性框中不能输入_____。

（9）子报表插入到的报表称为_____、_____、_____、_____。

第11章 宏的使用

宏是 Access 的第五大数据库对象。作为一种简化了的编程方法，宏可以在不编写任何代码的情况下，自动帮助用户完成一些重复性工作。因为宏每次都是以同样的方式执行操作，所以灵活地运用宏命令，不仅可以节约大量时间和精力，而且提高了数据库的精确性。

本章主要介绍宏的基本知识，包括宏及宏组的定义、功能、运行条件、宏生成器的使用、创建调试与运行宏的基本方法以及与宏相关的各种操作。

11.1 宏概述

Access 2007 共提供了 70 种宏操作。宏的使用非常简便，它们和内置函数一样无须编程，只需要几个简单的操作就可以完成对数据库的一系列操作。

11.1.1 宏及宏组的定义

1. 宏的定义

宏是能自动执行的某种操作或操作的集合，其中每个操作都可以实现特定的功能。

宏是以动作为基本单位，一个宏命令能够完成一个操作动作，每一个宏命令是由动作名和参数组成的。

宏可以是包含一个或多个宏命令的宏集合，其操作动作的执行是按宏命令的排列顺序依次完成的。

2. 宏组的定义

宏组是宏的集合，在创建宏时，可以将一系列相关的宏按执行顺序组合成一个较大的宏对象，以完成一种特定任务，这样的组合称之为"宏组"。

在数据库的实际应用中，用户可能会创建几十甚至几百个宏，为了方便对数据库中的宏对象进行管理，我们经常对这些宏对象进行分组，将一些相关的宏保存在一个宏组中。

宏组一旦被创建，就可以通过指明组名和宏名使用宏组中的任意一个宏，其调用格式：宏组名+"."+ 宏名。如宏组名为"查询菜单"，宏组中第二个宏的宏名为"查询图书信息"，调用此宏组中的第二个宏的格式为：查询菜单.查询图书信息。

11.1.2 宏的基本功能

宏是一种工具，是一种特殊的代码，通过这些代码执行一系列操作，自动完成一些常规性的任务，如利用宏操作打开窗体、为报表查找和浏览记录等。

1．宏的基本功能

（1）打开/关闭数据表、窗体、报表等。

（2）弹出警告信息窗口。

（3）制作/运行菜单命令。

（4）实现数据的输入、输出及在表间进行数据的传递。

（5）对数据库对象进行特定的操作。

（6）在校验窗体中检查数据的准确性。

（7）筛选、查找数据记录。

2．新增宏功能

（1）嵌入的宏：在 Access 2007 中，能够在窗体、报表或控件提供的任意事件中嵌入宏。嵌入的宏在导航窗格中不可见，这是它与独立宏的一个区别。嵌入的宏是存储在属性中的，是它所属对象（创建它的窗体、报表或控件）的一部件。如果为包含嵌入式宏的窗体、报表或控件创建副本，则这些宏也会存在于副本中。

（2）安全性提高：当"显示所有操作"按钮在宏生成器中未突出显示时，唯一可供使用的宏操作和 RunCommand 参数是那些不需要信任状态即可运行的操作和参数。即使数据库处于禁用模式（当禁止 VBA 运行时），使用这些操作生成的宏也可以运行。如果数据库包含未出现在信任列表中的宏操作，或者具有 VBA 代码，则需要显式授予其信任状态。

（3）处理和调试错误：其中包括 OnError（类似于 VBA 中的"On Error"语句）和 ClearMacroError，这些新的宏操作使用户可以在宏运行过程中出错时执行特定操作。此外，新的 SingleStep（单步）宏操作允许用户在宏执行过程中的任意时刻进入单步执行模式，从而可以通过每次执行一个操作来了解宏的工作方式。

（4）临时变量：使用 3 个新的宏操作（SetTempVar、RemoveTempVar 和 RemoveAllTemp Vars）可以在宏中创建和使用临时变量。可以在条件表达式中使用这些变量来控制宏的运行，或者向/从报表或窗体传递/接收数据，或者用于需要使用一个临时存储位置来存储值的其他任何情况。还可以在 VBA 中访问这些临时变量，因此用户还可以使用它们来向/从 VBA 模块传递/接收数据。

11.1.3　运行宏的条件

宏运行的前提是有触发宏的事件发生，有如下事件可以触发宏事件。

（1）数据处理事件：包括数据的删除、插入、更新等。

（2）焦点处理事件：包括对象的激活、退出、接受焦点、失去焦点等。

（3）键盘输入事件：包括键盘上按键按下、按键释放等。

（4）鼠标事件：包括鼠标单击、双击、鼠标按下及释放、鼠标移动等。

（5）数据库对象事件：包括数据库对象（如窗体、报表、控件）的打开、关闭等。

（6）出错处理事件：包括用户名密码校检错误、数据记录校检错误、系统时间错误等。

（7）打印处理事件：包括报表打印、记录筛选查询打印、出错信息打印等。

11.2 创建与编辑宏

在 Access 2007 中宏的创建、编辑只能在"设计视图"下完成，宏生成器是创建宏的唯一环境。在宏生成器的编辑窗口下可以完成创建宏、添加或删除宏、更改宏操作顺序、设置宏操作执行的条件、设置宏操作所需参数等操作。

11.2.1 宏生成器的使用

1．宏生成器的启动

首先打开数据库，选定功能区"创建"选项卡，在"其他"组中单击"宏"命令下面的箭头，选择"宏"按钮，如图 11.1 所示。

图 11.1　启动"宏生成器"

注意：如果"其他"功能区中没有显示"宏"命令，单击"模块/类模块"命令下面的箭头，选择"宏"按钮。

2．宏生成器的界面

宏生成器包括宏设计选项卡、导航窗格、宏编辑区 3 个部分。首次进入"宏生成器"界面后，系统自动生成一个名为"宏 1"的空白宏，如图 11.2 所示。

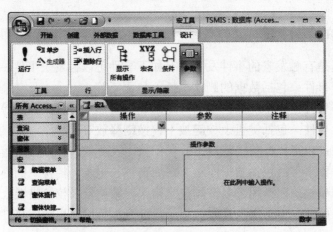

图 11.2　"宏生成器"界面

（1）宏"设计"选项卡：提供了创建、编辑宏的常用工具，包括工具、行、显示/隐藏3个功能区。选项卡上各组中按钮的功能如表11.1所示。

表11.1　宏"设计"选项卡的按钮功能表

组	按　钮	功　　能
工具	运行	执行宏操作
	单步	启动单步执行模式，当在此模式下运行宏时，每次执行一个操作
	生成器	当输入可包含表达式的操作参数时，启用此按钮
行	插入行	插入一个或多个空白操作行到选中行的上方
	删除行	删除选中的一个或多个操作行
显示/隐藏	显示所有操作	在"操作"列下拉列表中显示更多或更少的宏操作
	宏名	显示/隐藏"宏名"列
	条件	显示/隐藏"条件"列
	参数	显示/隐藏"参数"列

（2）导航窗格：用于显示当前数据库中的各种数据对象，如窗体、数据表、独立宏及宏组（嵌入式宏不显示）等。

（3）宏编辑区：创建、编辑宏及宏组的工作区，分为上下两部分。上半部分用于定义一个或多个宏操作，下半部分是设置操作参数区域。宏操作的参数有些是必需的，有些是可选的。上半部分的"参数"列只是显示每个宏操作的参数，便于用户了解，但不能进行编辑。编辑宏操作的参数必须在下半部分的操作参数编辑区，每个宏操作的参数项都是不同的。

在操作参数编辑区的右侧提供了每个操作项的解释说明，当用户要全面了解某个操作项时，按F1键可以打开帮助文件进行查看。

11.2.2　创建宏

1．创建独立宏

【例11.1】　创建一个用于打开图书管理系统（TSMIS）中reader表主窗体的宏，具体操作步骤如下。

（1）打开"TSMIS"数据库。

（2）选定功能区"创建"选项卡，在"其他"组中单击"宏"命令下面的箭头，选择"宏"按钮，进入宏生成器窗口。

（3）系统自动创建一个名为"宏1"的空白宏，单击"操作"列的第一个空白行，在弹出的下拉列表中选择打开窗体操作即"OpenForm"命令，如图11.3所示。

（4）在参数编辑区设置该操作的各项参数：窗体名称为reader表主窗体，其他参数取默认值。输入的参数显示在编辑区上半部分的"参数"列中，如图11.4所示。

（5）在"注释"列设置操作的说明。该说明像程序中指令的注释一样，使所做的工作利于理解和维护，建议用户对每个操作都做一些简要的说明，这是一个良好的习惯。

（6）如果在这个宏内还要添加更多的操作，则鼠标移动到一个新的操作行后重新进行步骤（3）～（5）的操作。

（7）保存创建的宏，单击"保存"按钮，在弹出的"另存为"对话框中输入宏的名称，打开reader表主窗体。然后单击"确定"按钮返回，宏名则显示在左侧"导航窗格"的"宏"

下面，如图 11.5 所示。

图 11.3　"宏"设计视图 ——"操作"列

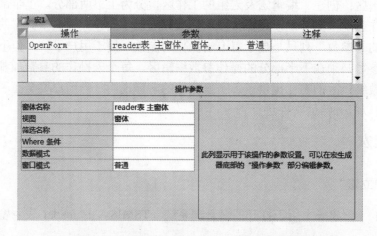

图 11.4　"宏"设计视图 ——"参数"编辑区

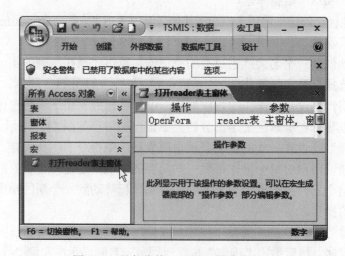

图 11.5　导航窗格——显示新建的宏名

2. 快速创建宏

如果所要创建的宏是对某个数据库对象进行操作，则可以使用一种简便快速的方法。

【例 11.2】 快速创建一个宏，该宏是用来打开 book 报表的具体操作步骤如下。

（1）打开 TSMIS 数据库，选定功能区"创建"选项卡，在"其他"组中单击"宏"命令下面的箭头，选择"宏"按钮，进入宏生成器窗口。

（2）展开窗体左侧的导航窗格，选定"book 报表"，如图 11.6 所示。

（3）拖曳"book 报表"到宏的第一个操作行中，则打开报表操作即"OpenReport"命令就被加到宏中，同时系统自动将"book 报表"填加到"报表名称"参数框中，如图 11.7 所示。

（4）在参数编辑区设置其他参数，填加注释后，保存，关闭。

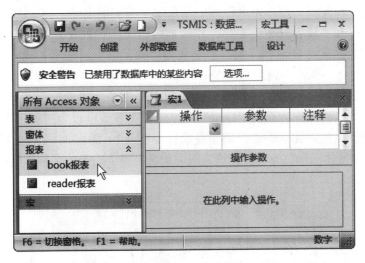

图 11.6　导航窗格——显示"book 报表"

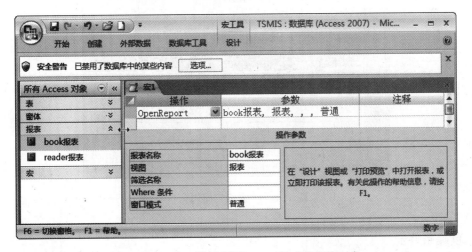

图 11.7　"宏"设计视图 —— 拖曳数据库对象

注意：如果拖曳的是某个宏，则 Access 会添加一个执行此宏的操作，若拖曳导航窗格中的数据库对象（如表、查询、窗体、报表或模块），则添加一个打开相应对象的操作。

3. 创建宏组

宏组把多个宏组合在一起，如果宏对象仅包含一个宏，则宏名不是必需的，通过宏对象的名称即可引用该宏。但对于宏组，必须为每个宏指定一个宏名，用宏名来区分各个宏，宏名与宏的第一个操作出现在同一行上。如果一个宏中有多个操作，则对于宏中任何后续操作，宏名列保留为空，在执行中遇到下一个宏名时，该宏结束。

【例 11.3】 创建一个宏组，该宏组用来浏览并打印 book 表窗体，然后再退出整个系统。具体的操作步骤如下。

（1）打开 TSMIS 数据库，选定功能区"创建"选项卡，在"其他"组中单击"宏"命令下面的箭头，选择"宏"按钮，进入宏生成器窗口。

（2）选定"设计"选择卡下"显示/隐藏"组中的"宏名"按钮，出现如图 11.8 界面。

（3）添加宏名和操作。在"宏名"列中输入宏组中宏的名字。第一个宏名为"打开"，对应宏的操作为打开"读者登记"窗体，相应地将"操作"列设为"OpenForm"，"窗体名称"参数框设为"读者登记"；第二个宏名为"预览"，对应宏的操作为打开"读者记录报表"，相应地将"操作"列设为"OpenReport"，"窗体名称"参数框设为"读者记录报表"，"视图"参数框设为"打印预览"；第三个宏名为"退出"，对应宏的操作为退出整个系统，相应地将操作列设为"Quit"，"选项"参数框设为"提示"，如图 11.9 所示。如果要在宏组中加入其他的宏，则重复执行步骤（3）即可。

（4）以"读者窗体操作"为名保存该宏组，此名为整个宏组的名称，显示在"导航窗格"的"宏"下面。

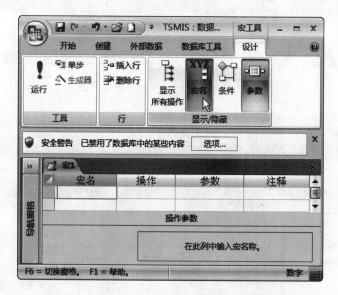

图 11.8 "宏组"编辑窗口

4. 创建条件宏

在宏中使用条件，也称为"条件宏"。条件宏可以使程序在满足特定的条件时才执行。在"宏生成器"中，"条件"列是用来设置宏运行的条件，指定在执行操作之前必须满足的某些标准，用户可以使用计算结果等于 True/False 或"是/否"的任何表达式。如果表达式计算结果为 False、"否"或 0（零），将不执行此操作；如果表达式计算结果为其他任何值，则运行此操作。下面以"密码验证"宏为例，说明宏运行条件的设置。

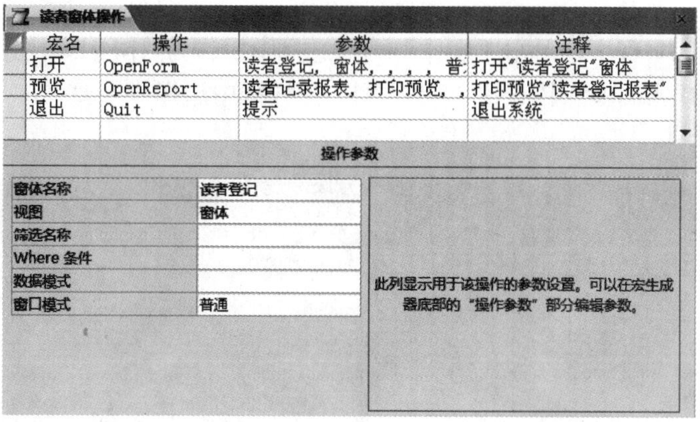

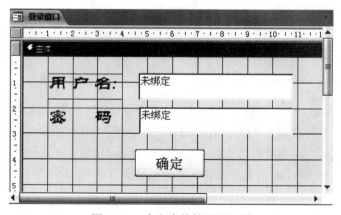

图 11.9 "宏"设计视图 —— 编辑"宏组"

【例 11.4】 创建一个宏，该宏的基本功能是：校验登录窗口中输入的用户名及密码，如果不正确，弹出消息框，提示用户名或密码错误。设定用户名：Admin，密码是：pass123。具体操作步骤如下。

（1）打开 TSMIS 数据库，选定功能区"创建"选项卡，在"窗体"组中单击"空白窗体"按钮，进入窗体的设计视图。

（2）选定"设计"选项卡中的"控件"组，单击"标签"按钮，在窗体中建立两个提示信息，"标题"属性分别设为"用户名"和"密码"。

（3）单击"文本框"按钮，在窗体中建立两个"文本框"，分别用于输入用户名和密码，"名称"属性分别设为"username"和"password"。

（4）单击"按钮"控件，创建一个命令按钮，"标题"属性设为"确定"，以"登录窗口"为名保存该窗体，如图 11.10 所示。

图 11.10 空白窗体的设计视图

（5）选定"创建"选项卡，在"其他"组中单击"宏"命令下面的箭头，选择"宏"按钮，进入宏生成器窗口。

（6）在"宏生成器"窗口，选定"设计"选择卡下"显示/隐藏"组中的"条件"按钮，在宏编辑区显示"条件"列。在"条件"列中第一行写入条件：

[username].[visible]<>" Admin" Or [password].[visible]<>" pass123"，如图 11.11 所示。

或单击"工具"组中的"生成器"按钮，在"表达式生成器"对话框中选择窗体名称、按钮名称、属性，如图 11.12 所示，设置完成后，按"确定"按钮。输入的条件则显示在编辑区的"条件"列中。

（7）在条件的同一行中，单击"操作"列，选择宏操作为"MsgBox"，在"消息"参数框中输入"用户名或密码输入错误!"；"类型"参数框中选择"重要"，"标题"参数框中输入"提示信息"。

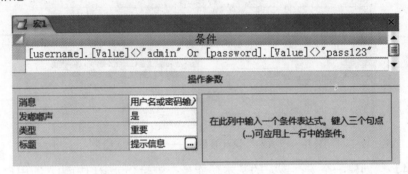

图 11.11 "宏"设计视图 ——"条件"列

（8）在"MsgBox"操作的下一行，选择"Close"宏操作，在"对象类型"参数框中选择"窗体"，在"对象名称"参数框中选择"登录窗口"窗体，如图 11.13 所示。

（9）以"校验登录信息"为名保存该宏，并关闭"宏生成器"。

图 11.12 表达式生成器—输入条件　　　　图 11.13 "宏"设计视图——选择操作命令

（10）进入"登录窗口"的窗体设计视图，打开命令按钮"确定"的属性表，选择"事件"选项卡，将"单击"事件设置为"校验登录信息"宏，如图 11.14 所示，保存并关闭该窗体。窗体运行后，当输入的用户名与密码与设置不符时，提示错误信息，无法登录，如图 11.15 所示。

注意：如果让一个条件控制多个操作，则在应用该条件的每个后续操作的"条件"列中输入省略号（…）。

5．创建嵌入式宏

嵌入式宏是 Access 2007 新增加的功能。用户可以在窗体、报表或控件提供的任意事件中嵌入宏。嵌入式宏可以像数据库对象中的其他属性一样附于数据库对象，因此用户不必跟踪包含窗体或报表的宏的单独宏对象，使数据库更易于管理。

图 11.14　命令按钮——"事件"属性

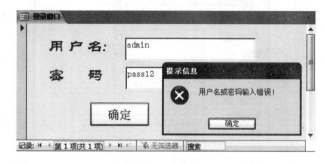

图 11.15　"登录窗口"运行结果

【例 11.5】　创建一个嵌入式宏，名为"提示空表"。功能是在打印图书管理系统的罚款记录报表时，如果报表中没有数据，则显示提示信息而不打印空报表。具体的操作步骤如下。

（1）打开 TSMIS 数据库，展开导航窗格，右击"报表"类型中的"罚款记录报表"，在弹出的快捷菜单中单击"设计视图"/"全局视图"选项，进入报表的编辑窗口，如图 11.16 所示。

（2）选定"设计"选项卡，单击"工具"组的"属性表"按钮（也可按 Alt+Enter 组合键），打开该报表的"属性表"窗格。

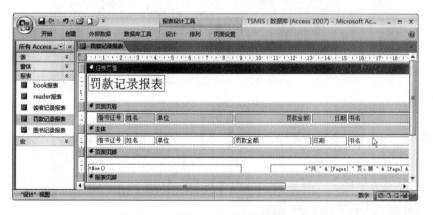

图 11.16　"罚款记录报表"设计视图

（3）在"属性表"中，将"所选内容的类型"设置为"报表"；选定"事件"选项卡，单击"无数据"事件行右边的省略号按钮，如图 11.17 所示。弹出"选择生成器"对话框，如图 11.18 所示。

（4）在"选择生成器"对话框中，选择"宏生成器"选项，单击"确定"按钮后，进入"宏生成器"界面。

（5）在"操作"列的第一行，选择操作：MsgBox 消息框命令；"消息"参数框输入：罚款记录报表中现在没有数据!；"类型"参数框输入：信息；"标题"参数框输入：提示信息；"注释"列输入：提示报表中无数据。

（6）在"操作"列的第二行，选择操作：CancelEvent 取消事件命令，此操作命令没有参数，如图 11.19 所示。

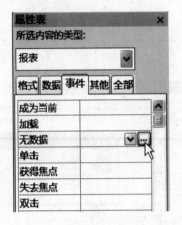

图 11.17　"属性表"设置窗口

图 11.18　"选择生成器"窗口

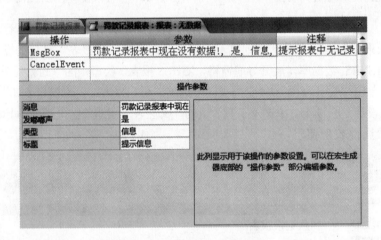

图 11.19　创建嵌入式宏

（7）保存并关闭该宏（不需要输入宏的名字），该宏就嵌入到报表的"无数据"事件中，如图 11.20 所示。

如果"罚款记录报表"中有记录，则正常显示；无记录，显示结果如图 11.21 所示。

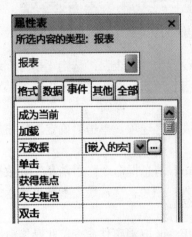

图 11.20　宏嵌入"无数据"事件

图 11.21　嵌入宏运行结果

11.2.3 编辑宏

创建宏后，用户可以对宏进行编辑。可以在"宏生成器"中对已创建的宏进行编辑，如插入行、删除行、移动行、更改条件、操作命令、参数、注释及宏组中的宏名、复制、粘贴各操作项等，也可以在"导航窗格"中对宏进行删除、重命名、复制等操作。

若要增加（或删除）宏的操作，可插入（或删除）行，方法是可以在"宏生成器"中单击鼠标右键，在弹出的快捷菜单中选择，如图 11.22 所示；或在"设计"选项卡的"行"组中选择操作，如图 11.23 所示。

图 11.22　"宏生成器"快捷菜单　　　　图 11.23　"宏"设计选项卡

若改变宏的操作顺序，需移动行，方法是单击"操作"列左侧的行标题，然后将它拖到新位置。"宏生成器"也可以对多行进行插入、删除、移动操作。

11.3　宏的调试与运行

当宏创建完成后，只有运行宏才能产生宏操作。要保证宏运行的正确性，必须对创建后的宏进行调试，尤其是对由多个操作组成的宏或宏组，更是需要进行反复的调试，这样才能保证宏的最终运行结果是正确的。

11.3.1 宏的调试

Access 采用"单步"运行方式来调试宏，所谓"单步"方式就是宏运行时一次只执行一个操作命令，并显示与这个宏操作相关的信息及操作的运行结果，如果有错误显示错误号。

【例 11.6】　用"单步"运行方式调试"打开窗体"宏。该宏包含的操作如图 11.24 所示。

操作	参数	注释
OpenForm	reader表 主窗体，窗体，，，，普通	打开"reader表 主窗体"操作
OpenForm	图书入库，窗体，，，，普通	打开"图书入库"窗体
Close	窗体，reader表 主窗体，提示	关闭"reader表 主窗体

图 11.24　"打开窗体"宏的设计视图

（1）在导航窗格中右击"打开窗体"，在弹出的快捷菜单中选择"设计视图"，进入"宏生成器"。

（2）在"设计"选项卡上，单击"工具"组中"单步"按钮，选择单步运行宏，如图 11.25 所示。

（3）单击"工具"组中"运行"按钮，弹出"单步执行宏"对话框，如图 11.26 所示。

图 11.25　宏生成器——"单步"按钮

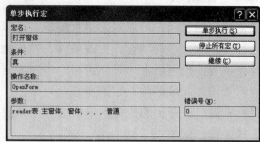

图 11.26　"单步执行宏"对话框

（4）在"单步执行宏"对话框中显示宏的第一个操作（打开 reader 表主窗体）的相关信息：条件、操作名称、参数设置、错误号。错误号为 0，表示该操作命令没有错误，能够正常运行。

说明：

① 错误号：显示出错信息，错误号为 0，表示该操作没有错误，能够正常运行。如果发生错误，则弹出"操作失败"对话框，显示错误号。

② 单步执行：单击此按钮，显示操作的运行结果，如果该宏有多个操作则同时显示下一个操作的调试信息。

③ 停止所有宏：单击此按钮，停止宏的调试并关闭"单步执行宏"对话框。

④ 继续：单击此按钮，关闭"单步执行宏"对话框，取消"单步"运行方式，连续运行该宏当前操作其后的所有操作命令。

（5）继续单击"单步执行"按钮，将执行下面的宏操作，直至该宏的全部操作执行完成为止。

注意：当某个宏在单步运行结束后，"单步"方式仍为打开状态时，运行其他的宏仍将采用"单步"方式。要想取消"单步"方式，可以在"单步执行宏"对话框中单击"继续"按钮，或者单击"工具"组中的"单步"按钮，取消其打开状态（突出显示状态）。

11.3.2　宏的运行

宏经过调试无错误后，就可以使用了。运行宏的常用方法有：直接运行；通过窗体、报表或控件中的事件触发宏运行；从其他宏或者从 VBA 进程中运行宏。在实际应用中最常用的是通过窗体、报表或控件事件来触发宏的运行。

宏组的运行一般采用控件事件触发宏组中宏的操作，如果用直接运行的方法那么仅仅是执行了该宏组中第一个宏所包含的操作，而在到达第二个宏名时停止。

1．直接运行宏或宏组

使用直接运行方法，系统默认在运行宏时按照宏命令的排列顺序从上到下连续地执行宏操作。若选择"宏生成器"中"单步"按钮后再运行，那么在运行宏时是依照宏命令的排列顺序单步执行宏操作的。直接运行宏操作，可以使用以下几种方法。

（1）在"数据库工具"选项卡上，单击"宏"组中的"运行宏"按钮。

（2）在"宏生成器"窗口中选定"设计"选项卡，单击"工具"组中的"运行"按钮。

（3）在导航窗格中双击要运行的宏或宏组。

（4）在导航窗格中右击要运行的宏或宏组，在弹出的快捷菜单中选择"运行"选项。

【例 11.7】 利用第一种方法运行 TSMIS 数据库中名为"打开 book 报表"的宏操作。具体操作步骤如下。

（1）打开 TSMIS 数据库，选定"数据库工具"选项卡，单击"宏"组中的"运行宏"按钮。

图 11.27 "执行宏"对话框

（2）在弹出的"执行宏"对话框中选择要运行的宏：打开 book 报表，按"确定"按钮后即可运行该宏，如图 11.27 所示。

2. 触发事件运行宏或宏组

该方法是 Access 中最常用的宏运行方法，即是通过某一窗体、报表或控件的触发事件来运行宏或宏组。上面的例 11.4、例 11.5 都是通过控件的触发事件来运行宏的。

【例 11.8】 以例 11.3 中创建的宏组"读者窗体操作"为例，说明如何利用触发事件来运行宏组。具体操作步骤如下。

（1）打开"TSMIS 数据库"，选择"创建"选项卡，单击"窗体"组中的"空白窗体"按钮，进入窗体设计视图。

（2）单击"控件"组中的"按钮"控件，在窗口中设置 3 个命令按钮，注意此时要将工具箱中的"控件向导"按钮处于未被选中的状态。

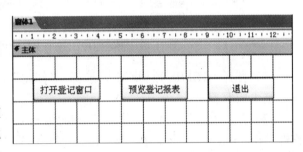

图 11.28 "窗体"设计视图

（3）单击"工具"组的"属性表"按钮，也可以通过双击控件的方式打开属性表，将 3 个命令按钮的标题"属性"分别设为"打开登记窗口"、"预览登记报表"和"退出"，如图 11.28 所示。

（4）在 3 个按钮的"事件"选项卡上，单击"单击"选项右侧的下拉列表框，分别选择"读者窗体操作.打开"，"读者窗体操作.预览"，"读者窗体操作.退出"，将宏组中的各个宏绑定到各按钮的"单击"事件中，如图 11.29 所示。

（5）关闭"属性表"窗格，将新建的窗体以"读者登记窗体操作"为名保存窗体。

（6）运行"读者登记窗体操作"窗体，用户可以通过单击"打开登记窗口"按钮将"读者登记"窗体打开；通过"预览登记报表"按钮预览"读者登记报表"，通过"退出"按钮退出 Access 2007 系统。

注意： 当宏与窗体、报表或控件的"事件"属性建立关联（绑定或嵌入）后，只有当与宏相关联的事件触发时，该宏才会运行。

3. 从另一个宏中或 VBA 进程中运行宏

从其他宏中运行宏实质是利用"RunMacro"操作命令去调用另一个宏，因此事先要先创建一个宏。

从 VBA 模块中运行宏需要将 DoCmd 对象的 RunMacro 方法添加到进程中，然后指定要运行宏的名称。

【例 11.9】 新建一个宏，在该宏中添加 "RunMacro" 操作运行 "打开 book 表" 宏。具体操作步骤如下。

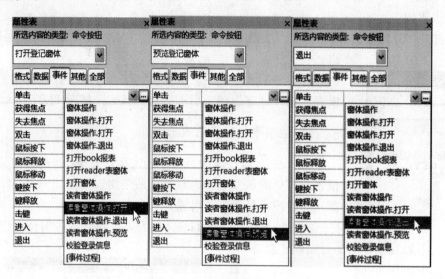

图 11.29 将宏组中的各个宏绑定到控件的 "单击" 事件中

（1）打开 "TSMIS 数据库"，选择 "创建" 选项卡，在 "其他" 组中单击 "宏" 按钮，进入宏生成器窗口。

（2）在 "宏 1" 中单击 "操作" 列的第一个空白行，在弹出的下拉列表中选择运行宏操作即 "RunMacro" 命令，在 "宏名" 参数框中选择 "打开 book 表"，如图 11.30 所示。

（3）以 "运行宏" 为名保存并关闭宏，在 "导航窗格" 中双击 "运行宏"，则执行宏中的操作：运行 "打开 book 表" 宏，显示 book 报表。

如果从 VBA 进程中运行宏，则在 VBA 进程中输入 DoCmd.RunMacro "打开 book 表"。

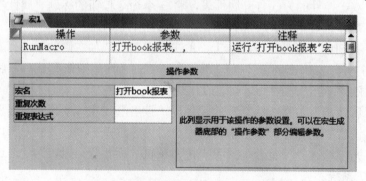

图 11.30 宏生成器——"运行宏" 操作

11.4 使用宏创建菜单

在数据库的实际应用中，除了系统提供的菜单外，用户通常都希望自己定义菜单，可以利用这些菜单快速完成相应的操作。Access 宏操作命令中提供了一个自定义菜单命令：AddMenu。菜单宏组中的每一个宏所定义的一组操作对应自定义菜单中的一个命令，"宏名"

列中的名称即为菜单命令名称。

11.4.1　自定义快捷菜单

快捷菜单是指显示与特定对象相关的一列命令的菜单，通常用右键单击某一对象即可出现相应对象的快捷菜单，用户自定义的快捷菜单可代替用于窗体、报表或控件的内置快捷菜单。用户要为特定窗体、报表或控件创建自定义快捷菜单，需要在相应窗体、报表或控件的"快捷菜单栏"属性中输入菜单宏的名称。

【例 11.10】　在 TSMIS 数据库中，创建一个用于"book 表窗体"的快捷菜单，如图 11.31 所示。要自定义的快捷菜单分为二层，在"导出"命令下有二级子菜单，因此我们需要创建两个宏组，一个宏组定义主快捷菜单，名为"窗体快捷菜单"；另一个宏组定义"导出"命令的子菜单，名为"导出 book 表数据"。

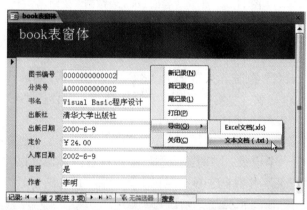

图 11.31　"book 表窗体"的快捷菜单

具体操作步骤如下：

（1）打开"TSMIS 数据库"，选择 "创建"选项卡，在"其他"组中单击"宏"按钮，进入宏生成器窗口。

（2）创建"导出 book 表数据"宏组：单击"显示/隐藏"组的"宏名"按钮，将"宏名"列显示在编辑区。

（3）在第一行的"宏名"列输入：Excel 文档（.xls）；"操作"列选择：OutputTo；"注释"列输入：导出为 Excel 文件；"对象类型"参数框选择：窗体；"对象名称"参数框选择：book 表窗体；"输出格式"参数框选择：Excel 97、Excel 2003 工作簿（*.xls）；其他参数取默认值。

在第二行的"宏名"列输入：文本文档（.txt）；"操作"列选择：OutputTo；"注释"列输入：导出为文本文件；"对象类型"参数框选择：窗体；"对象名称"参数框选择：book 表窗体；"输出格式"参数框选择：文本文件（*.txt）；其他参数取默认值，如图 11.32 所示。

（4）以"导出 book 表数据"为名保存宏组并关闭。

（5）创建"窗体快捷菜单"宏组：选择 "创建"选项卡，在"其他"组中单击"宏"按钮，进入宏生成器窗口，单击"显示/隐藏"组的"宏名"按钮，将"宏名"列显示在编辑区。

（6）在第一行"宏名"列输入：新记录（&N）；"操作"列选择：GoToRecord；"注释"列输入：打开新记录；"对象类型"参数框选择：窗体；"对象名称"参数框选择：book 表窗体；"记录"参数框选择：新记录。

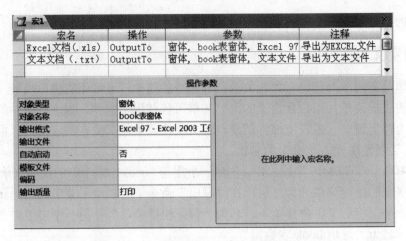

图 11.32　创建"导出 book 表数据"宏组

注意： 在字母前面输入符号（&），表示该字母是快捷键，将在菜单中显示为带有下画线，用户可以利用键盘选择菜单命令。

（7）在第二行"宏名"列输入：首记录（&F）；"操作"列选择：GoToRecord；"注释"列输入：移到第一个记录；"对象类型"参数框选择：窗体；"对象名称"参数框选择：book 表窗体；"记录"参数框选择：首记录。

（8）在第三行"宏名"列输入：尾记录（&F）；"操作"列选择：GoToRecord；"注释"列输入：移到最后一个记录；"对象类型"参数框选择：窗体；"对象名称"参数框选择：book 表窗体；"记录"参数框选择：尾记录，如图 11.33 所示。

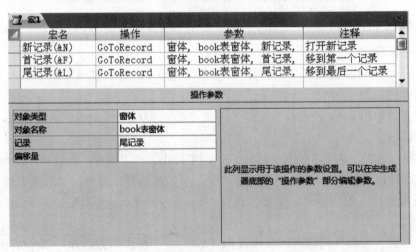

图 11.33　"窗体快捷菜单"宏组——记录操作

（9）在第四行"宏名"列输入：连字符（.）；"注释"列输入：加直线，如图 11.34 所示。

注意： 如果要在两个菜单命令之间加一条直线，则在"宏名"列输入符号（.）。

（10）在第五行"宏名"列输入：打印（&P）；"操作"列选择：OpenReport；"注释"列输入：打印 book 报表；"报表名称"参数框选择：book 报表；"视图"参数框选择：打印；其他参数取默认值，如图 11.35 所示。

（11）在第六行"宏名"列输入：导出；"操作"列选择：AddMenu；"注释"列输入：导出 book 表数据；"菜单名称"参数框选择：导出（&O）；"菜单宏名称"参数框选择：

导出 book 表数据，如图 11.36 所示。

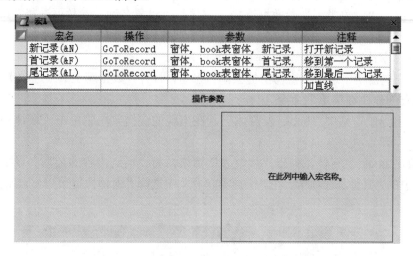

图 11.34 "窗体快捷菜单"宏组——连字符

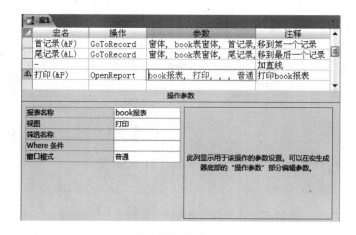

图 11.35 "窗体快捷菜单"宏组——打印操作

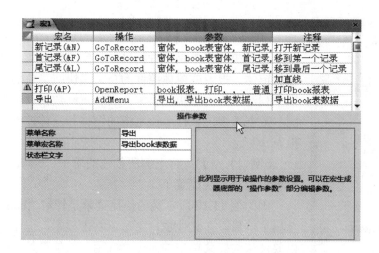

图 11.36 "窗体快捷菜单"宏组——导出操作

（12）在第七行 "宏名"列输入：连字符（.）；"注释"列输入：加直线。

（13）在第八行"宏名"列输入：关闭；"操作"列选择：Close；"注释"列输入：关闭 book 表数据；"对象类型"参数框选择：窗体；"对象名称"参数框选择：book 表窗体，如图 11.37 所示。

（14）以"窗体快捷菜单"为名保存宏组并关闭。

（15）在导航窗格中选中"窗体快捷菜单"宏组，打开"数据库工具"选项卡，单击"宏"组中的"用宏创建快捷菜单"命令。

（16）右击导航窗格中"book 表窗体"，在出现的快捷菜单中单击"设计视图"进入窗体编辑窗口。

（17）双击 book 表窗体，弹出"属性表"窗格，将"所选内容的类型"设为"窗体"，选择属性表中的"其他"选项卡，在"快捷菜单栏"中选择"窗体快捷菜单"宏组，如图 11.38 所示。

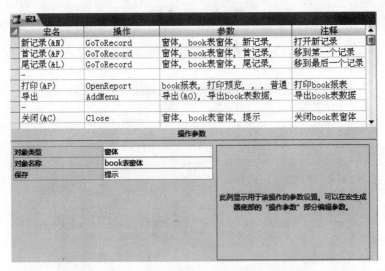

图 11.37   "窗体快捷菜单"宏组——关闭操作

（18）关闭窗体并运行，在窗体中右击即可出现自定义的快捷菜单。

图 11.38   快捷菜单嵌入属性表

11.4.2   全局快捷菜单

全局快捷菜单是一种特殊的自定义快捷菜单，除已经用于特定的窗体、报表或窗体控件的自定义快捷菜单的地方以外，可替换下列对象的内置快捷菜单：表和查询数据表中的字段；窗体视图、数据表视图和打印预览中的窗体和窗体控件；打印预览中的报表。

【例 11.11】   将上例所创建的用于"book 表窗体"的快捷菜单设为全局快捷菜单。

因为例 11.10 所定义的快捷菜单是针对"book 表"的，设为全局菜单后，在其他窗口下可以右击显示，但不能正确执行，所以要使该快捷菜单中的命令能应用于其他窗体，用户在创建宏组时操作命令选择"RunCommand"，使用"运行命令"操作所提供的特定 Access 命令。具体操作步骤如下。

（1）打开"TSMIS 数据库"，选择"创建"选项卡，在"其他"组中单击"宏"按钮，进入宏生成器窗口。

（2）创建"导出表数据"宏组：单击"显示/隐藏"组的"宏名"按钮，将"宏名"列显示在编辑区。

（3）在第一行的"宏名"列输入：Excel 文档（.xls）；"操作"列选择：RunCommand；"注释"列输入：导出为 Excel 文件；"命令"参数框选择：OutputToExcel。

（4）在第二行的"宏名"列输入：文本文档（.txt）；"操作"列选择：RunCommand；"注释"列输入：导出为文本文件；"命令"参数框选择：OutputToText。

（5）以"导出表数据"为名保存宏组并关闭。

（6）创建"全局快捷菜单"宏组：选择 "创建"选项卡，在"其他"组中单击"宏"按钮，进入宏生成器窗口，单击"显示/隐藏"组的"宏名"按钮，将"宏名"列显示在编辑区。

（7）在第一行"宏名"列输入：新记录（&N）；"操作"列选择：RunCommand；"注释"列输入：打开新记录；"命令"参数框选择：RecordsGoToNew。

（8）在第二行 "宏名"列输入：首记录（&F）；"操作"列选择：RunCommand；"注释"列输入：移到第一个记录；"命令"参数框选择：RecordsGoToFirst。

（9）在第三行 "宏名"列输入：尾记录（&F）；"操作"列选择：RunCommand；"注释"列输入：移到最后一个记录；"命令"参数框选择：RecordsGoToLast。

（10）在第四行 "宏名"列输入：连字符（.）；"注释"列输入：加直线。

（11）在第五行"宏名"列输入：打印（&P）；"操作"列选择：RunCommand；"注释"列输入：打印当前报表；"命令"参数框选择：Print。

（12）在第六行"宏名"列输入：导出；"操作"列选择：AddMenu；"注释"列输入：导出表数据；"菜单名称"参数框选择：导出；"菜单宏名称"参数框选择：导出表数据。

（13）在第七行"宏名"列输入：连字符（.）；"注释"列输入：加直线。

（14）在第八行"宏名"列输入：关闭；"操作"列选择：RunCommand；"注释"列输入：关闭当前窗体；"命令"参数框选择：CloseWindow。

（15）以"全局快捷菜单"为名保存宏组并关闭。

（16）在导航窗格中选中"全局快捷菜单"宏组，打开"数据库工具"选项卡，单击"宏"组中的"用宏创建快捷菜单"命令。

（17）单击"TSMIS 数据库"窗口左上角的"Office 按钮"，在打开的菜单中单击"Access 选项"按钮，进入"Access 选项"对话框。

（18）在"Access 选项"对话框中，选择的"当前数据库"，在"功能区和工具栏选项"下，单击"快捷菜单栏"右侧的下拉列表，选择"全局快捷菜单"菜单宏，如图 11.39 所示。单击"确定"按钮关闭对话框。

（19）系统提示如图 11.40 所示，单击"确定"按钮后，重新打开 TSMIS 数据库，则自定义的快捷菜单变为全局菜单，在全局菜单的作用范围内，右击窗体、报表或控件等对象均弹出此快捷菜单并正确执行。

图 11.39 "Access 选项"对话框——设置全局菜单　　　　图 11.40 提示信息

11.5 实训——宏的应用

11.5.1 实训目的

掌握"宏生成器"的使用，熟练掌握宏及宏组的创建与编辑。

11.5.2 实训内容

为"图书管理系统"主窗口创建一个自定义下拉菜单，自定义菜单共包括 4 个菜单项：编辑、浏览、查询和管理，需创建 4 个菜单宏组，导入及导出菜单下有子菜单，还需创建两个菜单宏组，加上主菜单本例共需创建 7 个宏组，如图 11.41 所示。具体操作步骤如下。

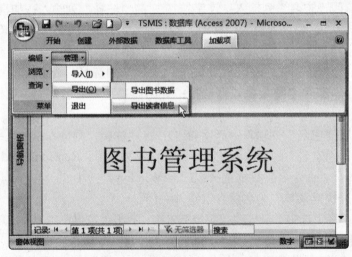

图 11.41 "加载项"选项卡下自定义菜单

（1）打开"TSMIS 数据库"，选择"创建"选项卡，在"其他"组中单击"宏"按钮，进入宏生成器窗口。

（2）创建"编辑菜单"宏组，该宏组编辑窗口如图 11.42 所示。

（3）创建"浏览菜单"宏组，该宏组编辑窗口如图 11.43 所示。注意"打开窗体"操作的"数据模式"参数设为"只读"，不允许修改或添加数据。

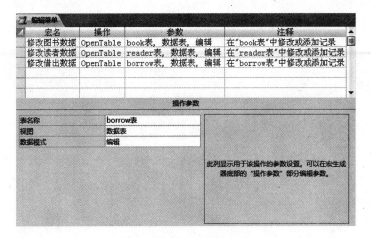

图 11.42 "编辑菜单"宏组

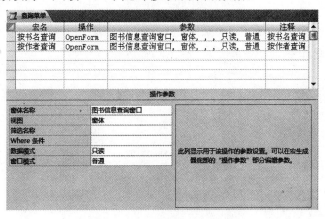

图 11.43 "浏览菜单"宏组

（4）创建"查询菜单"宏组，该宏组编辑窗口如图 11.44 所示。注意"打开窗体"操作的"数据模式"参数设为"只读"，不允许修改或添加数据。

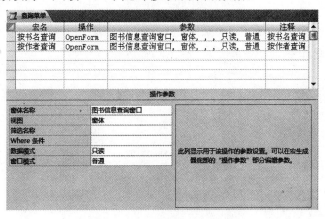

图 11.44 "查询菜单"宏组

（5）创建"数据导入"宏组，该宏组的操作选择"RunCommand"，调用 Access 内置命令，"命令"参数分别为"ImportAttachExcel"和"ImportAttachAccess"，编辑窗口如图 11.45 所示。

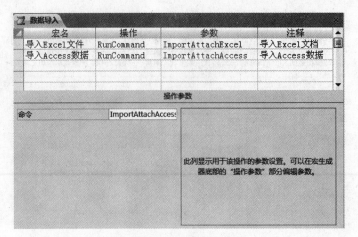

图 11.45   "数据导入"宏组

（6）创建"数据导出"宏组，该宏组的编辑窗口如图 11.46 所示。

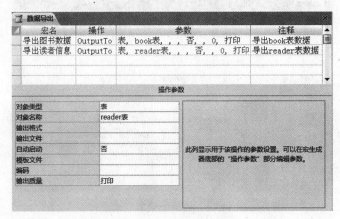

图 11.46   "数据导出"宏组

（7）创建"管理菜单"宏组，该宏组编辑窗口如图 11.47 所示。

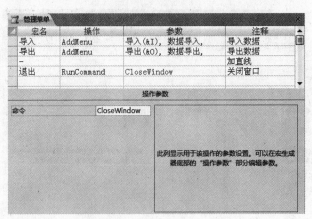

图 11.47   "管理菜单"宏组

（8）创建"主菜单"宏组，在该宏组中需要为每一个菜单添加一个"AddMenu"命令，"菜单名称"参数框中输入的名称即为下拉菜单中的菜单项名称，编辑窗口如图 11.48 所示。

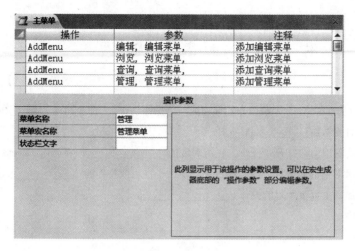

图 11.48　"主菜单"宏组

（9）选择"创建"选项卡，单击"窗体"组中的"空白窗体"按钮，进入窗体的设计视图。

（10）单击"控件"组中的"标签"按钮，在窗体的中心位置输入标题"图书管理系统"，设置字体、字号等属性。

（11）在"属性表"窗格中，将"所选内容的类型"设为"窗体"，选择属性表中的"其他"选项卡，在"菜单栏"中选择"主菜单"宏组，如图 11.49 所示。

（12）运行"图书管理系统"窗体，完成设计。

图 11.49　菜单栏嵌入属性表

本 章 小 结

本章主要介绍了有关宏的知识。简要讲解了宏及宏组的概念和功能；详细介绍了宏生成器的使用、宏的创建、调试和运行宏；重点介绍了条件宏、嵌入式宏及如何用宏创建菜单，并通过实训来加强对本章知识的学习。

练 习 题

1．选择题

（1）OpenForm 操作打开的是（　　）。

A．表　　　　　B．窗体　　　　　C．报表　　　　　D．查询

（2）Quit 操作是退出（　　）。

A．表　　　　　B．窗体　　　　　C．数据库　　　　D．Access

（3）能够创建宏的设计器是（　　）。

A．表设计器　　B．窗体设计器　　C．报表设计器　　D．宏生成器

（4）宏可以分为独立宏和嵌入式宏，下列属性中不属于独立宏特点的是（　　）。

A．显示在导航窗格中　　　　　　　B．复制窗体时，附加的宏随之复制

C．手工方法附加到控件中　　　　　D．宏是独立存在的

（5）宏是由（　　）构成的，而宏组是由（　　）构成的。

A. 宏命令　　　　B. 宏　　　　　　C. 条件宏　　　　D. 宏组

2. 填空题

（1）宏以动作为基本单位，一个宏命令能够完成一个操作动作，宏命令是由_____和_____组成的。

（2）创建宏组时要添加_____栏。

（3）在宏的编辑窗口中，打开"操作"栏所对应的_____，将列出 Access 中的所有宏命令。

（4）Access 中最常用的宏运行方法是通过某一窗体、报表或控件的_____来运行宏或宏组。

（5）将子菜单加入主菜单所用的操作是_____。

第12章 VBA 模块设计

在数据库系统中，运用宏可以实现许多复杂的设计，但宏运行的速度比较慢，而且不能自定义一些函数，对某些数据进行一些特殊的分析时，有很大的局限性，此时需要用到"模块"对象来实现，这些"模块"是由 VBA 编程，经过编译拥有了特定功能，在 Access 2007 中被调用。

VBA（Visual Basic Application）中的 VB，就是微软公司推出的可视化的 BASIC 语言，用它来编程非常简单，而且功能强大。微软公司将它的一部分代码结合到 Office 中，形成 VBA。它的很多语法继承了"VB"，可以像编写 VB 语言那样来编写 VBA 程序，以实现某项功能。当这段程序编译通过以后，将这段程序保存在 Access 中的一个模块里，并通过类似在窗体中激发宏的操作那样来启动这个"模块"，从而实现相应的功能。

12.1 VBA 开发环境

在 Access 中，可利用 VB 编辑器来编写过程代码。打开编辑器的方法：单击"数据库"选项卡，在"宏"组中单击"Visual Basic"按钮，进入 VB 编辑器，如图 12.1 所示。

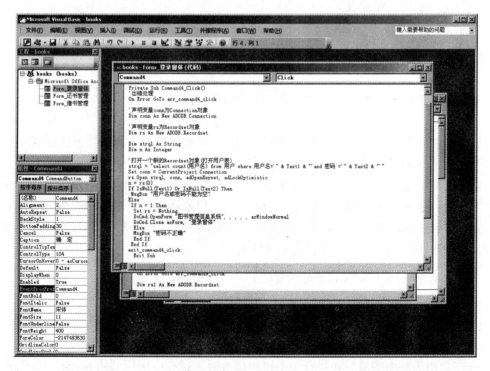

图 12.1 VBA 编辑器

从左至右分别为：工程资源管理器窗口、属性窗口、工程资源管理器代码窗口。在代码窗口上方有过程组合框和对象组合框。

12.2 VBA 设计基础

本节简要介绍 VBA 语言的基本结构和语法。

12.2.1 常量、变量与数组

一个 VBA 程序包括常量、变量、运算符、函数、数据库对象、事件等基本要素。

1. 常量（const）

为了增加代码的可读性和可维护性，我们经常使用常量来取代永远不变的数值或字符串，这就是符号常量。符号常量是有意义的名字，不能像对变量那样修改符号常量，也不能对符号常量赋予新值。符号常量有两种来源。

（1）内部的或系统定义的常数是应用程序和控件提供的。如 vbOK、vbYes 等，在 Visual Basic for applications（VBA）对象库中列举了 Visual Basic 的常量。

（2）用户定义的常量是用 Const 语句来声明的。

以下就是创建属于自己的符号常量的语法：

> [public|Private] Const 常量名[As 类型]＝表达式

例如：

> Const conPi=3.1415926535
> Const conCode=" good "

2. 变量

变量是在程序执行过程中其值可以发生变化的量，常把它看做内存中存放未知值的所在处。

（1）变量的声明。变量的声明是指变量的定义，即将变量的名称和数据类型事先通知给系统。在 Visual Basic 中，有隐式声明和显式声明两种情况。隐式声明就是在使用一个变量之前，可以不先声明这个变量。虽然这种方法很方便，但是如果把变量名拼错，会导致一个难以查找的错误。显示声明是指在使用变量前先定义，只要遇到一个未经明确声明的变量名，系统都显示错误信息，这就是进行强制变量显示声明。声明方法是加入语句：Option Explicit。

（2）变量声明的格式。声明变量的语法如下：

> [Public][Private] [Static] [Dim] 变量名 [类型说明符][As 类型说明词]

其中，关键字 Public 、Private、Static 和 Dim 任选其一。

Public：声明公共模块级别变量。也称为全局变量。

Private：声明一个私有的模块级别变量。也称为局部变量。

Static：声明为静态变量。在执行一个过程结束时，过程中所用到的 Static 变量的值会保留，下次再调用此过程时，变量的初值是上次调用结束时被保留的值。

Dim：Dim 声明为局部变量。

变量名后的"类型说明符"和"As 类型说明词"子句是用来定义被声明变量的数据类型

或对象类型的，二者可任选其一。若全不选，则为变体类型数据。类型说明符含义和类型说明词含义分别如表 12.1 和表 12.2 所示。

表 12.1　类型说明符及其含义

类型说明符	含　　义	类型说明符	含　　义
%	整型	#	双精度实型
&	长整型	@	货币型
!	单精度实型	$	字符串型

表 12.2　类型说明词及其含义

类型说明词	含　　义	类型说明词	含　　义
Byte	字节型	String	字符串型
Integer	整型	Currency	货币型
Long	长整型	Boolean	布尔型
Single	单精度实型	Dat	日期型
Double	双精度实型		

【例 12.1】　分析下面变量的声明。

```
Dim   vv           '声明一个变体型变量 vv
Private   ii %     '声明一个整型变量 ii
Public pub1 As Single   '声明一个字符串型变量 pub1
```

3. 数组

数组是这样一类数据类型，即把一组具有相同属性、类型的数据放在一起并用一个统一的名字来作为标识，这就是数组。数组中的每一个数据称为一个数组元素，用数组名和该数据在数组中的序号来标识，序号称做下标。常规数组，即大小固定的数组，数组中包含的数组元素的个数保持不变，占有的存储空间当然也保持不变。此外，Visual Basic 中还有在运行时大小可以改变的动态数组，这里只以常规数组为例介绍。

数组在使用之前必须先声明，声明中须指出数组名、数组的大小及数组元素的数据类型。语法如下：

[Public][Private] [Static] [Dim] 数组名（[下界 To]上界）[As 数据类型]

【例 12.2】　分析下面数组定义。
Dim a（5）As String
定义了类型为字符型的一维数组 a，共有 6 个元素：从 a（0）到 a（5）。
Dim b（-1 To 2）As Integer
定义了类型为整型的一维数组 b，共有 4 个元素：b（-1）、b（0）、b（1）和 b（2）。

12.2.2　数据类型

VBA 中的数据类型可分为基本数据类型和用户自定义数据类型两大类。其中，基本数据类型是系统直接提供给用户的数据类型，用户可以直接使用；用户自定义类型是当基本类型不能满足用户需求时，由用户在程序中以基本数据类型为基础，并按照一定语法规则构造而成的数据类型，它必须先定义，然后才能在程序中使用。表 12.3 中列出了常用的基本数据类型。

表 12.3 常用数据类型

数 据 类 型	存储空间大小	范　　围
Byte	1 个字节	0～255
Boolean	2 个字节	True 或 False
Integer	2 个字节	−32 768～32 767
Long	4 个字节	−2 147 483 648～2 147 483 647
Single	4 个字节	负数时从 −3.402823E38～−1.401298E-45；正数时从 1.401298E-45 到 3.402823E38
Double	8 个字节	负数时从−1.79769313486232E308～4.94065645841247E-324 正数时从 4.94065645841247E～324 1.79769313486232E308
Currency	8 个字节	−922 337 203 685 477.5808～922 337 203 685 477.5807
Decimal	14 个字节	没有小数点时为 +/−79,514，而小数点右边有 28 位数时为 +/-7.9228162514264337593543950335；最小的非零值为 +/-0.0000000000000000000000000001
Date	8 个字节	100 年 1 月 1 日到 9999 年 12 月 31 日
Object	4 个字节	任何 **Object** 引用
String	字符串长度	1 到大约 65 400
Variant	16 个字节	任何数字值，最大可达 **Double** 的范围

12.3　程序流程

程序流程一般分为顺序、分支和循环结构。顺序结构是指程序的流程从前向后，逐步运行。

12.3.1　分支结构

1．If…Then…Else

当在程序中需要对条件进行判断，条件为真时执行一个语句块，条件为假时执行另一个语句块，则可以使用 If…Then…Else 语句。

最简单的 If…Then…Else 语句是下面的形式：

```
If   条件表达式  Then
      语句块 1
Else
      语句块 2
End If
例如：
If score>=60 Then
     Print " 合格 "
```

```
        Else
            Print " 不合格 "
        End If
```

If…Then…Else 语句只能对一个条件式进行判断，如果需要对多个条件式进行判断时，可在 Then…Else 之间使用任意数量的 ElseIf 子句。格式为：

```
    If   条件表达式 1 Then
        [语句块 1]
    [ElseIf 条件表达式 2   Then
    [语句块 2]]
    [ElseIf  条件表达式 3   Then
        [语句块 3]]
    …
    [Else
        [语句块 n]]
    End If
```

2．ISelect Case（多分支语句）

Select Case 语句的语法为：

```
    Select Case  测试表达式
        [Case  取值 1
                [语句块 1]]
        [Case 取值 2
                [语句块 2]]
    …
        [Case Else
                [语句块 n+1]]
    End Select
```

Select Case 语句执行时，先计算在测试表达式，然后，将表达式的值与结构中的每个 Case 关键字后表达式的取值进行比较，如果相等，就执行与该 Case 相关联的语句块；如果都不相等，则执行 Case Else 子句（此项是可选的）后面的语句块。但要注意，无论执行哪一个语句块，执行完后都要接着执行 End Select 关键字后面的语句，也就是要退出 Select Case。

每一个 Case 后面的取值都是表达式可能取得的结果，有以下 3 种格式：

数值型或字符串型常量值

数值或字符串区间，如 1 To 10

Is 表达式，如：Is<=17

12.3.2 循环控制语句

1．Do…Loop 循环

Do…Loop 语句是根据某个条件来决定是否循环。它并不限制循环次数，只要条件成立，循环就会继续，直到条件不成立时，才退出循环。

Do…Loop 语句又有 4 种演变形式，主要是根据条件所处的位置和判断成立与否的方式来区分。

（1）Do While …Loop 语句。

语法格式为：

```
Do While  条件表达式
语句块
    Loop
```

当执行 Do…Loop 语句时，会首先判断条件是否成立。如果条件表达式为 True（非零），则执行语句块，然后退回到 Do While 语句再测试条件，如此循环反复；如果条件表达式为 False（零），则跳过所有语句，去执行 Loop 下面的代码，因此，如果条件表达式一开始便为 False 或零，则语句块可能一次也不执行。

用下列代码就可以计算 1 到 100 的平方和。

```
Dim sum  As  Integer
Dim  i  As  Integer          '定义变量
 sum＝0
 i＝1                         '设置变量初值
 Do While i＜＝100
sum＝sum+i*i.                 '进行累加
    i＝i+1
 Loop
 Print "sum＝"; s             '输出结果
```

（2）Do…Loop While 语句。

语法格式为：

```
Do
语句块

Loop While  条件表达式
```

这种结构把条件放到了 Loop 语句中，所以先执行语句块，然后在每次执行后再去判断条件是否成立。这种形式保证语句块至少执行一次。上面例子如果改为用此结构，则代码为：

```
 Dim sum  As  Integer
Dim  i  As  Integer          '定义变量
 sum＝0
 i＝1                         '设置变量初值
 Do
 sum＝sum＋i*i.               '进行累加
    i＝i+1
 Loop   While i＜＝100
 Print "sum＝"; s            '输出结果
```

2．For…Next 循环

For…Next 循环也称计数循环，是按照规定的次数执行循环体，适用于已知循环次数的情况。它使用一个计数器变量，每执行一次循环后，该计数器变量的值就会增加或者减少一个步长，当计数器变量的值超过某一指定界线时，也就是指定的循环次数时，将退出 For…Next 循环。

```
For 计数变量＝初值  To  终值  [Step 步长]
    语句块
[Exit For]
语句块
Next [计数变量]
```

其中：计数变量是一个数值变量，用来控制循环。初值和终值分别是指计数变量的初值和终值，均为数值表达式。步长是指计数变量的增量，是一个数值表达式，其值可正可负，如果为正值，则终值必须大于或等于初值；如果为负值，则初值必须大于或等于终值，这样才能执行循环体。步长的默认值为 1。

For 语句和 Next 语句之间的语句序列叫做循环体，可以是一个或多个语句。可以在循环体的任意位置放置任意个 Exit For 子语句，以便随时退出循环，而转去执行关键字 Next 之后的语句。一般来说，Exit For 子语句应放置于条件判断语句之后。

Next 是指循环终端语句，在 Next 后面的计数变量与 For 语句中的计数变量必须相同，但可以省略。

12.4 VBA 在 Access 中的基本设计

在 Access 中设计 VBA 时，可按下列步骤进行。

（1）根据问题要求，确定所需要的窗体和模块，并在窗体上的适当位置绘出所需要的控件，并设置其主要属性。

（2）确定事件，并编写事件过程代码。

（3）调试并保存应用程序中的各个组成文件，并编译执行。

【例 12.3】 创建一个简单的系统登录窗体。

（1）打开数据库。

（2）选择"创建"选项卡，单击"空白窗体"选项，新建了一个空白窗体，如图 12.2 所示。

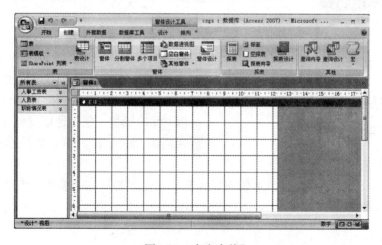

图 12.2 空白窗体

（3）在功能区中的"控件"组中，单击所需控件，如图 12.3 所示。

注意： 鼠标长时间停在某个控件上，系统会提示此控件的名称。

（4）在窗体主体节上添加一个标签、两个命令按钮如图 12.4 所示。

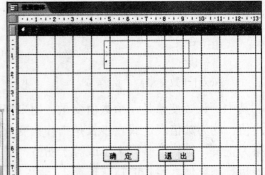

图 12.3 控件组　　　　　　　　　　图 12.4 "登录"窗体

（5）编写"确定"按钮的单击事件代码。

```
Private Sub Command1_Click()
'出错处理
On Error GoTo err_command4_click
'光标聚焦在文本框中
Me.text0.setfocus
Me.text0.text=" 系统登录 "
'文本的字体为 20
Text0.fontsize=20
'文本不是斜体
Text0.fontitalic=false
End sub
```

（6）运行时，单击"确定"按钮，出现如图 12.5 所示界面。

图 12.5 窗体效果

12.5 创建 VBA 模块

数据库中所有对象都可以在模块中进行引用。利用模块可以创建自定义函数、子程序以及事件过程等。在 Access 中有类模块和标准模块两种基本类型。

（1）标准模块。包含通用过程和常用过程，不与任何对象相关联，并可以在数据中任何位置运行。标准模块完全由代码组成。

（2）类模块。类模块用来建立新的对象，窗体、报表都属这个模块。这些新对象可以包含自定义的属性和方法。

本 章 小 结

本章介绍了 VBA 的使用方法，重点描述了 VB 编程时的 3 种结构，它们分别是顺序结构、分支结构和循环结构，以及在 Access 数据库中运用 VB 对窗体、报表进行设计的思路，为 Access 提供了无模式用户窗体以及支持 ActiveX 控件等功能。

操 作 题

1. 设计一窗体，在窗体中添加一命令按钮和一个文本框控件，当单击按钮时，文本框中的字体为黑体，字号为 30，并且是斜体。

2. 为 rsgz 数据库的人事工资表设计一个窗体。窗体添加一命令按钮，单击此按钮时，删除库中现有的全部记录。

第13章　数据库的安全

随着计算机网络的发展，数据库已被广泛地应用于网络，数据库安全保护显得尤为重要。数据库安全性问题一般包括两个方面：一是数据库数据的安全，指的是应能确保当数据库系统下载、数据库数据存储媒体被破坏或用户误操作时，数据库的数据不至于丢失；二是数据库系统不被非法用户侵入，指的是应尽可能地堵住潜在的各种漏洞，防止非法用户利用它们侵入数据库系统。本章主要介绍在 Access 数据库系统中所提供的安全措施。

13.1　数据库的安全设置

在 Access 中，提供了一系列的数据库安全保护措施，包括设置访问密码和对数据加密等。

13.1.1　设置访问密码

访问密码是指打开数据库时出现的密码设置，要求用户在能输入正确的密码后才能打开数据库。

【例 13.1】　为数据库 rsgz 设置访问密码。

（1）以独占方式打开数据库 rsgz，如图 13.1 所示。

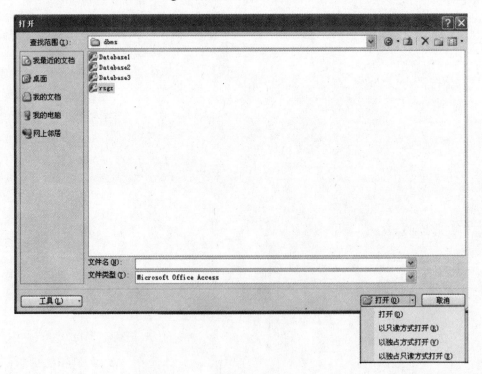

图 13.1　以独占方式打开数据库

（2）选择"数据库工具"选项卡，单击"数据库工具"组中的"用密码进行加密"按钮，出现"设置密码"对话框，如图 13.2 所示。

图 13.2　设置密码对话框

（3）在密码和验证文本框中输入相同的密码，进行密码设置，如图 13.3 所示。

（4）单击"确定"按钮，完成数据库密码的设置。

（5）当再次打开 rsgz 数据库时，系统要求用户输入密码，如图 13.4 所示。

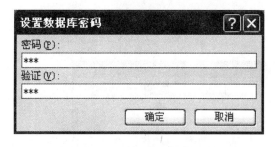

图 13.3　输入密码对话框

图 13.4　访问密码生效界面

注意：在设置密码时，数据库必须以独占方式打开。同时，在设置密码时，字母区分大小写。

13.1.2　撤销密码

撤销密码的步骤如下。

（1）用户首先以独占方式打开数据库，正确输入密码后，进入数据库界面。

（2）选择"数据库工具"选项卡，单击"数据库工具"组中的"解密数据库"按钮，出现"撤销密码"对话框，如图 13.5 所示。

（3）在"密码"文本框中输入正确的密码，单击"确定"按钮，撤销密码完成。

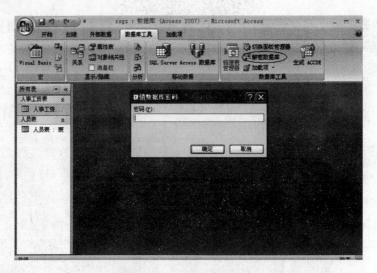

图 13.5　撤销密码对话框

13.2　备份数据库

为数据库文件在硬件故障或出现意外事故时丢失数据，应定期备份数据库。一旦发生意外，用户可利用创建数据库时制作的备份还原数据。

【例 13.2】　备份数据库 rsgz。

（1）打开 rsgz 数据库。

（2）单击"Office"按钮，在弹出菜单中选择"管理"中的"备份数据库"命令，出现"另存为"对话框，如图 13.6 所示。

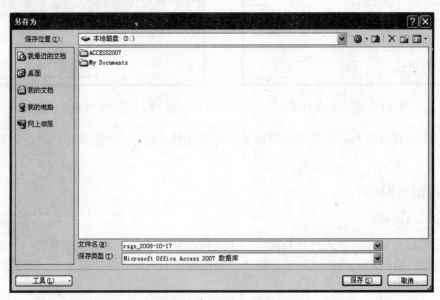

图 13.6　"另存为"对话框

（3）在"保存位置"处，选定存储位置，在"文件名"文本框中写入备份副本的名称。

（4）单击"保存"按钮，完成备份。

注意：可直接使用备份的数据库，打开备份数据库的方法与打开数据库的方法相同。

13.3　压缩与修复数据库

对数据库对象的增删、修改操作，会出现碎片，压缩数据库是重组文件在磁盘上的存储方式，以达到除去碎片，重新安排数据，回收磁盘空间，优化数据库的目的。

【例 13.3】　压缩与修复数据库 rsgz。

（1）打开 rsgz 数据库。

（2）单击"Office"按钮，在弹出菜单中选择"管理"中的"压缩和修复数据库"命令，如图 13.7 所示。

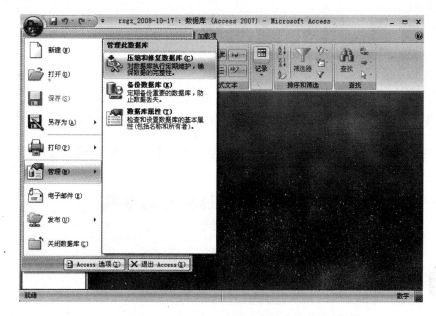

图 13.7　"压缩和修复数据库"界面

（3）单击"压缩和修复数据库"命令，系统将直接对 rsgz 进行压缩与修复。

13.4　打包、签名和分发 Access 数据库

在创建数据库文件（.accdb 文件或.accde 文件）时，可以将文件打包，再将数字签名应用于此包，最后将签名的包分发给其他用户。

将数据库打包和对包签名都是传达信任的方式。当用户收到该包后，签名可确认数据库未经篡改。如果您信任数据库的作者，便可以启用其内容。

1. 创建包

若将数据库打包，至少有一个可用的安全的证书。如没有证书，可使用 selfCert 工具创建自签名证书。

【例 13.4】　创建一个自签名证书。

（1）单击"开始"菜单，选择"所有程序"中"Microsoft Office"子菜单下的"Microsoft

Office 工具"，选取"VBA 项目的数字证书"命令，如图 13.8 所示。

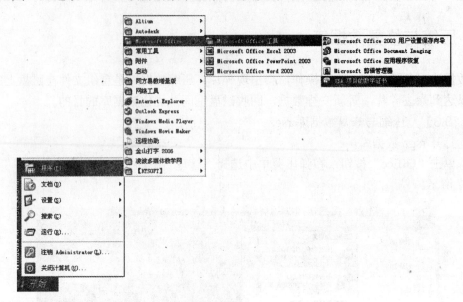

图 13.8　命令选取界面

（2）此时，出现创建数字证书界面，在"您的证书名称"文本框中输入文本"我的证书"，如图 13.9 所示。单击"确定"按钮，完成设置。

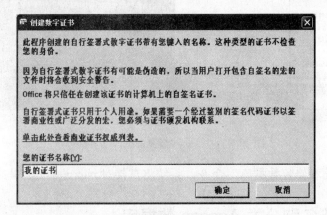

图 13.9　创建数字证书界面

2. 创建签名的包

【例 13.5】　在 rsgz 中创建签名的包。

（1）打开 rsgz 数据库。

（2）单击"Office"按钮，在弹出菜单中选择"发布"中的"打包并签署"命令，出现"选择证书"对话框，如图 13.10 所示。

（3）单击"确定"按钮，打开"创建 Microsoft Office Access 签名包"对话框，在"保存位置"处，选定存储位置，在"文件名"文本框中写入签名包的名称，如图 13.11 所示。

（4）单击"创建"按钮，此时将创建"人事管理.accdc"文件。

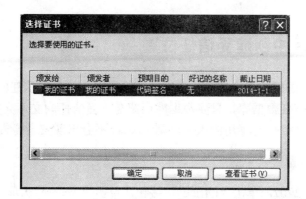

图 13.10　选择证书窗口

图 13.11　创建"Microsoft Office Access 签名包"对话框

3．提取并使用签名包

当用户收到签名包后，即可提取和使用签名包了。具体操作如下：

（1）单击"Office"按钮，选取"打开"命令。出现"打开"对话框。

（2）在"文件类型"列表中，选择"Microsoft Office Access 签名包（*.accdc）"。单击"打开"按钮。此时，如果是首次使用该部署包的数字证书，将出现安全声明对话框，如图 13.12 所示。单击"打开"按钮之后，出现"将数据库提取到"对话框。若信任并使用过此数字证书，将直接出现"将数据库提取到"对话框。

（3）为提取的数据库选取一个位置，为数据库输入一个名字，单击"确定"按钮，打开提取文件。

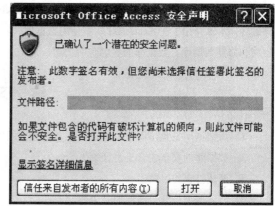

图 13.12　"Microsoft Office Access 安全声明"对话框

13.5　在 Access 中创建受信任位置

在 Access 2007 中的受信任位置是指驱动器或网络上标记为受信任的文件夹。置于受信任位置的数据库是永久信任数据库，只要数据库保留在该受信任的文件夹中，就不必再做出信任决定，并且如果选择信任已禁用的内容，则 Access 不会出现安全警告消息框。

1. 创建受信任位置

（1）启动 Access 2007，单击"Office" 按钮，单击"Access 选项"，出现"Access 选项"对话框。

（2）在该对话框的左窗格中，单击"信任中心"，单击右窗格中的"信任中心设置"，出现"信任中心"对话框。

（3）单击"添加新位置"按钮，将出现"受信任位置"对话框。在路径框中，输入要设置为受信任源的位置的文件路径和文件夹名称，如果要允许受信任的网络位置，请在"信任中心"对话框中单击"允许网络上的受信任位置（不推荐）"。

（4）单击"确定"按钮，受信任位置创建完成。

2. 将数据库移到受信任位置

在数据库系统中，若永久信任某个数据库，必须将该数据库移到受信任位置。接下来的步骤将介绍一些最常用的数据库移动方法。

（1）打开数据库。

（2）单击"Office"按钮，选择"另存为"中"将数据库另存为其他格式"选项卡下的"Access2007 数据库"，出现"另存为"对话框。

（3）在"另存为"对话框中，选到创建好到受信任位置，然后单击"保存"。

本 章 小 结

数据库系统的安全主要是防止非法用户使用或访问系统中应用程序和数据，避免应用程序及数据遭到意外破坏。本章介绍了在 Access 2007 中使用数据库时，所采取的保护数据库的安全措施，包括设置访问密码、压缩和修复数据库、数据库的签名包等内容。

练 习 题

1. 为数据库设置访问密码时，需注意哪些方面？
2. 数据库的安全的含义是什么？
3. 简述打包的目的。
4. 简述压缩修复数据库的必要性。

第 14 章　数据库系统的设计和具体实施

数据库的应用软件开发是对问题的综合解决，其开发设计过程一般采用生命周期的理论，设计过程可以分为：系统需求分析、数据库设计、系统的设计、系统的实现与调试。根据 Access 2007 本身的特点，通常采用的设计流程是：需求分析、数据库设计、数据库的创建、窗体的创建、报表的创建、菜单的创建、设置系统安全与保密和发布。

本章用 Access 2007 数据库完整地实现一个应用系统：图书管理信息系统（TSMIS）。

14.1　数据库设计的一般步骤

使用一个可靠的数据库设计步骤，就能快捷、高效地创建一个完善的数据库，为访问所需的信息提供方便。在设计时打好坚实的基础，设计出结构合理的数据库，才能使所创建的数据库成为存储信息、反映信息间内在联系的结构化体系，从而使用户更快地得到精确的结果。

目前，数据库设计的 6 个阶段如图 14.1 所示，即需求分析、概念结构设计、逻辑结构设计、物理结构设计、数据库实施和数据库的运行与维护。

1．需求分析阶段

需求分析的目标是准确了解系统的应用环境，了解并分析用户对数据及数据处理的需求。准确了解与分析用户需求（包括数据与处理），是整个设计过程的基础，是最困难、最耗费时间的一步。

分析的过程是对所收集的数据进行抽象的过程。下面是"图书管理信息系统"的用户需求分析：

（1）新图书入库时输入图书的基本信息。

（2）新读者登记时输入读者的基本信息。

（3）查找、修改和删除图书的基本信息。

（4）借书信息的输入、还书信息的输入。

（5）打印或预览图书记录表。

2．概念结构设计阶段

将需求分析得到的用户需求抽象为信息结构即概念模型的过程就是概念结构设计。

通过对用户需求进行综合、归纳与抽象，将需求分析得到的用户需求抽象为数据库的概念结构，形成一个独立于具体DBMS的概念模型，描述概念模式的是 E-R 图。

根据"图书管理信息系统"设计规划出的实体有图书登记、图书借阅、查询输出等实体。实体具体的描述 E-R 图如下。

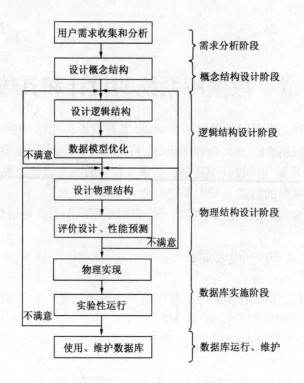

图 14.1　设计库的设计流程

图书登记实体 E-R 图如图 14.2 所示。

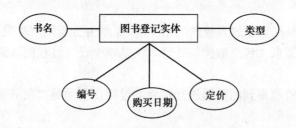

图 14.2　图书登记实体 E-R 图

图书借阅实体 E-R 图如图 14.3 所示。

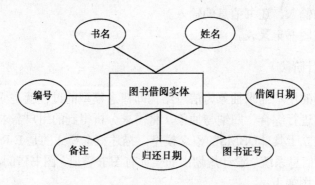

图 14.3　图书借阅实体 E-R 图

查询输出实体 E-R 图如图 14.4 所示。

图 14.4　查询输出实体 E-R 图

3．逻辑结构设计阶段

数据库的逻辑结构设计的目标就是将概念结构转换成特定的 DBMS 所支持的数据模型，并对其优化的过程。逻辑设计阶段一般分 3 个过程进行。

（1）将概念结构转换为一般的关系、网状、层次模型。

（2）将转化来的关系、网状、层次模型向特定 DBMS 支持下的数据模型转换。

（3）对数据模型进行优化。

4．数据库物理设计阶段

数据库最终是要存储在物理设备上的。为一个给定的逻辑数据模型选取一个最适合应用环境的物理结构（存储结构与存取方法）的过程，就是数据库的物理设计。物理结构依赖于给定的 DBMS 和硬件系统，因此设计人员必须充分了解所用 DBMS 的内部特征，特别是存储结构和存取方法；充分了解应用环境，特别是应用的处理频率和响应时间要求；以及充分了解外存设备的特性。

5．数据库实施阶段

数据库实施主要包括以下工作。

（1）用 DDL 定义数据库结构。确定了数据库的逻辑结构与物理结构后，就可以用所选用的 DBMS 提供的数据定义语言（DDL）来严格描述数据库结构。

（2）组织数据入库。数据库结构建立好后，就可以向数据库中装载数据了。组织数据入库是数据库实施阶段最主要的工作。对于数据量不是很大的小型系统，可以用人工方法完成数据的入库。

（3）编制与调试应用程序。数据库应用程序的设计应该与数据设计并行进行。在数据库实施阶段，当数据库结构建立好后，就可以开始编制与调试数据库的应用程序，也就是说，编制与调试应用程序是与组织数据入库同步进行的。调试应用程序时由于数据入库尚未完成，可先使用模拟数据。

（4）数据库试运行。应用程序调试完成，并且已有一小部分数据入库后，就可以开始数据库的试运行。数据库试运行也称为联合调试，其主要工作包括：功能测试和性能测试。

6．数据库运行和维护阶段

数据库试运行结果符合设计目标后，数据库就可以真正投入运行了。数据库投入运行标志着开发任务的基本完成和维护工作的开始，但不意味着设计过程的终结，由于应用环境在不断变化，数据库运行过程中物理存储也会不断变化，对数据库设计进行评价、调整、修改等维护工作是一个长期的任务，也是设计工作的继续和提高。

14.2 图书管理数据系统设计实例

数据库就是一个围绕某一特定主题或目标的各种信息的集合。数据库设计是数据库应用的一个关键因素，设计结构合理、功能齐全的数据库对于提高数据库应用程序的开发效率和程序的性能都是非常重要的。在本节，我们以一个图书管理信息系统（TSMIS）为例，阐述Access 2007 数据库设计的过程，

14.2.1 图书管理信息系统（TSMIS）数据库设计方案

1．TSMIS 数据库应用系统功能设计

TSMIS 主要包含图书的基本信息、读者的基本信息、读者借阅图书的信息，实现对图书的管理，其功能如下。

（1）图书入库和查找。

（2）读者登记和查找。

（3）借书和还书。

（4）用户权限设置。

2．TSMIS 数据库设计

按照数据库设计的规范化原则，先对每个主题建一个或多个表。然后再根据系统运行的需要建立一些辅助表，如用户管理和安全管理的表等。

TSMIS 的核心主要是围绕图书的信息、读者的信息、读者借阅图书的信息进行的。主要包括以下表。

（1）book 表。存放所有的图书记录。主键字段：图书编号。

每本图书都有唯一的图书编号，同一种图书存在多本时，它们有不同的图书编号，但有相同的分类号。

book 表

字段名称	图书编号	分类号	书名	出版社	出版日期	定价	入库日期	借否	作者
数据类型	文本	文本	文本	文本	日期/时间	货币	日期/时间	文本	文本
字段大小	13	13	45	40	短日期	货币	短日期	2	40
小数位数						2			

（2）reader 表。存放读者记录。主键字段：借书证号。

读者可以分为各种级别。不同级别的读者的借书总数、每本书借阅的最多天数以及超期罚款数都是不同的。为了提高运行速度，本表采用冗余设计，将这些级别信息与读者的基本信息放在一起。

reader 表

字段名	借书证号	姓名	性别	单位	级别	过期罚款	借书总数	借书天数	已借书数	登记日期
数据类型	文本	文本	文本	文本	文本	货币	数字	数字	数字	日期/时间
字段大小	13	16	2	40	6	货币	整型	整型	整型	短日期
小数位数						2				

（3）borrow 表。存放借书记录。主键字段：图书编号。

每位读者借阅一本书后，都将相应的数据构成一个借书记录放在本表中，当读者还书后，便将对应的记录从其中删除。

① 最基本的数据字段是图书编号（唯一标志所借图书）、借书证号（唯一标志读者）和借书日期。

② 增加图书的书名、作者、出版社和读者的姓名、单位等冗余信息，提高查找速度。

borrow 表

字段名称	图书编号	书名	作者	出版社	借书证号	姓名	单位	借书日期
数据类型	文本	文本	文本	文本	文本	文本	文本	日期/时间
字段大小	13	45	40	40	13	16	40	短日期

（4）fine 表。存放读者罚款记录，每条记录对应该读者借阅一本图书的过期罚款信息。

fine 表

字段名称	借书证号	姓名	单位	罚款金额	日期	书名
数据类型	文本	文本	文本	货币	日期/时间	文本
字段大小	13	16	40	货币	短日期	45
小数位数				2		

（5）level 表。存放各类读者的级别。不同级别的读者对应借书总数、借书证号以及过期罚款都是不同的。主键字段：级别。

level 表

字段名称	级别	过期罚款	借书天数	借书总数
数据类型	文本	货币	数字	数字
字段大小	6	货币	整型	整型
小数位数		2		

以下为 TSMIS 的辅助表。

（6）用户表。存放本系统用户的信息，其中级别分为"一般操作员"和"系统管理员"两类。主键字段：用户名。

用户表

字段名称	用户名	密码	级别
数据类型	文本	文本	文本
字段大小	10	6	10

（7）readpress 表。存放读者单位信息。

这样在输入读者记录时只需要从中选择一个单位，避免大量重复的汉字录入。

（8）press 表。存放图书的出版社信息。

这样在输入图书记录时只需要从中选择一个出版社，避免大量重复的汉字录入。

readpress 表

字段名称	单位信息
数据类型	文本
字段大小	40

press 表

字段名称	出版社信息
数据类型	文本
字段大小	40

14.2.2 TSMIS 数据库的创建

首先确定数据库的名称，如 books，其扩展名为 accdb。在出现的"文件名（N）"处指定数据库文件的存储位置为"E:\图书管理信息系统"，将该数据库命名为"books"，如图 14.5 所示，单击"创建（C）"按钮，即可创建一个"books"空数据库。

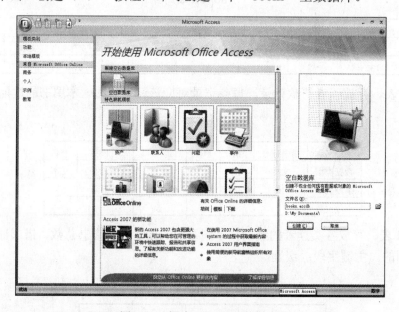

图 14.5 创建"books"数据库

14.2.3 books 数据表的创建

完成创建后，即进入"books 数据库窗口"，如图 14.6 所示。

在"books 数据库窗口"中，选择"创建"对象选项卡，然后单击"表设计"按钮，通过这个"数据表设计视图"来完成 books 数据表的创建，如图 14.7 所示。

前面为"图书管理信息系统"设计了"book"表、"borrow"表、"fine"表、"level"表、"press"表、"reader"表、"readpress"表和"用户表"。

自此，对图书管理信息系统（TSMIS）的数据表的创建已经完成，如图 14.8 所示。在退出之前，先保存创建好的数据表。

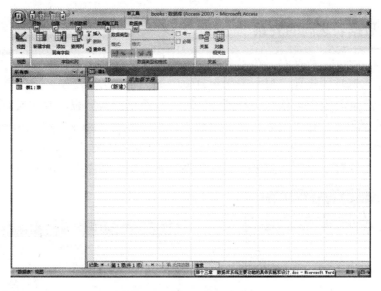

books : 数据库 (Access 2007) - Microsoft Access
所有表
表1
表1 : 表
ID
添加新字段
(新建)

图 14.6　books 数据库窗口

books : 数据库 (Access 2007) - Microsoft Access
开始
创建
外部数据
数据库工具
设计
视图
主键
生成器
测试
有效性规则
插入行
删除行
查阅列
属性表
索引
工具
显示/隐藏
安全警告　已禁用了数据库中的某些内容
选项...
所有表
表1
表1 : 表
字段名称
数据类型
说明
图书编号
文本
分类号
文本
书名
文本
出版社
文本
出版日期
日期/时间
定价
货币
入库日期
日期/时间
字段属性
常规
查阅
字段大小
13
格式
输入掩码
标题
默认值
有效性规则
有效性文本
必填字段
否
允许空字符串
是
索引
有(无重复)
Unicode 压缩
否
输入法模式
开启
输入法语句模式
无转化
智能标记
设计视图。 F6 = 切换窗格。 F1 = 帮助。
数字

图 14.7　“book”数据表设计视图

所有 Access 对象
表
book
borrow
fine
level
press
reader
readpress
用户
book
borr...
fine
level
press
reader
read...
用户
字段名称
数据类型
说明
图书编号
文本
分类号
文本
书名
文本
出版社
文本
出版日期
日期/时间
定价
货币
入库日期
日期/时间
借否
文本
作者
文本

图 14.8　“books.accdb”数据库

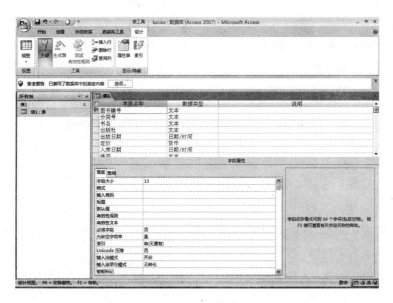

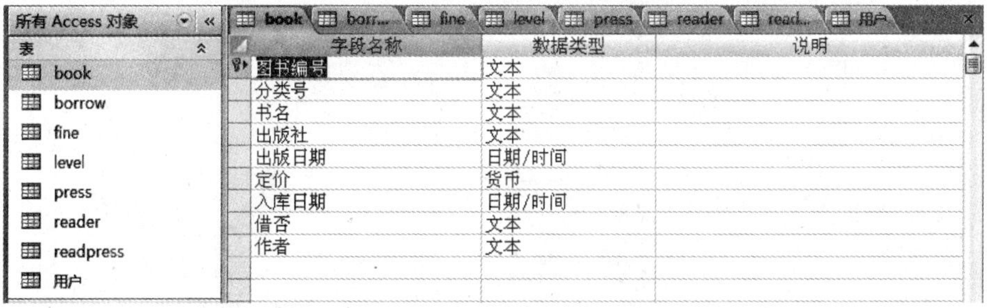

14.2.4　建立数据表之间的关系

打开"books.accdb"数据库,在"数据库窗口"中,选择"数据库工具"对象选项卡,然后单击"关系"选项,出现"显示表"对话框,如图 14.9 所示。

在"显示表"对话框中,依次选择图书管理信息系统的数据表,并依次单击"添加"按钮,使得这些数据表显示在"关系"设计视图窗口内,先为"book"和"borrow"数据表设定关系。把鼠标置于"book"的"图书编号"上,按下鼠标左键不放,拖曳鼠标到"borrow"的"图书编号"上,释放鼠标,弹出"编辑关系"对话框,如图 14.10 所示。

图 14.9　"显示表"对话框

图 14.10　"编辑关系"对话框

可以看到"book"表和"borrow"表的关系类型是一对一的,然后单击"创建"按钮,于是关系就建立了,在"book"表和"borrow"表之间出现一条连线。

按照同样的方法,设置其他数据表之间的关系。设置完毕数据表之间的关系后,就可以看到"图书管理信息系统"数据库表间的关系布局,如图 14.11 所示。最后,请先保存,再关闭"关系"窗口。到此,"图书管理信息系统"数据库 books.mdb 的创建已完成。

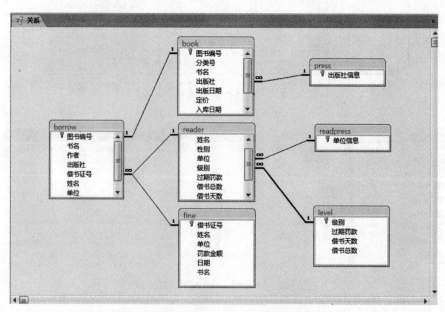

图 14.11　"图书管理信息系统"数据库表间的关系

14.3 主要功能模块的规划设计

应用系统的功能应该依据具体的设计要求，在满足基本要求的前提下，从应用系统功能的完整性的角度对系统的功能进行适当的充实，合理地划分系功能，并且各功能之间应该有明确的边界。

应用系统主要功能模块大致包括如下。

（1）各类信息的查询统计。在应用系统中，查询是让用户由此读到所需要的数据。统计是一种特殊的查询，它和一般查询的不同点体现在：一般查询所获得的是原始数据，而统计所获得的是经过计算的数据，如求和、求平均值等。

（2）基础数据的维护。在有关数据库的应用系统开发中，基础数据的维护往往是必需的，例如，一些过时的数据需要被删除。实际上，通过对基础数据的维护可以提高数据库系统的性能。

（3）用户及其权限的维护。用户及其权限是应用系统最常用的安全手段，由此可以防止非法用户进入系统。通过输入的姓名、口令可以用来作为用户身份验证依据，而输入的权限则可以用来限制他的工作范围。

14.3.1 功能模块的结构图

以图书管理信息系统（TSMIS）为例，经过系统的需求分析，确定了系统的存储结构以后，其功能模块结构图如图 14.12 所示。

14.3.2 功能模块的功能概述

（1）借书管理。

借书管理：用于实现借书功能。

还书管理：用于实现还书功能。显示当前还书读者对应的罚款单。删除当前还书的读者所有的罚款记录。

（2）图书管理。

图书入库：用于录入新的图书记录。在录入完毕，录入的记录才添加到 book 表中，当输入的图书编号相同，提示图书编号必须唯一。由于同一种书的分类号相同，在用户输入时，若 book 表中已存在相同的分类号的图书时，则直接提取相应的书名、作者等信息，减少输入工作量。

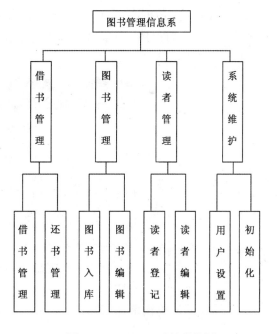

图 14.12 TSMIS 功能结构图

图书编辑：用于实现 book 表中记录的查找、修改和删除功能。打印或预览图书记录表。实现 book 表中记录编辑的功能，用于编辑当前打开表的记录。

（3）读者管理。

读者登记：用于录入新的读者记录。

读者编辑：用以输入和编辑一些重复的读者的级别数据，用于实现 reader 表中记录的查询、修改、删除、打印和排序功能，用以实现 reader1 表中的记录编辑功能。

（4）系统维护。

用户设置：用于添加、删除、修改和使用本系统的用户。用以编辑用户记录（用户名、密码、级别）。

系统初始化：初始化本系统中所有数据。

14.4　功能模块的实施

14.4.1　窗体的创建

数据库的对话窗口在 Access 数据库中被称为"窗体"，窗体是 Access 数据库的一个重要对象，建立一个友好的使用界面是非常重要的。

1. "登录"窗体

"登录"窗体是一个基于单个表的窗体，数据来源于"用户"表。在用户登录系统时，对用户的用户名和密码进行验证，步骤如下。

（1）启动 Access 2007，打开"图书管理信息系统"数据库 books.accdb，进入"books 数据库窗口"。

（2）在"books 数据库窗口"中，选择"创建"对象选项卡，然后单击"空白窗体" 选项，新建了一个空白窗体。在窗体主体节上添加 2 个文本框、2 个命令按钮、1 个标签和 1 个矩形控件，如图 14.13 所示。

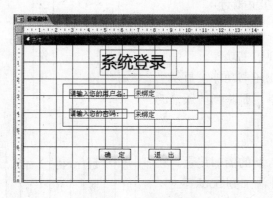

图 14.13　"登录"窗体

2. 编写按钮的单击事件代码

此窗体的设计可以参见第 9 章的具体操作方法，除此之外，这里介绍用书写 VBA 事件来实现。可以在"登录" 窗体的设计视图中，在"确定"按钮上单击鼠标右键，弹出快捷菜单，选择"事件生成器"，如图 14.14 所示。

（1）引用 ADO 的对象库。在编写按钮的单击事件代码之前，先要引用 ADO 的对象库。在"事件生成器"中，选择"工具"菜单的"引用"命令，如图 14.15 所示。

单击"引用"命令，在清单中选取"Microsoft　ActiveX　Data　Objects 2.5 Library"选项，然后单击"确定"按钮，如图 14.16 所示。

图 14.14 "事件生成器"

图 14.15 "工具"菜单的"引用"命令　　图 14.16 "引用"对话框

（2）编写按钮的单击事件代码。

① "确定"按钮单击事件代码

```
Private Sub Command4_Click()
    '出错处理
    On Error GoTo err_command4_click
    '声明变量 conn 为 Connection 对象
    Dim conn As New ADODB.Connection
    '声明变量 rs 为 Recordset 对象
    Dim rs As New ADODB.Recordset
    Dim strql As String
    Dim n As Integer
    '连接数据库
    Set conn = CurrentProject.Connection
    '打开一个新的 Recordset 对象(打开"用户"表)
```

```
strql = "select count(用户名) from 用户 where 用户名='" & Text1 & "'and 密码 ='" &- Text2 & "'"
rs.Open strql, conn, adOpenKeyset, adLockOptimistic
'如果只有一条记录满足条件,登录成功,否则不能登录
n = rs(0)
If IsNull(Text1) Or IsNull(Text2) Then
    MsgBox "用户名或密码不能为空"
Else
  If n = 1 Then
    '关闭"用户"表
    Set rs = Nothing
    '进入"图书管理信息系统"主窗体
    DoCmd.OpenForm "图书管理信息系统", , , , , acWindowNormal
    '关闭"登录窗体"
    DoCmd.Close acForm, "登录窗体"
  Else
    MsgBox "密码不正确"
  End If
End If
exit_command4_click:
  Exit Sub
err_command4_click:
  MsgBox Err.Description
  Resume exit_command4_click
End Sub
```

②"退出"按钮单击事件代码

```
Private Sub Command5_Click()
DoCmd.Quit
End Sub
```

运行"登录"窗体,如图 14.17 所示。

图 14.17 "登录"窗体

3．"图书入库"窗体

"图书入库"窗体是一个基于单个表的窗体,下面就利用窗体向导创建"图书入库"窗体。

（1）用窗体向导创建"图书入库"窗体。启动 Access 2007,打开"图书管理信息系统"数据库 books.accdb,进入"books 数据库窗口",在"books 数据库窗口"中,选择"创建"对象选项卡,然后选中"其他窗体"选项,弹出下拉菜单,如图 14.18 所示。

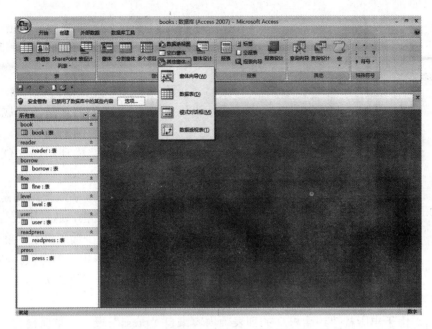

图 14.18　books 数据库窗口的"其他窗体"选项

在下拉菜单中，单击"窗体向导"按钮，显示"窗体向导"对话框，要求选择与窗体关联的表和查询，即要求确定窗体是基于哪个表和查询的。选择"book"表，如图 14.19 所示。

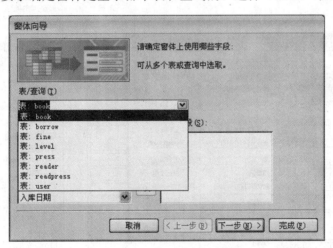

图 14.19　"窗体向导"对话框

为窗体添加字段，将"book"表中的全部字段都加到"选定的字段"下，接下来，"窗体向导"提供 4 种窗体的布局方式，分别是"纵栏表"、"表格"、"数据表"和"调整表"。单击其中一个单选项，即可在本对话框的左侧看到对应窗体布局的示例。此处，应该根据需要选择一种合适的窗体布局。

"图书入库"是一个数据输入的窗体，应采用"纵栏表"布局形式，单击"纵栏表"单选项，如图 14.20 所示。

单击"下一步"按钮，进入"窗体向导"对话框的"选择窗体样式"，应为"图书入库"窗体选择"办公室"样式。

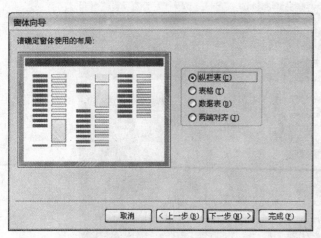

图 14.20　选择窗体的布局

选定显示样式后，单击"下一步"按钮，进入"窗体向导"对话框的"为窗体命名"，在最后一个"窗体向导"对话框中，为创建的窗体加一个标题，我们在"请为窗体指定标题"下的文本框内输入"图书入库"。单击"完成"按钮，完成利用向导创建窗体的操作。

"出版社"字段使用的是文本框，需要改为组合框，通过下拉列表可以选择出版社，减少输入汉字的麻烦。在"出版社"文本框中，单击鼠标右键，弹出快捷菜单，选"更改为"和"组合框"，如图 14.21 所示。

更改后，由于出版社"组合框"的列表项内容来自"press"表，要重新设置"组合框"的属性。在"出版社"文本框中，单击鼠标右键，从弹出快捷菜单中选择"属性"。选择"数据"选项卡，在"行来源"选择"press"表，如图 14.22 所示。

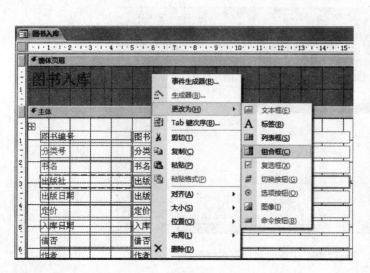

图 14.21　更改控件

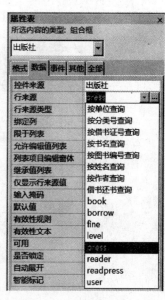

图 14.22　"行来源"选择

（2）为"图书入库"窗体添加命令按钮控件。另外，还需要添加 2 个命令按钮控件："确定"按钮、"返回"按钮。每本新书录入后，通过"确定"按钮在"book"表中添加一条记录。单击"返回"按钮，可以从"图书入库"窗体退出，并返回主窗体。

① 添加"确定"按钮。在"工具箱"中选择"命令按钮"控件，在窗体中添加，Access会弹出"命令按钮向导"对话框。从"类别"框中选择"记录操作"，从"操作"框中选择"添加新记录"，如图 14.23 所示。

根据向导提示，用户继续操作，直至单击"完成"按钮，调整命令按钮的位置和大小，即可完成创建"确定"按钮的操作，"确定"按钮的程序代码已由 Access 2007 系统自动给出。

② 添加"返回"按钮。重复上述操作的步骤，在窗体上创建"返回"按钮。不同的是，在"命令按钮向导"对话框的选择按钮类别和操作中，从"类别"框中选择"窗体操作"，从"操作"框中选择"关闭窗体"，如图 14.24 所示。"返回"按钮的程序代码已由 Access 2007 系统自动给出。

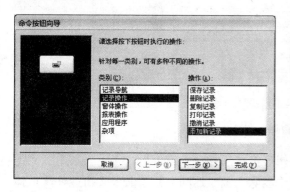

图 14.23　选择按钮类别和操作

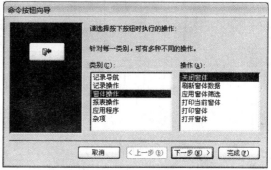

图 14.24　选择按钮类别和操作

现在，"图书入库"窗体的创建已经全部完成，运行结果如图 14.25 所示。

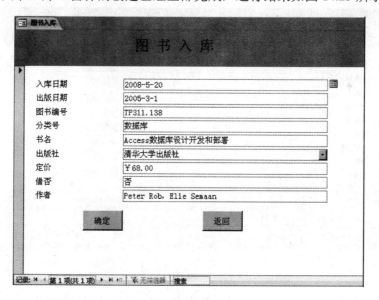

图 14.25　图书入库

4. "图书编辑"窗体

"图书编辑"窗体也是一个基于单个表的窗体，下面利用分割窗体设计"图书编辑"窗体。

在"books 数据库窗口"中，选择"创建"对象选项卡，然后选中"分割窗体"选项，"图书入库"窗体数据来源于"book"表，如图 14.26 所示。

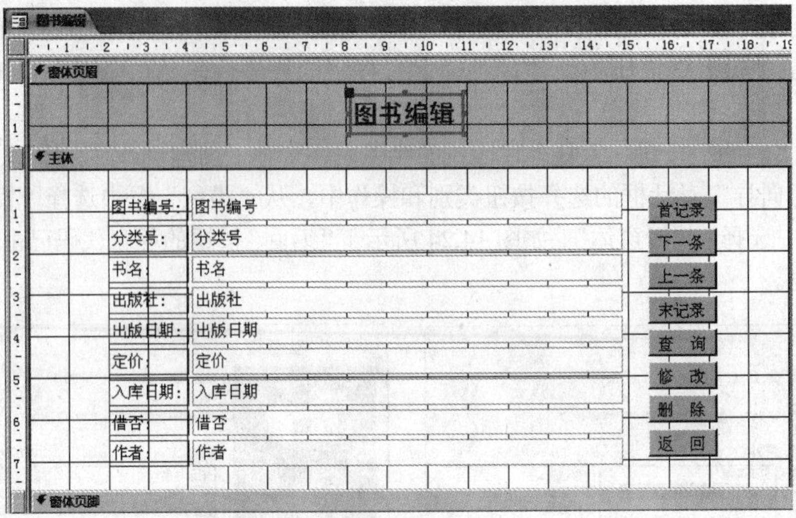

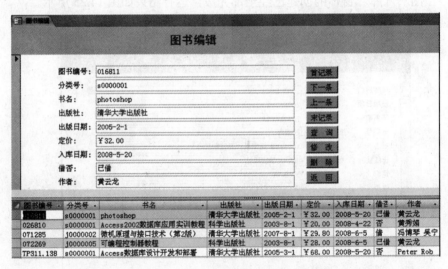

图 14.26　窗体的布局

　　然后，利用"命令按钮向导"为"图书编辑"窗体添加"首记录"、"下一条"、"上一条"、"末记录"、"查询"、"修改"、"删除"及"返回"8 个命令按钮控件，窗体的运行如图 14.27 所示。这里的添加命令按钮与图书入库添加命令按钮的方法类似，请用户试着进行。

图 14.27　窗体的运行界面

　　当单击"查询"命令按钮时，就可以进入"查询"界面，通过"查询"界面输入条件，得到满足输入条件的图书一些信息。

5．设计"图书查询"窗体

　　首先为"图书查询"窗体设计参数查询。要得到满足用户输入条件的所有记录的"图书编号"、"分类号"、"出版社"等字段的值，可以先创建一个参数查询，查询名称为"按图书编号查询"，该参数查询的设置如图 14.28 所示。

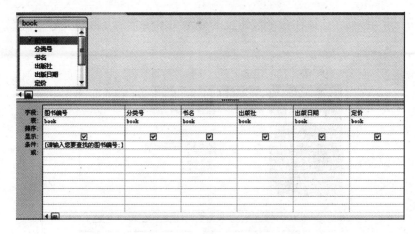

图 14.28　参数查询的布局

　　然后，设计"图书查询"窗体。在设计视图下新建一个空白窗体，单击工具箱中的"文本框"控件，向窗体上添加一个文本框控件，将文本框附加标签的文本内容修改为"请输入您要查找的图书编号："，文本框的名称属性为："text0"，然后再添加一个"命令按钮"控件，在自动弹出的"命令按钮向导"对话框中选择"运行查询"操作，如图 14.29 所示。

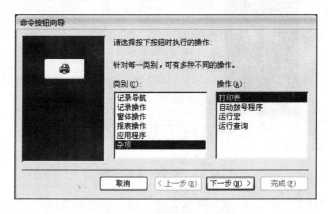

图 14.29　运行查询的操作

　　单击"下一步"按钮，为命令按钮选择需要运行的查询名称"按图书编号查询"，如图 14.30 所示。

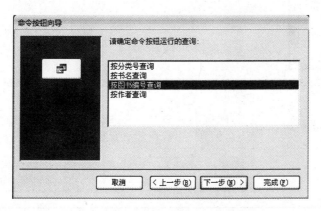

图 14.30　选择查询

单击"下一步"按钮，选择在命令按钮上的显示文本信息为"图书编号查找"，如图 14.31 所示。

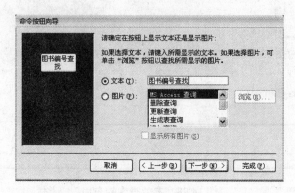

图 14.31　显示内容

单击"下一步"按钮，将添加在窗体上的命令按钮命名为"图书编号查找"，单击"完成"按钮，如图 14.32 所示。

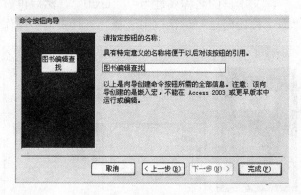

图 14.32　命令按钮的名称

保存窗体，将窗体以"图书查询"窗体命名，然后对参数查询"按图书编号查询"的条件设置进行修改。以设计视图打开该参数查询，将在"图书编号"字段所在的列中输入的条件修改为[forms]![图书编辑]![text0]，并保存查询的修改，如图 14.33 所示。

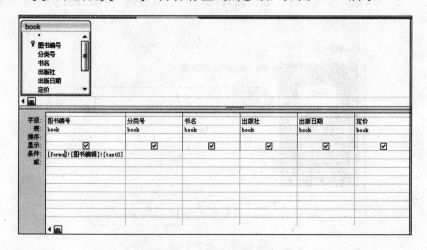

图 14.33　修改查询条件

以窗体视图打开"图书查询"窗体，来对窗体的功能进行测试，窗体的运行如图 14.34 所示。

在文本框中输入要查询的图书编号"016810"，单击"图书编号查找"按钮，查询结果如图 14.35 所示。

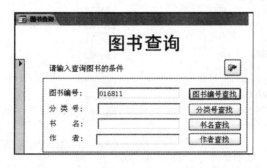

图 14.34   "图书查询"窗体

图 14.35   "图书编号查找"结果

其他的查找方式与图书编号查找的方法类似，请用户试着自己进行设置。

6. "读者登记"窗体

"读者登记"窗体属于一个基于单个表的窗体，同"图书入库"窗体的创建过程一样。设计结果如图 14.36 所示。

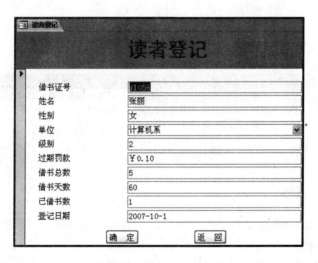

图 14.36   读者登记

7. "读者编辑"窗体

"读者编辑"窗体也是一个基于单个表的窗体，也是利用分割窗体来设计"图书编辑"窗体的，方法与图书编辑窗体的设计方法相同，设计完成的结果如图 14.37 所示。

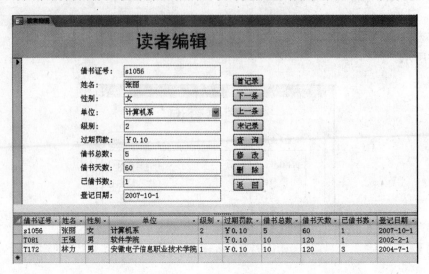

读者编辑
读者编辑
借书证号:
s1056
姓名:
张丽
性别:
女
单位:
计算机系
级别:
2
过期罚款:
¥0.10
借书总数:
5
借书天数:
60
已借书数:
1
登记日期:
2007-10-1
首记录
下一条
上一条
末记录
查 询
修 改
删 除
返 回
借书证号 姓名 性别 单位 级别 过期罚款 借书总数 借书天数 已借书数 登记日期
s1056 张丽 女 计算机系 2 ¥0.10 5 60 1 2007-10-1
T081 王强 男 软件学院 1 ¥0.10 10 120 1 2002-2-1
T172 林力 男 安徽电子信息职业技术学院 1 ¥0.10 10 120 3 2004-7-1

图 14.37 读者编辑

当单击“查询”命令按钮时，就可以进入“查询”界面，通过“查询”界面输入条件，得到满足输入条件的读者的信息。

8. 设计“读者查询”窗体

读者查询
按借书证号查询
读者查询
请输入查询读者的条件
借书证号:
T081
借书证号查询
姓 名:
姓名查询
单 位:
单位查询

图 14.38 “读者查询”窗体

“读者查询”窗体的设计方法与图书查询窗体的设计方法相似，这里只给出设计后的结果，如图 14.38 所示。请读者根据所学的内容自行设计。

在文本框中输入要查询的借书证号“T081”，单击“借书证号查询”按钮，查询结果如图 14.39 所示。

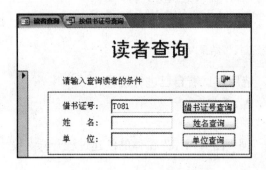

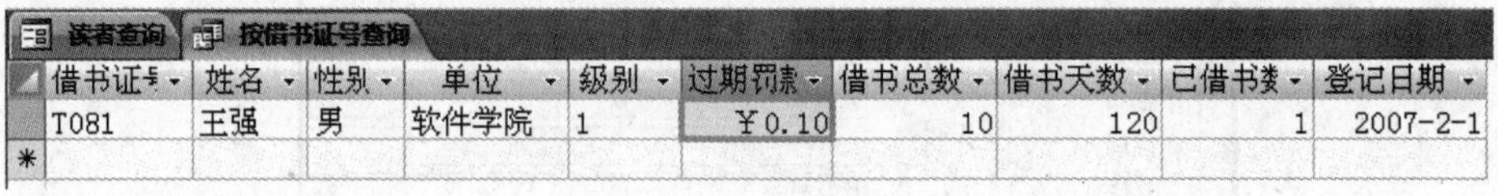

读者查询
按借书证号查询
借书证号 姓名 性别 单位 级别 过期罚款 借书总数 借书天数 已借书数 登记日期
T081 王强 男 软件学院 1 ¥0.10 10 120 1 2007-2-1

图 14.39 “借书证号查询”结果

9. “借书管理”窗体

“借书管理”窗体是一个基于多个表的窗体，其窗体的创建过程，依照前面的窗体的创建过程就能完成窗体创建。

（1）设计“借书管理”窗体。“借书管理”窗体的数据来源于“book”表和“reader”表，存放借书记录是在“borrow”表中。在窗体上添加 4 个未绑定的“文本框”控件、2 个“按钮”控件和 2 个“矩形”控件，如图 14.40 所示。

（2）编写按钮的单击事件代码。

① “确定”按钮单击事件代码

```
Private Sub Command7_Click()
    '出错处理
    On Error GoTo err_command7_click
    '声明变量 conn 为 Connection 对象
    Dim conn As New ADODB.Connection
    '变量声明为 Recordset 对象
    Dim rs As New ADODB.Recordset
    Dim strql As String
    '连接数据库
    Set conn = CurrentProject.Connection
    '打开 reader 表,找出一条用户输入借书证号
的记录
    strql = "select * from reader where 借书证号
="' & Text5 & "'"
    rs.Open strql, conn, adOpenKeyset, adLockOptimistic
    Me![Text9] = rs("已借书数")
    Me![Text11] = rs("借书总数") -rs("已借书数")
    Set rs = Nothing
    Text13.SetFocus
exit_command7_click:
    Exit Sub
err_command7_click:
    MsgBox Err.Description
    Resume exit_command7_click
End Sub
```

图 14.40　窗体的布局

② "借书" 按钮单击事件代码

```
Private Sub Command9_Click()
    '出错处理
    On Error GoTo err_command9_click
    Dim rs1 As New ADODB.Recordset
    Dim rs2 As New ADODB.Recordset
    Dim conn As New ADODB.Connection
    Dim strq2 As String
    Dim strq3 As String
    Set conn = CurrentProject.Connection
    '打开 reader 表和 book 表,找出一条用户输入借书证号和图书编号的记录
    '此记录包含 reader 表和 book 表的字段
    strq2 = "select * from reader,book where 借书证号="' & Text5 & "'and 图书编号="' &- Text13 & "'"
    rs1.Open strq2, conn, adOpenKeyset, adLockOptimistic
    '打开 borrow 表
    strq3 = "select * from borrow"
    rs2.Open strq3, conn, adOpenKeyset, adLockOptimistic
    '检查 borrow 表中是否保存了该图书被借出的记录,若有就不能借
    If rs1("图书编号") = rs2("图书编号") Then
        MsgBox "此书已借出!", vbOKOnly, "不能借"
        Exit Sub
```

```
End If
    '在"borrow"表添加一条借书记录
    rs2.AddNew            '更新的 Recordset 对象,创建一条(空白)新记录
    rs2("图书编号") = rs1("图书编号")
    rs2("书名") = rs1("书名")
    rs2("作者") = rs1("作者")
    rs2("出版社") = rs1("出版社")
    rs2("借书证号") = rs1("借书证号")
    rs2("姓名") = rs1("姓名")
    rs2("单位") = rs1("单位")
    rs2("借书日期") = Left(Now(), 10)
    rs2.Update        '确定所做的添加,将录入的数据写入数据库
    MsgBox "借书成功!", vbOKOnly, "提示"
    Set rs1 = Nothing
    Set rs2 = Nothing
exit_command9_click:
    Exit Sub
err_command9_click:
    MsgBox Err.Description
    Resume exit_command9_click
End Sub
```

运行"借书管理"窗体,如图 14.41 所示。

输入借书证号,单击"确定"按钮,显示已借图书数和可借图书数,如果可借图书数为0 就不能借书了。然后输入图书编号,单击"借书"按钮,若 borrow 表中保存了该图书被借出的记录,就不能借,弹出"不能借"对话框,能借弹出"借书成功"对话框,如图 14.42所示。

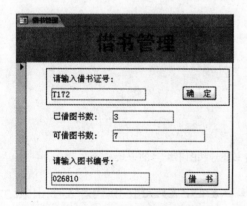

图 14.41 "借书管理"窗体

图 14.42 "不能借"和"借书成功"对话框

10. "还书管理"窗体

"还书管理"窗体也是一个基于多个表的窗体,同"借书管理"窗体一样,其窗体的创建过程,依照前面的窗体的创建过程就能完成它们的窗体创建。

现给出设计界面（如图 14.43 所示）和事件代码，请用户根据给定内容，自行完成。

事件代码如下。

（1）"确定"按钮单击事件代码。

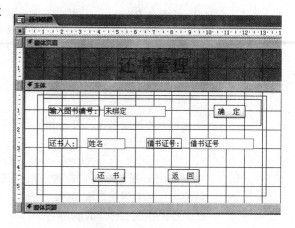

图 14.43　窗体的布局

```
Private Sub Command7_Click()
    '出错处理
    On Error GoTo err_command7_click
    '声明变量 conn 为 Connection 对象
    Dim conn As New ADODB.Connection
    '变量声明为 Recordset 对象
    Dim rs As New ADODB.Recordset
    Dim strql As String
    '连接数据库
    Set conn = CurrentProject.Connection
    '打开一个新的 Recordset 对象(打开 borrow 表)
    '根据输入的图书编号,显示姓名和借书证号
    strql = "select * from borrow where  图书编号='" & Text5 & "'"
    rs.Open strql, conn, adOpenKeyset, adLockOptimistic
    Me![Text9] = rs("姓名")
    Me![Text11] = rs("借书证号")
    Set rs = Nothing
exit_command7_click:
    Exit Sub
err_command7_click:
    MsgBox Err.Description
    Resume exit_command7_click
End Sub
```

（2）"借书"按钮单击事件代码。

```
Private Sub Command9_Click()
    '出错处理
    On Error GoTo err_command9_click
    '声明变量 conn 为 Connection 对象
    Dim conn As New ADODB.Connection
    '变量声明为 Recordset 对象
    Dim rs As New ADODB.Recordset
    Dim rs1 As New ADODB.Recordset
    Dim rs2 As New ADODB.Recordset
    Dim strql As String
    Dim strq2 As String
    Dim strq3 As String
    Dim n As Integer
    '连接数据库
    Set conn = CurrentProject.Connection
```

```
'打开一个新的 Recordset 对象(打开 borrow 表)
strql = "select * from borrow where  图书编号='" & Text5 & "'"
rs.Open strql, conn, adOpenKeyset, adLockOptimistic
'计算借书天数
n = Now() - rs("借书日期")
If n > 120 Then
    '若借书天数超过 120 天,打开 fine 表
    strq2 = "select * from fine"
    rs1.Open strq2, conn, adOpenKeyset, adLockOptimistic
    '打开 reader 表,选择"过期罚款"字段(规定每天罚款多少)
    strq3 = "select  过期罚款  from reader"
    rs2.Open strq3, conn, adOpenKeyset, adLockOptimistic
    '计算罚款金额
    m = ((n - 120) * rs2("过期罚款"))
    '在"fine"表添加一条罚款记录
    rs1.AddNew           '更新的 Recordset 对象,创建一条(空白)新记录
    rs1("借书证号") = rs("借书证号")
    rs1("姓名") = rs("姓名")
    rs1("单位") = rs("单位")
    rs1("罚款金额") = m
    rs1("日期") = Left(Now(), 10)
    rs1("书名") = rs("书名")
    rs1.Update           '确定所做的添加,将录入的数据写入数据库
    MsgBox "借书期限超过!", vbOKOnly, "提示"
End If
'删除一条借书记录
rs.Delete
Set rs = Nothing
Set rs1 = Nothing
Set rs2 = Nothing
MsgBox "还书成功!", vbOKOnly, "提示"
exit_command9_click:
    Exit Sub
err_command9_click:
    MsgBox Err.Description
    Resume exit_command9_click
End Sub
```

运行"还书管理"窗体,结果如图 14.44 所示。

输入图书编号,单击"确定"按钮,显示还书人的姓名和借书证号。然后单击 "还书"按钮,该条记录从存放借书记录的 borrow 表中删除,弹出"还书成功"对话框。若借书期限超过了,在 fine 表添加一条罚款记录,并弹出"借书期限超过"对话框,如图 14.45 所示。

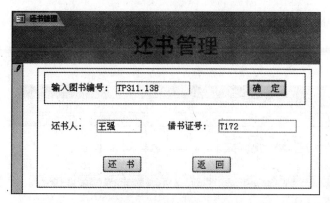

图 14.44 "还书管理"窗体　　　图 14.45 "还书成功"和"借书期限超过"对话框

14.4.2 实用报表的创建

前面已介绍了"图书管理信息系统"的一些主要窗体的创建及功能的实现。在这里主要讲如何创建符合"图书管理信息系统"需求，并具有个性的报表。

1. "图书记录"报表

"图书记录"报表属于单一数据集的报表，在此，先利用报表向导创建"图书记录"报表，然后对其进行设计调整。

启动 Access 2007，打开"图书管理信息系统"数据库 books.accdb，进入"books 数据库窗口"，在"books 数据库窗口"中，选择"创建"对象选项卡，然后单击"报表向导"选项，弹出"报表向导"对话框，如图 14.46 所示。

在"报表向导"对话框中，将所有的字段添加到"选定的字段"的列表框里。单击"下一步"按钮，向导要求添加分组级别，在此不需对报表进行分组，单击"下一步"按钮，进入报表向导的"设置排序"对话框，要求确定记录所用排序的字段，在下拉列表框中选择"分类号"字段按升序排列。单击"下一步"按钮，进入报表向导的"布局方式"对话框，要求确定报表的布局和方向，这里选择布局为"表格"和方向为"纵向"，单击"下一步"按钮，进入报表向导的"确定样式"对话框，要求确定报表的样式，选择报表为"办公"样式，然后，单击"下一步"按钮，进入报表向导的"指定标题"对话框，在此为报表命名为"图书记录报表"，以及选定"修改报表设计"的单选项，如图 14.47 所示。

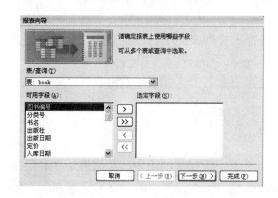

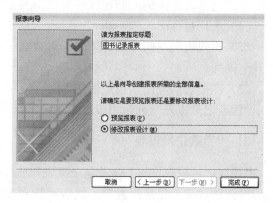

图 14.46 "新建报表"对话框　　　　　图 14.47 命名报表

最后，单击"完成"按钮。由于使用报表向导创建的报表还没有完成报表的全部设计工作，因此还需要对报表的格式进行调整，主要是调整报表标题的位置、控件的大小和位置等。完成调整后的报表如图 14.48 所示。

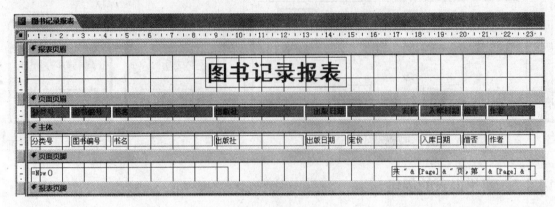

图 14.48 调整后的报表

"图书记录报表"的运行结果如图 14.49 所示。

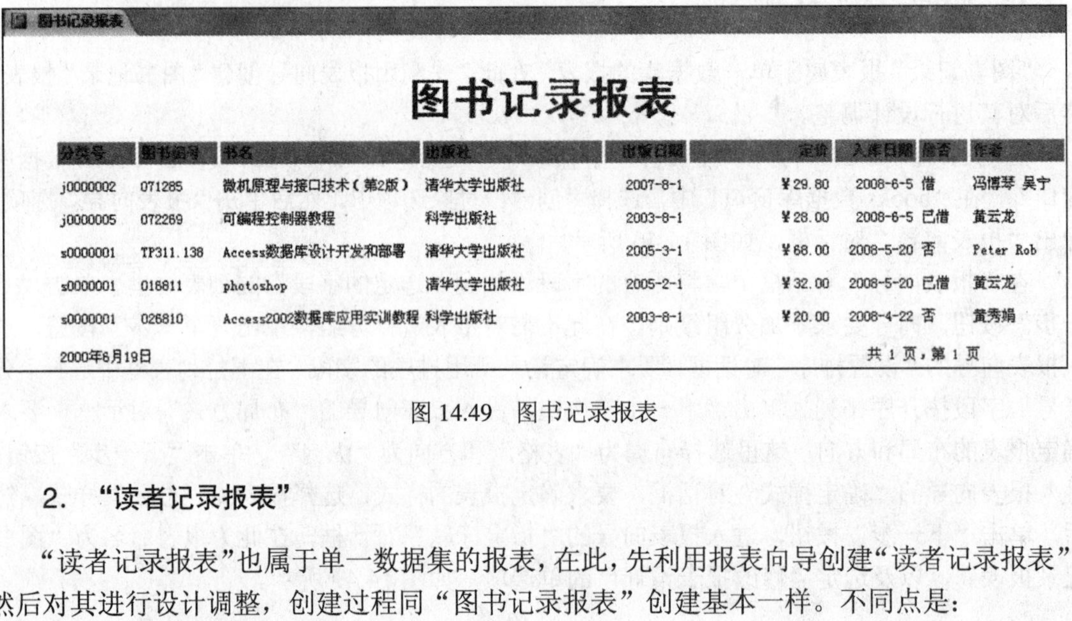

图 14.49 图书记录报表

2. "读者记录报表"

"读者记录报表"也属于单一数据集的报表，在此，先利用报表向导创建"读者记录报表"，然后对其进行设计调整，创建过程同"图书记录报表"创建基本一样。不同点是：

（1）选择数据源为"reader"表。

（2）在报表向导的"设置排序"对话框中，选择下拉列表框中的"借书证号"字段，并按升序排列。

（3）在报表向导的"指定标题"对话框中，为报表命名为"读者记录报表"。

"读者记录报表"创建完成如图 14.50 所示。

3. "罚款记录报表"

"罚款记录报表"与"读者记录报表"一样也属于单一数据集的报表，在这里是先利用报表向导创建"读者记录报表"，然后对其进行设计调整，创建过程也同"读者记录报表"创建基本一样。不同点是：

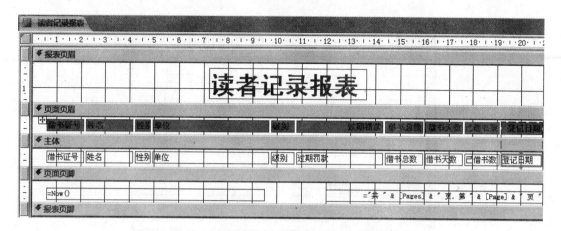

图 14.50　创建后的报表

（1）选择数据源为"fine"表。

（2）在报表向导的"指定标题"对话框中，为报表命名为"罚款记录报表"。

"罚款记录报表"创建完成如图 14.51 所示。

图 14.51　罚款记录报表

14.4.3　系统菜单的创建

在前面已经创建了"图书管理信息系统"的许多窗体和报表，在这里主要介绍如何使用宏和利用一个功能强大的窗体型菜单生成器，来创建"图书管理信息系统"的系统菜单，将"图书管理信息系统"的窗体和报表等数据库存对象结合成一个应用系统。

1．建立下拉式菜单

（1）创建"图书管理"宏。打开 books.accdb 数据库，进入"books 数据库窗口"，在"books 数据库窗口"中，选择"创建"对象选项卡，然后单击"宏"选项，弹出下拉菜单，单击"宏"，打开宏设计窗口，按下工具栏上的"宏名"，在"宏名"列中，输入要新建宏的名称。在"操作"列中，通过下拉列表选择其需要的操作，并且在其相应的窗体名称或报表名称栏中，通过下拉列表选择"图书管理信息系统"中的窗体名或报表名，保存宏名为"图书管理"，如图 14.52 所示。

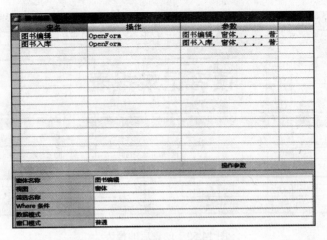

图 14.52　"图书管理"宏

（2）创建其他宏。同创建"图书管理"宏类似，分别创建"读者管理"、"借书管理"、"报表处理"、"退出系统"宏，如图 14.53 至图 14.56 所示。

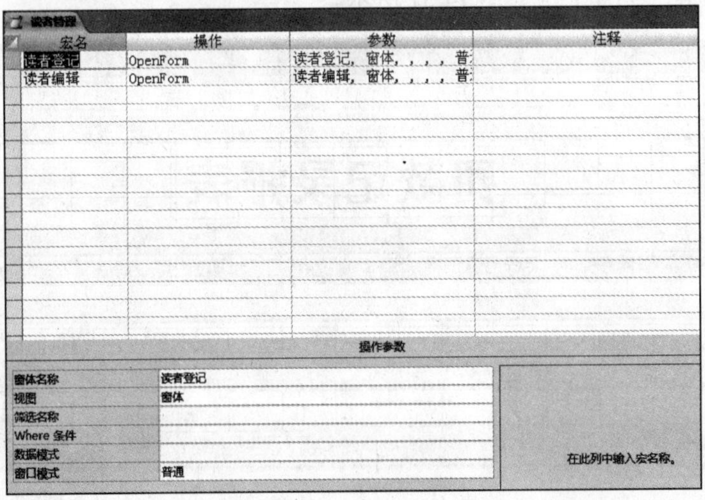

图 14.53　"读者管理"宏

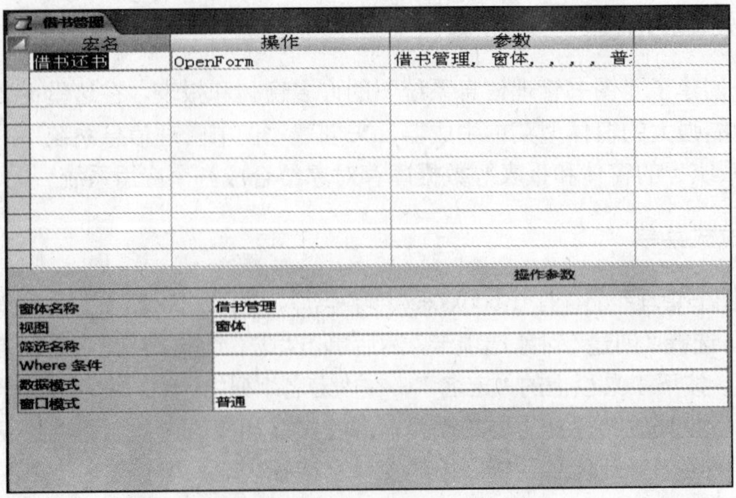

图 14.54　"借书管理"宏

图 14.55 "报表处理"宏

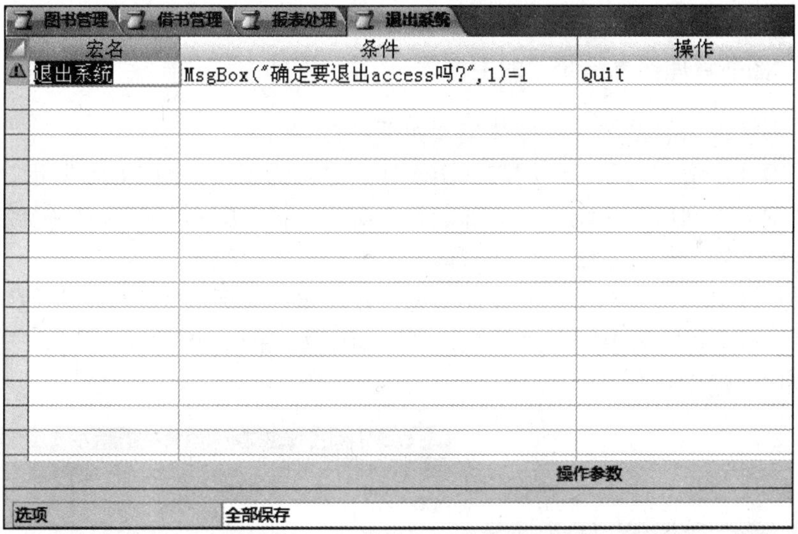

图 14.56 "退出系统"宏

2. 建立菜单条

创建好下拉式菜单后,要将它们组合到所属的菜单栏中,也就是创建菜单栏中各个菜单命令的宏,新建一个宏,在宏窗口的操作列中选择"AddMenu"命令,然后设置操作参数,在菜单名称文本框中输入菜单名称"图书管理",在菜单宏名称的下拉菜单的宏名称中选择"图书管理",重复以上操作,将其他的 4 个宏分别添加到菜单栏宏中,并保存宏名称为"系统菜单",如图 14.57 所示。

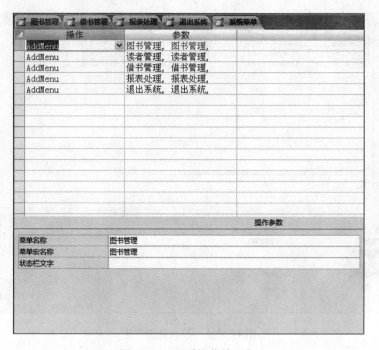

图 14.57　"系统菜单"宏

3. 建立"图书管理信息系统"的主窗体

建立"图书管理信息系统"主窗体步骤如下。

（1）建立窗体。窗体的创建过程与前面一样，建立的窗体如图 14.58 所示。

（2）将"图书管理信息系统"菜单绑定到主窗体。将"图书管理信息系统"菜单绑定到窗体，运行"图书管理信息系统"启动窗体时，就会出现该菜单。

在"图书管理信息系统"窗体的设计状态，在其属性对话框中，选"其他"选项卡，然后从"菜单栏"选项的列表中输入"系统菜单" 项，如图 14.59 所示。到此，"图书管理信息系统"主窗体已建立完毕。

图 14.58　"图书管理信息系统"主窗体

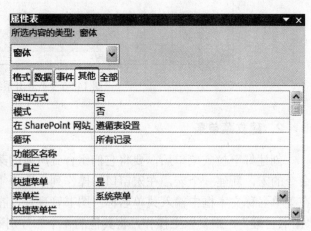

图 14.59　设置"菜单栏"选项

14.5 设置系统安全与保密

通常建立的数据库并不希望所有的人都能使用，访问者必须输入相应的密码才能对数据库进行操作，这就要求对数据库实行更加安全的管理。

14.5.1 使用数据库密码加密数据库

Access 2007 中的加密工具可以使数据无法被其他工具读取，它还会强制用户只有在输入密码后才能使用数据库。执行操作时，要注意：新的加密功能只适用于 .accdb 文件格式的数据库。

1．设置数据库密码

（1）在独占模式下打开要加密的数据库，单击"Office"按钮，然后单击"打开"按钮，在对话框中，通过浏览找到要打开的文件，然后选择 books.accdb，如图 14.60 所示。单击"打开"按钮旁边的箭头，弹出下拉菜单，然后单击"以独占方式打开"。

图 14.60 "打开"对话框

（2）单击"数据库工具"选项卡，将鼠标移到"数据库工具"组中的"用密码进行加密"选项上，单击鼠标左键，随即弹出一个"设置数据库密码"的对话框，如图 14.61 所示。

（3）在密码框中输入用户的密码，然后在验认框重新输入相同的密码进行确认，确认密码无误，单击"确定"按钮。

2．打开加密的数据库

像打开其他任何数据库那样打开加密的数据库。

当下次打开这个数据库的时候，就会出现"要求输入密码"对话框，要求输入这个数据库的密码，如图 14.62 所示。只有输入正确的密码才能打开这个数据库。

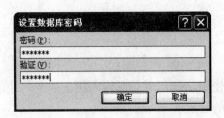

图 14.61 "设置数据库密码"对话框　　　图 14.62 "要求输入密码"对话框

3. 撤销数据库密码

当给一个数据库设置了一个密码，要想撤销这个密码，可以通过重复前面的"使用密码加密数据库"中的步骤，撤销数据库密码。

首先以独占方式打开数据库，然后单击"数据库工具"选项卡，将鼠标移到"数据库工具"组中，原来是"用密码进行加密"选项，现在是"解密数据库"选项，单击"解密数据库"选项，这时在屏幕上弹出"撤销数据库密码"对话框，在"密码"框中输入新的密码，单击"确定"按钮，就可以将这个数据库密码撤销了。

14.5.2　如何编码/解码数据库

Access 2007 中的加密工具合并了两个旧工具（编码和数据库密码），并加以改进。使用数据库密码来加密数据库时，所有其他工具都无法读取数据，并强制用户必须输入密码才能使用数据库。

对于 Access 2007 以前的 Access 数据库文件，由于可以使用一些工具绕过它的密码，直接读取里面的数据表，所以必须有一种方法将这种数据库文件进行加密编码，这样这个数据库才能安全。在 Access 2007 中打开早期版本的 Access 数据库，编码/解码数据库仍然有效。下面在 Access 2007 中打开早期版本的 Access 数据库，为 Access 2007 以前的 Access 数据库进行编码/解码。

1. 编码数据库

单击"数据库工具"选项卡，将鼠标移到"数据库工具"组中的"编码/解码数据库"选项上，如图 14.63 所示。

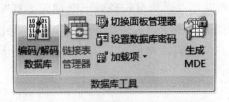

图 14.63 "编码/解码数据库"选项

单击"编码/解码数据库"选项，弹出一个"数据库编码后另存为"的对话框，如图 14.64 所示。

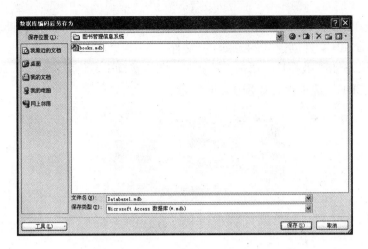

图 14.64　"数据库编码后另存为"对话框

在这个对话框中，输入加密以后要保存的数据库文件名，单击"保存"按钮就可以将这个数据库加密了。

2．解码数据库

在 Access 2007 中打开编码的"数据库文件"，解码数据库，只要重复前面的操作过程就可以了，如图 14.65 所示，新生成的数据库文件是解密后的文件。

图 14.65　"数据库解码后另存为"对话框

14.6　数据库应用系统的发布

Access 数据库应用系统的发布，能有效阻止任意一个用户可能进行的直接打开数据库中的表对象，直接在数据表中进行数据编辑操作。Access 数据库应用系统在运行时，不再显示系统提供的设计视图，使数据库占用的磁盘空间减少，优化内存使用，提高数据库的性能。下面以"图书管理信息系统"为例，进行 Access 数据库应用系统的发布操作。

14.6.1　生成 ACCDE 文件

如果 ACCDB 文件包含任何 VBA 代码，ACCDE 文件中将仅包含编译的代码，因此用户不能查看或修改 VBA 代码。而且，ACCDE 文件用户无权更改表单或报表设计。可以使用以下过程从 books.accdb 文件创建 books.accde 文件。

打开 "books.accdb" 数据库，单击 "数据库工具" 选项卡，将鼠标移到 "数据库工具" 组中的 "生成 ACCDE" 选项上，如图 14.66 所示。

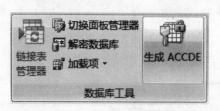

图 14.66　"生成 ACCDE" 选项

图 14.67　"启动" 对话框

单击 "生成 ACCDE" 选项，弹出一个 "保存为" 的对话框，选择合适的保存位置，确定 ACCDE 数据库文件名为 "books.accde"，单击 "保存" 按钮即可。

14.6.2　设置 "图书管理信息系统" 启动窗体

打开刚刚建成的 ACCDE 数据库 "books.accde"，单击 "Microsoft Office" 按钮，如图 14.67 所示。

单击 "Access 选项"，弹出 "Access 选项" 的对话框，如图 14.68 所示。

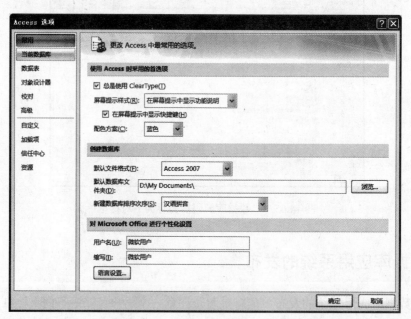

图 14.68　"Access 选项" 对话框

在 "Access 选项" 对话框中，单击 "当前数据库"，如图 14.69 所示。

在 "应用程序标题" 文本框中输入：图书管理信息系统，从 "显示窗体" 下拉列表中选择 "主窗体" 作为启动窗体，然后单击 "确定" 按钮。

图 14.69 "Access 选项"对话框

完成上述设置后，退出 Access 系统。双击窗口中"books.accde"数据库文件，就可以看到预期的效果了。

14.6.3 应用系统的打包、签名和分发

Office Access 2007 使用用户可以更方便、更快捷地签名和分发数据库。创建 .accdb 文件或 .accde 文件时，可以将文件打包，再将数字签名应用于该包，然后将签名的包分发给其他用户。打包和签名功能会将数据库放在 Access 部署（.accdc）文件中，再对该包进行签名，然后将经过代码签名的包放在用户指定的位置。此后，用户可以从包中提取数据库，并直接在数据库中工作，而不是在包文件中工作。具体操作分为创建自签名证书、创建签名的包、提取和使用签名包。具体的设计方法参见第 13 章的内容。

14.7 实训项目

14.7.1 实训项目——学籍管理系统

1．项目功能要求

根据高职院校学籍管理的实际要求，结合学籍管理的实际流程，需要实现以下功能。

（1）掌握全校每个学生的基本情况。其中包括学号、班级、学生姓名、出生日期、性别、家庭住址、电话和简历。

（2）提供灵活的浏览和查找功能。可以查看某个系、某个班级所有学生的学籍信息，可以对学籍信息进行模糊和精确查找。

（3）可以对学生学籍进行变动管理，对学籍信息进行添加、编辑和删除等操作。

（4）可以将学生的基本信息生成报表并打印。

2．数据库设计

本系统使用 Access 2007 作为数据库管理系统（DBMS）。将数据库命名为 Students.accdb。

（1）学生基本信息表（Student）的设计。

Serial:	学号
Class:	班级
Name:	学生姓名
Birthday:	出生日期
Sex:	性别
Address:	家庭住址
Tel:	电话

其中，Serial 字段为该表的主关键字（Primary Key，PK），Class 字段是表的外部关键字（Foreign Key，FK），它与 Class 表的 Name 字段构成了参照完整性。

（2）班级表（Class）的设计。

Name:	班级名
Dept_id:	班级所属的部门的编号

Name 字段为主关键字，Dept_id 字段是表的外部关键字，它与 Department 表的 id 字段构成了参照完整性。

（3）系表表（Department）的设计。

id:	部门编号
Name:	部门名

其中，id 字段为该表的主关键字。

（4）以上各个表的关系。

从实际的学籍管理来说，每一个学生都隶属于某一个班级，而每一个班级都隶属于某一个系。根据这一情况，需要建立 Student 表、Class 表和 Department 表的相应字段之间的关系，定义下列两组参照完整性。

① Class 表的 Name 字段与 Student 表的 Class 字段为一对多的关系。

② Department 表的 id 字段与 Class 表的，Dept_id 字段为一对多的关系。

3. 系统的整体流程

根据学校的学籍管理流程，结合上述的各功能模块，系统的整体流程如图 14.70 所示。

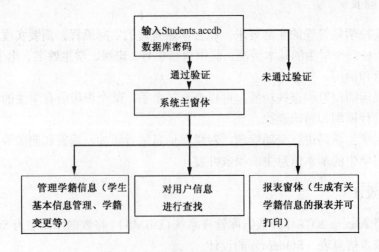

图 14.70　系统的整体流程图

14.7.2 实训项目——企业人事档案管理系统

1. 项目功能要求

（1）企业人事档案管理系统业务流程。

① 新员工加入后，提交个人信息，经确认无误后，建立员工档案。

② 各部门和人事处计算机处理，得到新员工的各种统计信息。

③ 各部门汇总报送来的各种员工信息和业绩，报送给企业主管审批。

④ 企业主管将审批后的业绩和员工信息登记入员工档案。

⑤ 员工的奖惩由各部门上报给企业主管，并入员工档案。

（2）项目功能。

① 奖惩管理：对员工在职期间所受到的各种奖惩进行管理。

② 工资管理：根据员工提交的申请，辅以奖惩管理和档案管理，进行员工工资查询、管理。

③ 档案管理：管理员工提交的员工档案，完成档案的审核和登入员工档案。

④ 报表打印。

2. 数据库设计

企业人事档案管理系统使用 Access 2007 作为数据库管理系统（DBMS）。新建一个数据库，将其命名为 QYRS.accdb。

（1）部门（department）表的设计。

序号	属性名称	属性描述	备注
1	Dept_id	部门编号	主键
2	Dept_name	部门名称	

（2）员工（emploee）表的设计。

序号	属性名称	属性描述	备注
1	emploee_id	员工号	主键
2	name	姓名	
3	sex	性别	
4	birth	出生日期	
5	dept_id	部门编号	外键
6	nationality	民族	
7	family	籍贯	
8	political_party	政治面貌	
9	title	职务	
10	residence	家庭住址	

（3）工资（money）表的设计。

序号	属性名称	属性描述	备注
1	emploee_id	员工号	主键
2	money	工资	
3	lessontype	奖惩	
4	hours	请假	
5	t_id	职称	

（4）业绩（scores）表的设计。

序号	属性名称	属性描述	备注
1	emploee_id	员工号	
2	money_id	工资编码	外键
3	PSYJ	平时业绩	
4	MYYJ	每月业绩	
5	NZYJ	年终业绩	
6	ZP	总评	升序

（5）奖惩表（evaluation）表的设计。

序号	属性名称	属性描述	备注
1	emploee_id	员工号	主键
2	name	姓名	外键
3	eva_date	奖惩日期	
4	eva_type	奖惩类型	0表示奖励，1表示处罚
5	memo	备注	

（6）调动表（change）表的设计。

序号	属性名称	属性描述	备注
1	emploee_id	员工号	主键
2	name	姓名	外键
3	change_type	变动类型	1表示退休、2表示调职、3表示调部门
4	change_date	变动日期	
5	oriclass_id	原部门编号	
6	newclass	新部门名称	
7	newdept_id	新部门编号	
8	reason	变动原因	
9	memo	备注	

3．系统的整体流程

（1）企业人事档案管理系统流程图。企业人事档案管理系统流程图如图 14.71 所示。

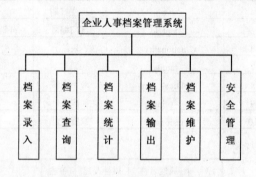

图 14.71　系统的整体流程图

（2）企业人事档案管理系统各主要功能。

① 档案录入：利用输入设备将人事档案录入到计算机中。

② 档案查询：根据用户要查询的信息进行查询，如姓名、员工号和所属部门等。

③ 档案统计：能够系统地统计人员的增减量。

④ 档案输出：通过显示器浏览或通过打印机打印员工信息，如员工名册、员工档案和部门员工档案。

⑤ 档案维护：能根据人员变动及信息的变化而改变数据库中的数据，如添加、删除和修改操作。

本 章 小 结

本章通过对一个具体数据库系统的设计，向用户阐述了数据库系统设计的基本方法和步骤。一个数据库系统必须经过需求分析、总体设计和细致设计来完成。在一个数据库开发系统中包括数据表、窗体、报表、菜单的设计。同时对数据库实行安全管理是十分必要的。

Access 数据库应用系统的发布是将 Access 数据库转换为 AccessMDE 数据库，这样能有效阻止用户可能进行的直接打开数据库中的表对象，直接在数据表中进行数据编辑操作。Access 数据库应用系统在运行时，不显示系统提供的设计视图，使数据库占用的磁盘空间减少，优化内存使用，提高数据库的性能。

练 习 题

1. 创建数据库的主要步骤有哪几步？

2. 数据表、窗体和报表之间的区别是什么？

3. 设计"学生成绩管理系统"的主要结构。

4. 设计学生基本信息（增加、删除、修改）窗体。

5. 如何设置启动窗体？

6. 怎样使用数据库密码加密数据库？

7. Access 2007 数据库应用系统的打包、签名和分发应该分为哪两个步骤？

8. 结合本学校情况，设计出"学生成绩管理系统"所需用的表，并确定表的主关键字和表间关系。

（1）进行信息需求分析。

（2）设计表结构。

（3）确定主关键字。

（4）确定表间关系。

（5）在 Access 2007 中完成以上创建的表。

附录 A 窗体设计选项卡介绍

（1）视图组

视图组只有一个视图按钮，它是带有下拉列表的按钮。单击该按钮，打开下拉列表，选择视图命令，可以在窗体不同的视图之间切换。

视图组的常用按钮及功能表

按 钮	名 称	功 能
	窗体视图	是操作数据库时的一种视图，是完成对窗体设计后的结果
	布局视图	在布局视图中可以调整窗体设计、放置新的字段，并设置窗体及其控件的属性，调整控件的位置和宽度、调整数据列的宽度
	设计视图	用于设计、编辑和设置窗体属性；在窗体中添加控件，设置控件的属性
	数据表视图	数据表视图是操作数据库时的另一种视图，以列表形式显示数据
	数据透视表视图	可以动态地更改窗体数据的版面布置，可以用不同方法分析数据
	数据透视图视图	把表中的数据信息、数据汇总信息以图形化的方式直观显示出来

（2）字体组

显示设计中常用的设置字体、字型等常用选项。

字体组的常用按钮及功能表

按 钮	名 称	功 能
宋体	字体	用于设置选定文字的字体
B I U	字型	用于设置选定文字的字型
11.	字号	用于设置选定文字的字号
	对齐方式	用于设置选定文字的对齐方式
A	字体颜色	用于设置选定文字的字体颜色
	填充颜色	用于设置选定对象的填充颜色
	替补填充/背景色	用于设置当前对象控件的替补填充或背景色
	条件	用于设置选定对象条件格式

（3）网格线组

用于设置窗体中数据表的网格线样式。

网格线组的常用按钮及功能表

按钮/控件	名 称	功 能
	网格线	用于设置窗体中数据表的网格线的形式，共有水平、垂直等8种类型
	线宽度	用于设置窗体中数据表的网格线的宽度
	线样式	用于设置窗体中数据表的网格线的样式，共有实线、虚线、点画线等7种类型
	颜色	用于设置窗体中数据表的网格线的颜色

（4）控件组

控件组是设计窗体的主要工具，主要用来向窗体中添加各种控件，生成所需的窗体。

控件组的常用按钮及功能表

按钮/控件	名　称	功　能
	徽标	美化窗体的工具，用于具有公司徽标的个性化窗体
	标题	用于创建窗体标题，可以快速地完成标题创建，而不需要任何设置
	插入页码	插入页码，多用于报表设计
	日期和时间	在窗体中插入日期和时间
	标签	用于显示窗体上的标题或其他控件的附加标签
	文本框	用于输入、输出和显示窗体数据源的数据，显示计算结果和接受用户输入数据
	命令按钮	用于完成各种操作，如查找记录、打印记录或应用窗体筛选
	列表框	显示可滚动的数值列表。可以从列表中选择值输入到新记录中
	组合框	结合列表框和文本框的特性，即可以在文本框中输入值也可以从列表框中选择值
	子窗体/子报表	用于在主窗体和主报表中添加子窗体或子报表，以显示来自多个一对多表中的数据
	直线	创建直线，用以突出显示数据或者分隔显示不同的控件
	短形框	创建矩形框，将一组相关的控件组强在一起
	图像	用于在窗体中显示静态的图片
	选项组	与复选框、选项按钮或切换按钮搭配使用，可以显示一组可选值
	复选框	绑定到是/否字段，可以从一组值中选出多个
	选项按钮	绑定到是/否字段，其形为和切换按钮相似
	切换按钮	在单击时可以在开/关两种状态之间切换。使用它在一组值中选择其中一个
	选项卡	用于创建一个多页的带选项卡的窗体，可以在选项卡上添加其他对象
	插入页	在窗体中插入新页
	插入图表	在窗体中插入图表对象
	未绑定对象框	在窗体中插入未绑定对象，如 Excel、Word 文档
	绑定对象框	用于在窗体或报表上显示 OLE 对象
	分页符	使窗体或报表上在分页符所在的位置开始新页
	超链接	在窗体中插入超链接控件
	附件	在窗体中插入附件控件，附件是 Access 2007 新增控件，可以存储容量更大的嵌入式信息
	特殊效果	对直线和矩形框应用特殊效果
	设为控件默认值	设为控件默认值
	全选	选择全部对象
	选择对象	用于选取对象、节和窗体。单击该按钮释放以前锁定的工具按钮
	控件向导	用于打开和关闭控件向导。控件向导帮助用户设计复杂的更多控件
	ActiveX 控件	打开一个 ActiveX 控件列表，插入 Windows 系统提供的更多控件

（5）工具组

工具组是在设计视图时常用的几个功能，在不同视图中有不同组成。

工具组的常用按钮及功能表

按钮/控件	名　称	功　能
	添加现有字段	显示表的字段列表，可以添加到窗体中
	属性表	显示窗体或窗体视图上的某个对象的属性对话框
	查看代码	显示当前窗体的代码
	预览	预览前×条记录

附录 B 各控件的常用属性表

"标签"控件常用的属性表

属 性 名 称	属性值代表的含义
标题	设置在标签控件中显示的文本信息
上边距	设置标签控件距窗体上边界的距离
左边距	设置标签控件距窗体左边界的距离
宽度	设置标签控件的自身宽度
高度	设置标签控件的自身高度
背景样式	设置标签控件的背景样式
背景颜色	设置标签控件的背景颜色
字体名称	设置标签控件显示文本的字体
字体大小	设置标签控件显示文本的大小
前景颜色	设置标签控件显示文本的颜色

"文本框"控件常用的属性表

属 性 名 称	属性值代表的含义
名称	表示该"文本框"控件的名称
控件来源	设置文本框的数据来源
格式	设置文本框数据显示的格式
字体名称	设置文本框显示内容的字体
字体大小	设置文本框显示内容的字体大小
字体粗细	设置文本框显示内容的字体粗细
前景颜色	设置文本框显示字体的颜色
上边距	设置文本框控件距窗体上边界的距离
左边距	设置文本框控件距窗体左边界的距离
高度	设置文本框控件的自身高度
宽度	设置文本框控件的自身宽度

"命令按钮"控件常用的属性表

属 性 名 称	属性值代表的含义
标题	显示该"命令按钮"控件的功能
上边距	设置按钮距窗体上边界的距离
左边距	设置按钮距窗体左边界的距离
高度	设置按钮的自身高度
宽度	设置按钮的自身宽度
单击	设置单击按钮时执行的事件代码
双击	设置双击按钮时执行的事件代码
字体名称	设置按钮上显示文字的字体
字体大小	设置按钮上显示文字的字体大小
前景颜色	设置按钮上显示文字的颜色
图片	设置按钮上显示的图标存储的位置

"列表框"控件常用的属性表

属 性 名 称	属性值代表的含义
列数	设置列表框的列数
列宽	设置列表框的列宽
行来源类型	设置列表框的行来源类型
边框样式	设置列表框的边框样式
边框宽度	设置列表框的边框宽度
上边距	设置列表框控件距窗体上边界的距离
左边距	设置列表框控件距窗体左边界的距离
高度	设置列表框控件的自身高度
宽度	设置列表框控件的自身宽度

"绑定对象框"控件常用的属性表

属 性 名 称	属性值代表的含义
缩放模式	设置绑定对象框的剪裁、拉伸、缩放 3 种缩放模式
背景样式	设置绑定对象框的背景样式
控件来源	设置绑定对象框的数据来源
上边距	设置绑定对象框距窗体上边界的距离
左边距	设置绑定对象框距窗体左边界的距离
高度	设置绑定对象框的自身高度
宽度	设置绑定对象框的自身宽度

"组合框"控件常用的属性表

属 性 名 称	属性值代表的含义
列数	设置组合框的列数
列宽	设置组合框的列宽
行来源类型	设置组合框的行来源类型
边框样式	设置组合框的边框样式
边框宽度	设置组合框的边框宽度
上边距	设置组合框控件距窗体上边界的距离
左边距	设置组合框控件距窗体左边界的距离
高度	设置组合框控件的自身高度
宽度	设置组合框控件的自身宽度
字体名称	设置组合框显示内容的字体
字体大小	设置组合框显示内容的字体大小

"选项按钮"控件常用的属性表

属 性 名 称	属性值代表的含义
行来源类型	设置选项按钮的行来源类型
边框样式	设置选项按钮的边框样式
边框宽度	设置选项按钮的边框宽度
上边距	设置选项按钮距窗体上边界的距离
左边距	设置选项按钮距窗体左边界的距离
高度	设置选项按钮的自身高度
宽度	设置选项按钮的自身宽度
默认值	设置选项按钮的默认值

"选项组"控件常用的属性表

属 性 名 称	属性值代表的含义
边框样式	设置选项组的边框样式
边框宽度	设置选项组的边框宽度
上边距	设置选项组距窗体上边界的距离
左边距	设置选项组距窗体左边界的距离
高度	设置选项组的自身高度
宽度	设置选项组的自身宽度
默认值	设置选项组的默认值
背景颜色	设置选项组的背景颜色
背景样式	设置选项组的背景样式

"复选框"控件常用的属性表

属 性 名 称	属性值代表的含义
边框样式	设置复选框的边框样式
边框宽度	设置复选框的边框宽度
上边距	设置复选框距窗体上边界的距离
左边距	设置复选框距窗体左边界的距离
高度	设置复选框的自身高度
宽度	设置复选框的自身宽度
默认值	设置复选框的默认值
特殊效果	设置复选框的特殊效果
行来源类型	设置复选框的行来源类型

"选项卡"控件常用的属性表

属 性 名 称	属性值代表的含义
页标题	设置页框的页标题
图片	设置页框的图片来源
图片类型	设置页框的图片类型
上边距	设置页框距窗体上边界的距离
左边距	设置页框距窗体左边界的距离
高度	设置页框的自身高度
宽度	设置页框的自身宽度

"子窗体"控制常用的属性表

属 性 名 称	属性值代表的含义
标题	设置子窗体的标题
图片	设置子窗体的图片来源
图片类型	设置子窗体的图片类型
上边距	设置子窗体距主窗体上边界的距离
左边距	设置子窗体距主窗体左边界的距离
高度	设置子窗体的自身高度
宽度	设置子窗体的自身宽度
边框样式	设置子窗体的边框样式
居中	设置子窗体为自动居中

"图像"控件常用的属性表

属 性 名 称	属性值代表的含义
背景样式	设置图像的背景样式
缩放模式	设置图像的缩放模式
上边距	设置图像距窗体上边界的距离
左边距	设置图像距窗体左边界的距离
高度	设置图像的自身高度
宽度	设置图像的自身宽度

附录 C   常用宏操作说明

操 作 名	功 能	功 能 说 明
Addmenu	加入菜单	为窗体或报表添加自定义菜单，用户可以在参数区中的菜单名称中指定要添加的菜单名称
Applyfilter	应用筛选	在表、窗体或是报表中应用保存的筛选条件，筛选条件的名称在参数区中的"筛选名称"文本框中输入
Beep	发出声响	使计算机的喇叭发出嘟嘟声
CancelEvent	取消事件	终止任何导致该宏运行的事件
ClearMacroError	清除信息	清除存储在 MacroError 对象中的错误的相关信息
Close	关闭	关闭在参数区中指定的任何类型的对象
FindRecord	查找记录	在表、查询或窗体中查找符合条件的第一个记录
FindNext	查找下一个	在表、查询或窗体中查找符合前一 FindRecord 操作所指定条件的下一个记录
GoToControl	定位焦点	将焦点移到指定字段或其他控件
GoToRecord	转到记录	在表中或查询中转到在宏操作中指定的记录
Maximize	最大化	最大化当前激活的窗体
Minimize	最小化	最小化当前激活的窗体
MoveSize	调整大小	将当前激活的窗口调整为在操作参数栏中指定的窗口大小
MsgBox	消息框	在屏幕上显示一个消息框，消息框中的内容在操作参数区中的"消息"框中输入
OnError	宏出错处理	指定当宏出现错误时如何处理
OpenQuery	打开查询	以设计视图打开指定的查询
OpenForm	打开窗体	可以打开指定窗体的设计视图、窗体视图或是数据表视图
OPenReport	打开报表	以数据表视图打开指定的报表
OPenTable	打开表	以报表浏览视图打开指定的数据表
OpenModule	打开模块	以设计视图打开在参数区中指出的模块
OutputTo	数据导出	将指定的 Access 2007 数据库对象（数据表、窗体、报表、模块或数据访问页）中的数据输出为多种输出格式
PrintOut	打印	将当前激活的数据库对象（表、查询、窗体或报表等）输出到打印机
Quit	退出	关闭所有打开的数据库对象，并且关闭 Access 数据库
RepainObject	屏幕刷新	完成指定数据库对象的屏幕刷新。如果没有指定数据库对象，则对活动数据库对象进行更新。更新包括对象的所有控件的所有重新计算
Requery	重新查询	按照指定条件，在当前激活的控件上重新应用查询
RunApp	运行程序	运行在参数栏中指定的其他 Windows 应用程序或是 Dos 应用程序
RunCommand	运行命令	执行内置 Access 2007 命令
RunMacro	运行宏	在当前宏运行的过程中，运行在参数栏中指定的其他宏
Save	保存	保存在参数栏中指定的对象或是当前激活的对象
SendKey	发送键击	将在该操作参数栏中指定的键击文本发送到 Access 或是其他激活的应用程序中
ShowToolBar	显示工具栏	显示在参数栏中指定的工具栏
StopAllMacro	终止所有宏	停止所有宏的运行
StopMacro	终止当前宏	停止当前运行宏的运行

《数据库基础——Access（第2版）》读者意见反馈表

尊敬的读者：

感谢您购买本书。为了能为您提供更优秀的教材，请您抽出宝贵的时间，将您的意见以下表的方式（可从 http://www.huaxin.edu.cn 下载本调查表）及时告知我们，以改进我们的服务。对采用您的意见进行修订的教材，我们将在该书的前言中进行说明并赠送您样书。

姓名：_____ 电话：_____

职业：_____ E-mail：_____

邮编：_____ 通信地址：_____

1. 您对本书的总体看法是：

　□很满意　　□比较满意　　□尚可　　□不太满意　　□不满意

2. 您对本书的结构（章节）：□满意　□不满意　　改进意见_____

_____

_____

3. 您对本书的例题：　□满意　　□不满意　　改进意见_____

_____

_____

4. 您对本书的习题：　□满意　　□不满意　　改进意见_____

_____

_____

5. 您对本书的实训：　□满意　　□不满意　　改进意见_____

_____

_____

6. 您对本书其他的改进意见：

_____

_____

_____

7. 您感兴趣或希望增加的教材选题是：

_____

_____

_____

请寄： 100036　北京万寿路 173 信箱高等职业教育分社　　刘菊收

电话： 010–88254565　　E-mail：gaozhi@phei.com.cn